21世纪 新形态教·学·练 一体化规划丛书

数据结构(C++)
边做边学

微课视频版

◎ 任平红 陈矗 李凤银 编著

清华大学出版社

北京

内 容 简 介

本书介绍了数据结构的基本概念,线性表、栈、队列、字符串、多维数组、树和二叉树、图等常用的数据结构,讨论了查找、排序和索引等技术,给出了每种数据结构常见的应用示例。本书理论和实践并重,采用边做边学的方式,首先详细阐述理论知识,然后以应用实例的方式实现了常见的算法,并附有程序运行结果和说明。本书内容丰富,层次分明,深入浅出。采用类 C++语言描述算法,提供课件、视频、源代码、课后习题参考答案等相关教辅材料。

本书可以作为计算机各相关专业的数据结构理论课教材,也可以作为数据结构课程设计的教材,还可以供感兴趣的自学者阅读参考。

图书在版编目(CIP)数据

数据结构(C++)边做边学:微课视频版/任平红,陈矗,李凤银编著.—北京:清华大学出版社,2020.6 (2022.1重印)

(21世纪新形态教·学·练一体化规划丛书)

ISBN 978-7-302-55511-7

Ⅰ.①数… Ⅱ.①任… ②陈… ③李… Ⅲ.①C++语言－数据结构 Ⅳ.①TP311.12 ②TP312.8

中国版本图书馆 CIP 数据核字(2020)第 084282 号

责任编辑:黄 芝 张爱华
封面设计:刘 键
责任校对:焦丽丽
责任印制:丛怀宇

出版发行:清华大学出版社
　　　网　　　址:http://www.tup.com.cn,http://www.wqbook.com
　　　地　　　址:北京清华大学学研大厦 A 座　　　邮　　　编:100084
　　　社 总 机:010-62770175　　　邮　　　购:010-83470235
　　　投稿与读者服务:010-62776969,c-service@tup.tsinghua.edu.cn
　　　质量反馈:010-62772015,zhiliang@tup.tsinghua.edu.cn
　　　课件下载:http://www.tup.com.cn,010-83470236
印 装 者:三河市铭诚印务有限公司
经　　销:全国新华书店
开　　本:203mm×260mm　　印　　张:19　　字　　数:448 千字
版　　次:2020 年 8 月第 1 版　　印　　次:2022 年 1 月第 3 次印刷
印　　数:2001～3000
定　　价:49.80 元

产品编号:085909-01

FOREWORD

前言

"数据结构"是计算机及相关专业的一门综合性的专业基础课,同时也是计算机相关专业考研的必考科目。数据结构的研究不仅涉及计算机硬件,例如编码理论、数据存储、存取方法等,而且和计算机软件也有密切的关系,编译程序和操作系统都涉及数据元素在存储器中的分配问题。信息检索领域也涉及数据的组织和查找方式。在计算机学科中,数据结构不仅是程序设计的基础,也是编译原理、操作系统、数据库系统等课程的基础。

算法的设计依赖于逻辑结构,算法的实现则依赖于物理结构。要成为专业的程序开发人员必须能够熟练地选择和设计各种数据结构和算法。要设计出结构合理、效率高的算法,必须研究数据元素的特点、数据元素之间的关系。要在算法的基础上利用高级程序设计语言实现算法,则必须考虑逻辑结构在内存中的实现,即物理结构。

数据结构中涉及许多重要元素的组织方式及算法,例如线性表、栈和队列、树和二叉树、图等重要的数据结构,以及查找、排序、插入、删除等常见操作。对于特定的数据结构和操作,已有许多成熟的经典算法。掌握这些算法有助于培养学生的抽象思维能力,提高他们分析和解决复杂问题的能力。"数据结构"课程的知识点逻辑性和抽象性较强,一些算法设计得较为复杂,如果不付诸实践,很难真正理解算法的精髓。因此要把"数据结构"这门课程学好,必须在熟练掌握理论知识的基础上,加强实践环节。

编者结合多年来从事"数据结构"课程教学的经验,编写了此教材。本书理论和实践并重,采用边学边做的方式,首先对理论知识进行阐述,然后实现各种数据结构常见的算法,并附有程序运行结果和说明。本书采用类 C++语言描述算法,基本上涵盖了各种常见的数据结构及算法,也包括了一些扩展应用,例如农夫过河问题和多岔路口交通灯问题等。对于一些较复杂的问题,分别给出了问题描述、模型说明、算法描述、源代码以及实验结果。本书同时提供课件、视频、源代码、课后习题答案等相关教辅材料。请读者用手机微信扫一扫封底刮刮卡内二维码,获得权限,再扫一扫书中二维码,即可观看教学视频。其他配套资源可从清华大学出版社网站下载。本书可作为计算机各相关专业的数据结构教材,也可以作为感兴趣的自学者的参考教材。

感谢山东省教育服务新旧动能转换专业对接产业项目（曲阜师范大学精品旅游）对本书的资助。感谢山东省高等教育本科教改项目（Z2018S022）、曲阜师范大学实验技术研究项目（SJ201726）对本书的资助。

由于编者水平有限,书稿虽几经修改,但仍难免有疏漏和不足之处,敬请读者朋友们批评指正。

编　者

2020 年 4 月

CONTENTS

目 录

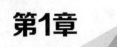

第1章

绪　论

　　"数据结构"是一门理论性和实践性都很强的课程,是计算机、信息管理与信息系统、电子商务等专业的基础课,在专业课程体系中处于核心地位。所有的计算机系统软件和应用软件都要用到各种类型的数据结构。要想利用计算机来解决实际问题,仅掌握程序设计语言难以应对复杂的课题,还必须学习和掌握数据结构的有关知识。同时,学好数据结构对于学习计算机专业的其他课程,如操作系统、数据库管理系统、软件工程、编译原理、人工智能、图形学等都十分有益。

　　学生在学习数据结构时,不仅要透彻地理解和熟练地掌握相关的理论知识及算法的基本思想,还要能够利用高级程序设计语言实现算法。在此基础上,要求学生能够在一定程度上提高分析问题和解决实际问题的能力,提高编程能力,能够根据实际问题选择合适的数据结构并给出相应的算法和正确合理的解答。因此,对于"数据结构"这门理论和实践并重的课程,除了理论知识的理解之外,还需要结合大量的实践练习和课程设计以锻炼学生的抽象思维能力及加强学生的实践动手能力。

1.1　解决问题的一般过程

　　用计算机解决任何实际问题都离不开程序设计,而程序设计的实质是数据的表示和处理。利用计算机解决实际问题,一般需要包括以下几个步骤。

1. 需求分析

　　充分地分析和理解问题,分析问题的目的及限制条件。暂时不考虑算法和所涉及的数据结构,单纯考虑需要解决的任务。分析输入数据、输入的形式、输出数据、输出的形式。需求分析需要明确问题的已知条件,分析限制条件,确定已知数据和待求数据。

2. 问题分析

根据问题描述中涉及的数据，特别是数据之间的关系，分析在相互之间存在一定关系的数据之上执行的相关操作，并根据实际需要选择合适的存储结构。

3. 设计算法

根据需求分析和数据分析的结果，选择和设计合适的算法。在这一步骤不必过于在意高级程序设计语言的语法细节，而应将精力集中在算法思想上。

4. 根据算法编写程序

如果有必要，根据以上信息设计类模板，并根据设计的算法实现类模板中定义的函数，设计并实现主函数的调用。严格根据 C++ 的语言规范和要求，将数据结构和算法的设计由C++实现，例如头文件的定义和引用、变量的声明等。同时也要遵循良好的编程规范要求，例如变量的命名、代码的缩进、多文件结构等。

5. 上机调试

上机调试在 Dev C++ 或其他 IDE 环境下进行，验证前一步完成的程序是否可以正常运行。在上机调试之前要做好充分的准备，必须熟悉调试环境，熟悉软件的各种常用的快捷键。程序的调试需要技巧和经验，需要在实际的学习中不断总结和积累。

6. 分析和总结

上机调试的过程中可能会出现语法错误或逻辑错误，在实验过程中要善于分析和总结，进一步提高设计算法和编写高质量程序的能力。

以上步骤中的问题分析是整个过程的关键，只有合理地表示数据，才能合理地处理数据。而如何组织数据和处理数据正是"数据结构"这门课程所讨论的主要问题。

图灵奖获得者、Pascal 之父 Niklaus Wirth 给出了一个著名的公式：数据结构＋算法＝程序。数据结构和算法是程序的两个重要组成部分。计算机软件的最终成果都是以程序的形式表现的，而数据结构和算法分析的目的是设计好的程序。程序设计的本质是对要处理的问题选择好的数据结构，同时在此结构上施加一种好的算法。对于程序来说，数据就好比是原料。将松散、无组织的数据按照某种要求组织成一种数据结构，对于设计一个简明、高效、可靠的程序十分有益。程序是数据在某些特定的表示方法和结构的基础上，对抽象算法的具体表述，因此程序离不开数据结构。

1.2 数据结构的基本概念

数据（data）是指所有能输入到计算机中并被计算机程序识别和处理的符号的集合。数据可以分为数值数据和非数值数据。例如，整数、实数等为数值数据，文字、声音、图像、音频、视频等为非数值数据。

数据元素(data element)是数据的基本单位,在计算机程序中通常作为一个整体来处理。

数据对象(data object)是具有相同性质的数据元素的集合,是数据的子集。

数据项(data item)是构成数据元素的不可分割的最小单位。如图 1-1 所示,学生信息表中的每个学生的完整信息为一个数据元素,其中的学号、姓名、性别和出生日期是数据项。数据元素是讨论数据结构时所涉及的最小数据单位,对于数据元素中的数据项一般不予考虑。

学号	姓名	性别	出生日期
2019001	张明	数据项	1995-5-20
2019002	李梅梅	女	1996-8-21
2019003	王宇浩	男	1995-10-3

数据元素

图 1-1 数据元素和数据项

数据结构(data structure)是相互之间存在一定关系的数据元素的集合。按照考虑问题的角度不同,数据结构可以分为逻辑结构和物理结构。

逻辑结构(logical structure)指的是数据元素之间逻辑关系的整体。其中的逻辑关系为数据元素之间的关系。逻辑结构是面向问题的,与数据结构在计算机中的存储实现无关。

数据结构中常见的逻辑结构有四种,分别为集合、线性结构、树状结构和图结构,如图 1-2 所示。

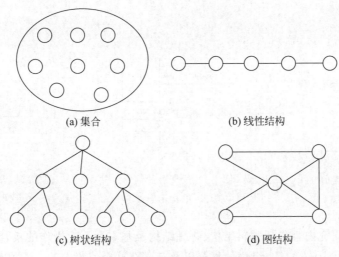

(a) 集合   (b) 线性结构

(c) 树状结构   (d) 图结构

图 1-2 常见的四种逻辑结构

其中,集合中的数据元素除了同属于一个集合之外,没有任何其他关系。线性结构中的数据元素是一对一的关系,第一个元素没有前驱,最后一个元素没有后继,其他的元素都有唯一的前驱和唯一的后继。树状结构中的数据元素是一对多的关系。图结构中的数据元素之间存在多对多的关系，任何两个元素之间都可能存在关系。

数据结构可以使用二元组来表示：

$$\text{Data\_Structure} = (D, R)$$

其中，D 表示具有相同性质的数据元素组成的集合，即数据对象，R 是 D 中各数据元素之间关系的集合。

例 1-1　图 1-3 所示的图结构可以表示为：

$$\text{Data\_Structure} = (D, R)$$

其中，$D = \{v_1, v_2, v_3, v_4\}$，$R = \{(v_1, v_2), (v_1, v_3), (v_1, v_4), (v_2, v_3), (v_3, v_4)\}$。

存储结构（storage structure）为逻辑结构在计算机内存中的实现，即将数据元素以及数据元素之间的逻辑关系在内存中实现，也称为**物理结构**。常见的存储结构有两种，即顺序存储结构和链式存储结构。顺序存储结构是用一片连续的地址单元依次存储数据元素，数据元素之间的逻辑关系由存储位置来表示。例如线性表 $L = (a_1, a_2, a_3)$ 的顺序存储结构如图 1-4 所示。

链式存储结构是用一组任意的存储单元存储数据元素，存储单元可以是连续的，也可以是不连续的，甚至是零散的。使用链式存储结构存储线性表时，元素之间的逻辑关系和物理位置没有对应关系，因此需要使用指针来表示元素之间的逻辑关系。对于任意的一个元素，除了存储数据之外，还需要使用指针存储逻辑上的后继的存储地址。例如线性表 $L = (a_1, a_2, a_3)$ 的链式存储结构如图 1-5 所示。

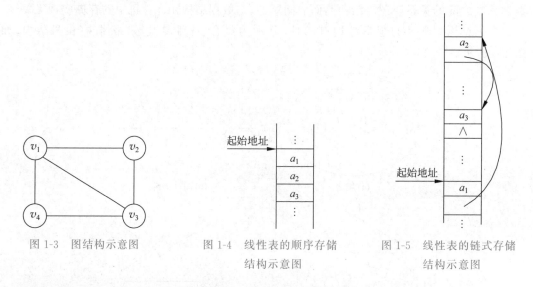

图 1-3　图结构示意图　　　图 1-4　线性表的顺序存储　　图 1-5　线性表的链式存储
　　　　　　　　　　　　　　　　　结构示意图　　　　　　　　　结构示意图

数据结构的研究内容包括逻辑结构、物理结构及基本运算或操作的集合。

数据类型（data type）是一组值的集合以及定义在这个值集上的一组操作的总称。例如 C++ 语言中的整数类型，既包括整型数据，也包括定义在整型数据上的一系列操作，例如 +、－、*、/等运算。

抽象（abstract）是抽取出事物本质的特征而忽略其非本质的特征，是对事物的概括。例如面向对象的程序设计语言中将具有相同的本质特征的对象抽象成类。

抽象数据类型（abstract data type，ADT）是数据结构以及定义在该数据结构上的一组操作的总称。数据类型一般指的是高级程序设计语言中支持的基本的数据类型，是已经实现的，而抽象数据类型一般指的是自定义的数据类型。一般使用(D,R,P)三元组来描述抽象数据类型，其中D为数据对象，是具有相同性质的数据元素组成的集合；R是数据元素之间的关系的集合；P是定义在数据对象之上的操作的集合。

1.3 算法及算法分析

1.3.1 算法及其特点

算法是解决问题的方法，是对特定问题求解步骤的一种描述，是指令的有限序列。算法必须满足五个特点：有输入、有输出、确定性、有穷性、可行性。
- 有输入：一个算法有零个或多个输入。
- 有输出：一个算法有一个或多个输出。
- 确定性：算法中的每一条指令都必须具有确切的含义，不存在二义性。对于相同的输入必须得到相同的输出。
- 有穷性：算法必须由有限个步骤组成，并且每个步骤可以在有限的时间内完成。
- 可行性：算法的操作可以通过组合已经实现的基本操作实现。

一个好的算法除了具有以上几个特点之外，还需要具备正确性、健壮性、简单性、抽象分级和高效性等特点。

算法的描述有多种方法，例如自然语言、流程图、程序设计语言和伪代码等。与其他几种形式相比，伪代码更容易理解，也更容易转化成程序。因此，一般的算法描述都采用伪代码方式。也可以采用类C++语言来描述算法，更易于将算法改写成程序。当采用类C++语言描述算法时，允许以下简化：
- 可省略头文件引用；
- 可省略主函数 main() 以及主函数中对相关函数的调用；
- 可省略算法中局部变量的声明；
- 当两个数据元素a和b交换值时，可以写成$a \leftrightarrow b$。

1.3.2 高级程序设计语言

高级程序设计语言在计算机相关专业中占有很重要的地位，是解决实际问题的重要工具。高效的程序设计基于良好的数据组织和优秀的算法。实际上，要有效地解决实际问题，必须分析数据的组织、设计合适的算法并且使用高级程序设计语言实现算法。

C、C++、Java、Python是目前主流的高级程序设计语言，特别是C++和Java是面向对象的程序设计语言，支持封装、继承、多态等特性。本书采用 C++ 语言实现算法，采用 Dev C++ 作为开发工具，采用面向对象的 C++ 语言描述数据结构具有很明显的优势。C++ 中的类和逻辑结构的某种物理实现正好相对应。例如逻辑结构线性表，当采用顺序存储结构时，顺序表可以采用 C++ 中的 SeqList 类来描述，SeqList 类中的方法对应顺序表的常见操作。当采用链式存储结构时，单链表可以采用 LinkList 类来描述，LinkList 类中的方法对应单链表中的常见操作。另外，C++ 支持指针，可以很方便地表示链式存储结构中的指针。

1.3.3　算法和程序的关系

一般情况下对算法和程序不进行严格的区分。二者的区别主要表现在以下方面：

（1）程序中的语句必须符合高级语言的语法要求，在计算机上可以执行；而算法可以采用多种方法描述，对其中的指令不要求计算机可以直接执行。

（2）算法具有有穷性，但程序不一定满足此条件。例如操作系统，只要系统不遭到破坏，它将永远执行，即使没有需要处理的任务，也处于等待状态，因此操作系统不是一种算法。

（3）算法是问题的求解思路，是程序的核心和灵魂，而程序是算法的具体实现。

1.3.4　算法分析

一般通过算法的时间复杂度和空间复杂度来衡量算法的效率。算法分析包括对算法时间和空间两方面资源消耗的分析。可以采用事后统计或事前分析。事后统计需要额外花费精力将算法改写成程序，而且，程序执行的结果除了与算法有关外，还受软硬件环境和机器代码的影响，一般不够客观准确。因此大多数采用事前分析，利用时间复杂度描述算法对时间的消耗，利用空间复杂度描述算法对空间的消耗。时间复杂度和空间复杂度都是问题规模 n 的函数。一般情况下更加注重算法的时间复杂度的分析。

1. 时间复杂度

时间复杂度是对算法运行时间的估量。为了分析更便利，一般通过算法中基本语句执行的次数的规模来表示算法的运行时间。对于一个算法，我们更为关心的是随着问题规模 n 的增长，算法所消耗的时间的增长趋势。时间复杂度是一个函数，用于描述算法的运行时间和问题规模 n 之间的关系。对于时间复杂度的分析，一般使用渐进分析，即算法的运行时间如何随着问题规模增长。一般采用大 O 表示法表示时间复杂度。

假设算法的运行时间为 $T(n)$，若存在两个正的常数 c 和 n_0，对于任意的 $n \geqslant n_0$，都有 $T(n) \leqslant c \times f(n)$，则称 $T(n) = O(f(n))$，也称函数 $T(n)$ 以 $f(n)$ 为上界。关于大 O 表示法，有如下规则。

（1）如果算法中基本语句的执行次数为非 0 的正常数，即与问题规模 n 无关，则记为 $T(n) = O(1)$。

（2）加法规则：如果 $T_1(n)=O(f(n))$，$T_2(m)=O(g(m))$，则 $T(n,m)=T_1(n)+T_2(m)=O(\max(f(n),g(m)))$。

（3）乘法规则：如果 $T_1(n)=O(f(n))$，$T_2(m)=O(g(m))$，则 $T(n,m)=T_1(n)\times T_2(m)=O(f(n)\times g(m))$。

（4）各种常见的时间复杂度排序如下：
$$O(1)<O(n)<O(n\operatorname{lb}n)<O(n^2)<O(n^3)<\cdots<O(2^n)<O(n!)$$

时间复杂度是衡量算法的一个重要的标准，一般情况下，具有多项式时间复杂度的算法是使用比较多的一类算法。具有指数时间复杂度的算法，随着问题规模 n 的增长，消耗的时间增长得太快，因此一般只在问题规模较小时使用。

例 1-2

```
++x;
```

基本语句的执行次数为1，与问题规模 n 无关，记为 $O(1)$。

例 1-3

```
for (i = 1; i <= n; ++i)
    ++x;
```

基本语句的执行次数为 n，记为 $O(n)$。

例 1-4

```
for (i = 1; i <= n; ++i)
    for(j = 1; j <= n; ++j)
        ++x;
```

基本语句的执行次数为 n^2，记为 $O(n^2)$。

例 1-5

```
for (i = 1; i <= n; ++i)
    for(j = 1; j <= n; ++j)
        for(k = 1; k <= n; ++k)
++x;
```

基本语句的执行次数为 n^3，记为 $O(n^3)$。

例 1-6

```
for(i = 1; i <= n; i = 2 * i)
    ++x;
```

设基本语句的执行次数为 $T(n)$，则满足 $\operatorname{lb}n<T(n)\leqslant\operatorname{lb}n+1$，记为 $T(n)=O(\operatorname{lb}n)$。

2. 空间复杂度

空间复杂度是对算法需要的临时空间的估量，指的是算法在运行期间所需要的临时的辅助空间的大小。辅助空间不包括输入输出数据所占用的空间，也不包括算法本身所占用的空间。与时间复杂度类似，也可以使用大 O 表示法表示算法的空间复杂度，以描述辅助

空间随着问题规模 n 增长的趋势。如果算法所需要的临时辅助空间和问题规模 n 无关,则记为 $S(n)=O(1)$,称为**原地工作**。例如对一维数组进行起泡排序的算法,所需要的临时辅助空间为1,和问题规模 n 无关,空间复杂度为 $O(1)$。

1.4 小结

- 数据是指所有能输入到计算机中并被计算机程序识别和处理的符号的集合。
- 数据元素是数据的基本单位。
- 数据结构是相互之间存在一定关系的数据元素的集合。
- 逻辑结构指的是数据元素之间逻辑关系的整体。
- 数据结构中常见的逻辑结构有四种,分别为集合、线性结构、树结构和图结构。
- 存储结构为逻辑结构在计算机内存中的实现,即将数据元素以及数据元素之间的逻辑关系在内存中实现,也称为物理结构。
- 算法是解决问题的方法,是对特定问题求解步骤的一种描述,是指令的有限序列。算法必须满足五个特点:有输入、有输出、确定性、有穷性、可行性。
- 对于时间复杂度的分析,一般使用渐进分析,即算法的运行时间如何随着问题规模增长。一般采用大 O 表示法表示时间复杂度。

习题

1. 选择题

(1) 顺序存储结构中数据元素之间的逻辑关系是由(　　)表示的。

    A. 线性结构　　　　　B. 非线性结构　　　C. 指针　　　　　　D. 存储位置

(2) 数据结构是一门研究非数值计算的程序设计问题中的操作对象以及它们之间的(　　)和运算的学科。

    A. 结构　　　　　　　B. 关系　　　　　　C. 运算　　　　　　D. 算法

(3) 下面关于算法的描述错误的是(　　)。

    A. 算法最终必须由计算机程序实现

    B. 为解决某问题的算法和为该问题编写的程序含义是相同的

    C. 算法可行性指的是指令不能有二义性

    D. 以上都是

(4) 从逻辑上可以把数据结构分成(　　)。

    A. 动态结构和静态结构　　　　　　　　B. 紧凑结构和非紧凑结构

    C. 线性结构和非线性结构　　　　　　　D. 逻辑结构和存储结构

（5）抽象数据类型是一个数据结构以及定义在该结构上的一组（　　）的总称。

A. 数据类型　　　　B. 操作　　　　C. 数据抽象　　　　D. 类型说明

（6）某数据结构中数据元素的集合为 $D=\{A,B,C,D,E,F,G\}$，数据元素之间的关系集合为 $R=\{<A,D>,<A,G>,<D,B>,<D,C>,<G,E>,<G,F>\}$，则该数据结构是（　　）。

A. 线性表　　　　B. 树　　　　C. 图　　　　D. 集合

（7）数据的（　　）包括集合、线性结构、树结构和图结构四种基本类型。

A. 存储结构　　　　B. 逻辑结构　　　　C. 基本运算　　　　D. 算法描述

（8）执行下列程序段时，S语句的执行次数为（　　）。

```
for(i = 1; i <= n - 1; i++)
    for(j = i + 1; j <= n; j++)
        S;
```

A. $\dfrac{n(n-1)}{2}$　　　　B. $\dfrac{n^2}{2}$　　　　C. $\dfrac{n(n+1)}{2}$　　　　D. n

（9）数据结构中数据元素之间的逻辑关系被称为（　　）。

A. 存储结构　　　　B. 基本操作　　　　C. 算法　　　　D. 逻辑结构

（10）算法分析的目的是（　　）。

A. 找出数据结构的合理性　　　　　　B. 研究算法中的输入和输出的关系

C. 分析算法的效率以求改进　　　　　D. 分析算法的可读性

（11）可以使用（　　）定义一个完整的数据结构。

A. 数据元素　　　　　　　　　　B. 数据对象

C. 数据关系　　　　　　　　　　D. 抽象数据类型

（12）当输入非法错误时，一个好的算法会进行适当处理，而不会输出莫名其妙的结果，这称为算法的（　　）。

A. 可读性　　　　B. 健壮性　　　　C. 正确性　　　　D. 有穷性

2. 填空题

（1）在一般情况下，算法的时间复杂度是（　　）的函数。

（2）根据数据元素之间逻辑关系的不同，数据结构分为（　　）、（　　）、（　　）、（　　）。

（3）算法的（　　）是指算法必须能够在执行有限个步骤之后结束，并且每个步骤都必须在有限的时间内完成。

（4）数据的存储结构主要有（　　）和（　　）两种，存储结构需要存储两方面的内容，分别是（　　）和（　　）。

（5）某算法的时间复杂度为 $(n^2+n)\mathrm{lb}(n+2)$，可使用大 O 表示法表示为（　　）。

（6）如果一个算法的时间复杂度为常数，则使用大 O 表示法表示为（　　）。

（7）链式存储结构使用（　　）表示数据元素之间的逻辑关系。

（8）（　　）是具有相同性质的数据元素的集合，是（　　）的子集。

（9）抽象数据类型的定义取决于它的一组（　　），而与（　　）无关，即不论其内部结构如何变化，只要它的（　　）不变，都不影响其外部使用。

（10）数据结构研讨数据的（　　）和（　　）以及它们之间的相互关系，并对与这种结构定义相应的（　　　），设计出相应的（　　　）。

3. 判断题

(1) 数据元素是数据的最小单位。（　　　）

(2) 数据的逻辑结构与数据元素本身的内容和形式无关。（　　　）

(3) 逻辑结构对应的物理结构是唯一的。（　　　）

(4) 算法可以使用不同的方法描述，如果用 C++ 等高级程序设计语言描述，则算法实际上就是程序。（　　　）

(5) 算法分析的目的是找出数据结构的合理性。（　　　）

(6) 算法的时间复杂度是通过算法中基本语句的执行次数确定的。（　　　）

(7) 数据元素是数据的基本单位，是讨论数据结构时涉及的最小的数据单位。（　　　）

(8) 数据的物理结构是指数据在计算机内的实际存储形式。（　　　）

(9) 数据结构的抽象操作定义与具体实现无关。（　　　）

(10) 算法独立于具体的程序设计语言，与具体的计算机无关。（　　　）

(11) 算法原地工作的含义指的是不需要任何额外的辅助空间。（　　　）

(12) 问题规模 n 相同时，时间复杂度为 $O(n)$ 的算法在时间上总是优于时间复杂度为 $O(2^n)$ 的算法。（　　　）

(13) 所谓时间复杂度是指最坏情况下，估算算法执行时间的一个上界。（　　　）

4. 分析下列算法的时间复杂度

(1)

```
for(i = 0; i < m; i++)
    for(j = 0; j < n; j++)
        a[i][j] = i * j;
```

(2)

```
for(i = 0; i < m; i++)
    for(j = 0; j < n; j++)
        for(k = 0; k < t; k++)
            c[i][j] += a[i][k] * b[k][j];
```

(3)

```
i = 1;
while(i < n)
    i = i * 2;
```

(4)

```
i = 0;
s = 0;
while(s < n) {
    i++;
    s += i;
}
```

(5)

```
for(i = 0; i < n; i++)
    for(j = 0; j < i; j++)
        s++;
```

(6)

```
for(i = 0; i < n; i++)
    for(j = 0; j < i; j++)
        for(k = 0; k < j; k++)
            s++;
```

5. 问答题

(1) 什么是算法? 算法有什么特点?

(2) 什么是数据结构? 有关数据结构的讨论涉及哪三个方面?

(3) 试描述数据结构和抽象数据类型的概念与程序设计语言中的数据类型概念的区别。

(4) 评价算法有哪些标准?

6. 算法设计题

(1) 设计算法对一个整型数组 $r[n]$ 求最小值。

(2) 假设整型数组只包含正数和负数,设计算法将其调整为负数在左边,正数在右边。要求算法的时间复杂度为 $O(n)$。

第2章

线 性 表

线性表是一种最基本、最简单的数据结构。例如英文字母表(A，B，C，…，Z)就是一个线性表。线性表中的元素具有一对一的关系,除了第一个元素和最后一个元素外,任何一个元素都有一个前驱和一个后继。线性表是比较常用的数据结构,具有广泛的应用。

2.1 线性表的逻辑结构

2.1.1 线性表的定义

线性表(linear list)是 $n(n \geqslant 0)$ 个具有相同类型的数据元素的有限序列。线性表中所包含的元素的个数为线性表的**长度**,长度为零时是空表。一个非空的线性表可表示为:
$$L = (a_1, a_2, \cdots, a_n)$$
其中,$a_i(1 \leqslant i \leqslant n)$ 为数据元素,下标 i 为该元素在线性表中的逻辑位置或序号,从 1 开始。a_1 为第一个元素,称为表头,没有前驱。a_n 为最后一个元素,称为表尾,没有后继。其他任意一个元素都有一个唯一的前驱和唯一的后继。

2.1.2 线性表的基本操作

线性表的抽象数据类型定义为:
ADT List{
  数据对象:
  $$D = \{a_i \mid a_i \in \text{ElemSet}, i = 1, 2, \cdots, n, n \geqslant 0\}$$
  数据关系:

$$R = \{<a_i, a_{i+1}> \mid a_i \in D, a_{i+1} \in D, i = 1, 2, \cdots, n-1\}$$

基本运算:

InitList:初始化空的线性表;

DestroyList:销毁线性表;

Length:获取线性表的长度;

Get:根据逻辑序号存取元素的值(按位取);

Locate:根据值确定元素的逻辑序号(按值取);

Insert:在线性表某一逻辑位置处插入元素;

Delete:删除线性表某一逻辑位置处的元素;

PrintList:遍历线性表;

Empty:判断线性表是否为空表;

}

后面讨论线性表的存储结构和以上操作的具体实现。

2.2 线性表的顺序存储结构

2.2.1 顺序表

线性表的顺序存储结构称为**顺序表**(sequential list)。顺序存储结构是用一片连续的地址空间依次存储线性表中的数据元素。在顺序表中逻辑上相邻的元素在物理位置上也相邻,因此可以使用物理位置来表示元素之间的逻辑关系。除了存储数据元素所需要的空间之外,不需要开辟额外的空间来存储元素之间的逻辑关系。

可以使用一维数组 data[] 来描述顺序表,但是由于高级程序语言中的数组下标是从 0 开始的,而线性表中的元素的逻辑序号是从 1 开始的,因此表头元素 a_1 存储在 data[0]处,a_i 存储在 data[$i-1$]处。由于顺序表的空间分配是静态分配,因此必须事先确定分配空间的大小,用 MaxSize 表示数组的长度,用 length 表示线性表的长度,即顺序表中存储的数据元素的个数。顺序表存储结构如图 2-1 所示。

下标	0	1		$i-1$		$n-1$		MaxSize−1
data[ ]	a_1	a_2	...	a_i	...	a_n	空闲	表的长度

图 2-1　顺序表的存储结构示意图

如果已知元素 a_1 的存储地址为 LOC[a_1],每个元素所占的存储单元为 c 个,则第 i 个元素的地址可以按以下方式计算:

$$\text{LOC}[a_i] = \text{LOC}[a_1] + (i-1) \times c$$

可见，在顺序表中元素 a_i 的地址是其逻辑序号 i 的线性函数。在上式中对于任何元素 a_i，计算其地址的时间是相等的，即顺序表按位存取元素的时间复杂度为 $O(1)$，称为**随机存取**（random access）或直接存取。

2.2.2　顺序表的实现

将顺序表对应的类设计成类模板 SeqList，不确定线性表中的元素的类型，当需要建立 SeqList 对象时再指定顺序表元素的具体类型。

```
const int MaxSize = 100;              /* 顺序表的最大容量为 100 */
template < class ElemType >
class SeqList{
public:
    SeqList() {length = 0;}           /* 建立空的顺序表 */
    SeqList(ElemType a[], int n);     /* 以数组 a[]为初始数据建立一个长度为 n 的顺序表 */
    ~SeqList();                       /* 析构函数 */
    int Length();                     /* 返回顺序表的表长 */
    ElemType Get(int i);              /* 按位查找,返回第 i 个数据元素的值 */
    int Locate(ElemType x );          /* 按值查找,返回 x 在线性表中的位置 */
    void Insert(int i, ElemType x);   /* 插入操作,使 x 成为第 i 个数据元素 */
    ElemType Delete(int i);           /* 删除操作,删除第 i 个数据元素 */
    void PrintList();                 /* 遍历操作 */
private:
    ElemType data[MaxSize];           /* 存放数据元素的数组 */
    int length;                       /* 顺序表的长度 */
};
```

1. 有参构造函数

在构造非空的顺序表时，如果参数不越界，即数组 $a[]$ 的长度 n 不大于 MaxSize 时，直接将数组 $a[]$ 的元素赋值到 data[]中即可。算法描述如下。

```
template < class ElemType >
SeqList < ElemType >::SeqList(ElemType a[], int n) {
    if(n > MaxSize) throw "参数非法";
    for(i = 0; i < n; i++)
        data[i] = a[i];
    length = n;
}
```

2. 按位查找

只要参数 i 合法，可以直接返回 $data[i-1]$，由于顺序表按位取的时间复杂度为 $O(1)$，因此顺序表是随机存取或直接存取的。算法描述如下。

```
template < class ElemType >
ElemType SeqList < ElemType >::Get(int i) {
    if(i < 1 || i > length) throw "参数非法";
```

```
        return data[i-1];
}
```

3. 按值查找

在顺序表中遍历一遍查找元素 x，如果查找成功则返回其逻辑序号，如果查找失败则返回 0。算法描述如下。

```
template < class ElemType >
int SeqList < ElemType >::Locate(ElemType x) {
    for(i = 0; i < length; i++) {
        if(x == data[i])
            return i + 1;
    }
    return 0;
}
```

顺序表按值查找的时间复杂度为 $O(n)$。

4. 插入

假设原线性表为 $(a_1, a_2, \cdots, a_{i-1}, a_i, \cdots, a_n)$，如果插入 x 使之成为新的第 i 个元素，则插入成功之后的线性表为 $(a_1, a_2, \cdots, a_{i-1}, x, a_i, \cdots, a_n)$。顺序表的物理内存也要反映这种变化，为了避免元素覆盖，需要先将线性表的 $a_i \cdots a_n$ 自后向前后移，即顺序表中的 $data[i-1] \cdots data[length-1]$ 后移一个位置，然后再将 x 赋值给 $data[i-1]$。算法描述如下。

```
template < class ElemType >
void SeqList < ElemType >::Insert(int i, ElemType x) {
    if(length >= MaxSize) throw "顺序表已满,上溢";
    if(i < 1 || i > length + 1) throw "参数非法";
    for(j = length - 1; j >= i - 1; j--)
        data[j + 1] = data[j];
    data[i - 1] = x;
    length++;
}
```

该算法的问题规模是表的长度 n，元素的后移是其基本操作。将线性表的 $a_i \cdots a_n$ 后移，需要移动的元素个数为 $n-i+1$。如果线性表的表长为 n，则合法的插入位置为 $1 \cdots n+1$，则需要移动的元素个数的期望值为：

$$E_{\text{insert}} = \sum_{i=1}^{n+1} p_i (n-i+1)$$

其中，p_i 是在位置 i 上进行插入运算的概率，假设在所有的位置上操作的概率都相等，则 $p_i = 1/(n+1)$。则

$$E_{\text{insert}} = \sum_{i=1}^{n+1} p_i (n-i+1) = \frac{1}{n+1} \sum_{i=1}^{n+1} (n-i+1) = \frac{n}{2} = O(n)$$

因此，在顺序表上进行插入操作平均需要移动表长一半的元素。

5. 删除

假设原线性表为 $(a_1, a_2, \cdots, a_{i-1}, a_i, \cdots, a_n)$，如果要删除第 i 个元素，则删除成功之后

的线性表为$(a_1, a_2, \cdots, a_{i-1}, a_{i+1}, \cdots, a_n)$。顺序表的物理内存也要反映这种变化,因此需要将线性表的元素$a_{i+1}\cdots a_n$自前向后前移,即顺序表中的$data[i]\cdots data[length-1]$前移一个位置。顺序表删除操作的算法描述如下。

```cpp
template<class ElemType>
ElemType SeqList<ElemType>::Delete(int i) {
        if(length == 0) throw "顺序表为空,下溢";
        if(i < 1 || i > length) throw "参数非法";
        x = data[i-1];
        for(j = i; j < length; j++)
            data[j-1] = data[j];
        length--;
}
```

与插入算法类似,该算法的元素前移是其基本操作。将线性表的$a_{i+1}\cdots a_n$前移,需要移动的元素个数为$n-i$。如果线性表的表长为n,则合法的删除位置为$1\cdots n$,则需要移动的元素个数的期望值为:

$$E_{delete} = \sum_{i=1}^{n} p_i(n-i)$$

其中,p_i是在位置i上进行删除运算的概率,假设在所有的位置上操作的概率都相等,则$p_i = 1/n$。则

$$E_{delete} = \sum_{i=1}^{n} p_i(n-i) = \frac{1}{n}\sum_{i=1}^{n}(n-i) = \frac{n-1}{2} = O(n)$$

也就是说,在顺序表上进行删除运算也需要平均移动表长一半的元素。

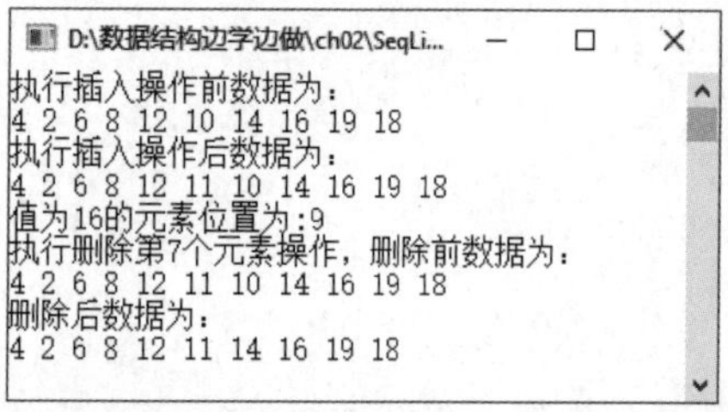

顺序表基本操作实现的详细代码可参照ch02\SeqList目录下的文件,本目录中包括三个文件,分别为SeqList.h、SeqList.cpp、SeqListMain.cpp。其中SeqListh.h为头文件,包括类模板SeqList的声明;SeqList.cpp为C++源文件,为类模板SeqList的定义;SeqListMain.cpp为C++源文件,包含程序入口main()函数。顺序表基本操作实现的运行结果如图2-2所示。

图2-2 顺序表基本操作实现的运行结果

2.3 顺序表的应用

2.3.1 有序表重复元素的删除

有序表指的是线性表的元素是非递减的或者非递增的,例如,非递减的有序表$L_1 = (5, 8, 12, 15, 20, 23)$。有序表中也可能存在重复的元素值,例如,$L_2 = (2, 4, 4, 4, 10, 10, 14, 14, 18, 19)$。有序

表中元素的删除指的是对于重复的元素只保留一个,其他的删除,例如 L_2 删除重复元素以后为 $L_2=(2,4,10,14,18,19)$。要删除重复的元素,只需要遍历有序表中的元素,将其之后所有与之相等的元素删除即可。删除重复元素的算法可以利用前文的 SeqList 类模板作为参数。算法描述如下。

```
template<class ElemType>
void DelDup(SeqList<ElemType> &L) {
    for(i = 1; i <= L.Length(); i++) {
    j = i+1;
    while((j <= L.Length()) && L.Get(i) == L.Get(j)) {
    L.Delete(j);
    }
    }
}
```

详细代码可参照 ch02\SeqListDelDup 目录下的文件。有序表中重复元素的删除的运行结果如图 2-3 所示。

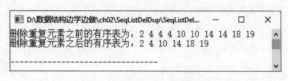

图 2-3　有序表中重复元素的删除的运行结果

2.3.2 有序表的合并

有序表合并指的是将多个有序表合并成一个有序表。可以将两个有序表合并,也可以将多个有序表合并。以将两个有序表合并为例,例如,$L_1=(2,7,13,16,18,24)$,$L_2=(6,9,15,18,26,32,39,45)$,则合并以后的有序表为 $L_3=(2,6,7,9,13,15,16,18,18,24,26,32,39,45)$。可使用前文的类模板 SeqList 表示有序表。有序表合并的算法使用 C++语言描述如下。

```
template<class ElemType>
void Merge(SeqList<ElemType>& L1, SeqList<ElemType>& L2, SeqList<ElemType>& L3) {
    i = 1, j = 1, k = 1;
    n1 = L1.Length();
    n2 = L2.Length();
    while(i <= n1 && j <= n2) {
        if(L1.Get(i) <= L2.Get(j)) {
            L3.Insert(k, L1.Get(i));
            i++;
        }
        else {
            L3.Insert(k, L2.Get(j));
            j++;
        }
        k++;
    }
```

```
/* 处理 L1 中剩余的元素 */
while(i <= n1) {
    L3.Insert(k, L1.Get(i));
    i++;
    k++;
}
/* 处理 L2 中剩余的元素 */
while(j <= n2) {
    L3.Insert(k, L2.Get(j));
    j++;
    k++;
}
}
```

详细代码可参照 ch02\SeqListMerge 目录下的文件。两个有序表合并的运行结果如图 2-4 所示。

图 2-4　两个有序表合并的运行结果

2.4　线性表的链式存储结构及实现

顺序表是一种常见的线性表的存储结构，但是顺序表仍存在以下缺陷。

（1）顺序表是静态分配空间的，因此需要预先估计所需空间的大小。如果预估得太大，可能会造成空间浪费；如果预估得太小，则会因为空间不足造成溢出。

（2）顺序表要求使用一片连续的存储空间，因此可能会造成内存中的存储碎片无法重复利用。

（3）顺序表的插入和删除操作需要移动大量的元素，特别是当数据元素本身的信息量较大的情况下效率较差。

线性表的链式存储结构可以解决以上问题。

2.4.1　单链表

单链表（single linked list）是用一组任意的存储单元存放线性表中的元素。存储单元可以是连续的，也可以是不连续的，甚至可以是零散的。为了表示数据元素之间的逻辑关系,每个存储单元除了需要存储数据元素之外,还需要同时保存逻辑上的后继元素的存储地址,这个地址称为**指针**(pointer)。数据元素以及后继的地址组成了数据元素的存储映像,称为**结点**(node)。单链表结点的结构如图 2-5 所示。

data	next

图 2-5 单链表结点的结构

其中,data 为数据域,用来保存数据元素的数据信息;next 为指针域,用来保存逻辑上的后继元素的存储地址。各个结点按照逻辑次序利用指针连接起来就构成了单链表,因为结点中只包含一个指针域,故称为单链表。结点的结构可使用 C++语言中的结构体定义,另外,由于线性表中的元素类型并不确定,因此可以使用模板机制。

```
template < class ElemType >
struct Node{
    ElemType data;
    Node< ElemType > * next;
}
```

图 2-6 单链表在内存中的状态

如果非空指针 p 指向某个结点,则使用 p-> data 访问其数据域,使用 p-> next 访问其指针域。在单链表中,每个元素的存储地址保存在其前驱的指针域里。第一个元素没有前驱,因此需要一个指针指向其位置,指向第一个结点的指针称为**头指针**(head pointer),可以用来标识单链表。最后一个元素没有后继,因此其指针域为 NULL,使用符号"∧"表示,也称为**尾标志**(tail mark)。例如线性表(a_1,a_2,a_3)使用单链表存储时在内存中的存储状态如图 2-6 所示。

在使用单链表时,更为关心的是数据元素之间的逻辑关系,即结点之间的连接次序,而不是元素在内存中的实际存储地址,因此通常使用其抽象方式来表达。第一个元素结点通常称为**首元结点**,例如元素 a_1 所在的结点。当把头指针命名为 first 时,图 2-6 可表示为如图 2-7 所示的形式。包含 n 个结点的单链表可表示为如图 2-8 所示的形式。

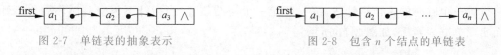

图 2-7 单链表的抽象表示   图 2-8 包含 n 个结点的单链表

由图 2-8 可知,除了首元结点的地址是由指针变量 first 表示外,其余结点的地址都是由前驱结点的指针域表示。这种表达的不一致会给单链表的操作带来不便,导致空表和非空表的操作不一致。为了方便操作,使空表和非空表的操作统一,可以在首元结点之前再添加一个结点,此结点称为**头结点**。头结点的指针域指向首元结点,头结点的数据域空置不用。头指针指向头结点。带头结点的非空的单链表如图 2-9 所示,带头结点的空单链表如图 2-10 所示。

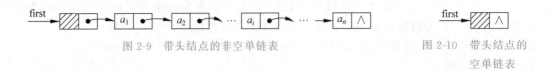

图 2-9　带头结点的非空单链表　　　　　　　　　　　图 2-10　带头结点的空单链表

在带头结点的单链表中，无论单链表是否为空，头指针 first 都指向头结点。如果存在元素结点，则所有元素结点的地址都保存在前一个结点的指针域里，表达方式统一，因此空表和非空表的操作也统一。

2.4.2　单链表的实现

与顺序表类似，可以使用 C++ 语言中的类模板来描述单链表。

```cpp
template < class ElemType >
class LinkList{
public:
    LinkList();                        /* 建立只有头结点的空单链表 */
    LinkList(ElemType a[], int n);     /* 以数组 a[] 为初始元素值建立单链表 */
    ~LinkList();                       /* 析构函数 */
    int Length();                      /* 返回单链表的表长 */
    ElemType Get(int i);               /* 按位查找，返回第 i 个元素的值 */
    int Locate(ElemType x);            /* 按值查找，返回 x 在单链表中的位置 */
    void Insert(int i, ElemType x);    /* 插入 x 成为第 i 个元素 */
    ElemType Delete(int i);            /* 删除第 i 个元素 */
    void PrintList();                  /* 遍历 */
private:
    Node < ElemType > * first;         /* 头指针 */
};
```

1. 单链表的遍历

遍历指的是按照逻辑次序将所有的结点访问一次并且仅访问一次。单链表的遍历是其他操作的基础。在单链表中，已知的只有头指针的值，因此遍历单链表必须从头指针开始。设置一个临时的工作指针 p，给 p 指定一个初始位置，当指针不为空时循环后移指针，从而实现单链表遍历，如图 2-11 所示。

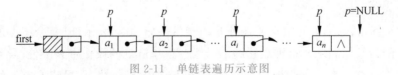

图 2-11　单链表遍历示意图

单链表和遍历相关的操作一般有三个要素：

（1）工作指针 p 的初始位置，一般指向头结点，或者指向首元结点。

（2）循环的判别条件，一般为 p != NULL 或者 p->next != NULL。

（3）指针的后移，一般为"p = p-> next;"。

使用 C++语言描述遍历算法如下。

```cpp
template < class ElemType >
void LinkList < ElemType >::PrintList() {
    p = first -> next;
    while(p != NULL) {
        cout << p -> data;
        p = p -> next;
    }
}
```

单链表遍历时需要将所有的元素结点扫描一遍，基本操作是工作指针 p 的后移，因此时间复杂度为 $O(n)$。

2. 求单链表的表长

通过遍历单链表可以获取单链表的表长。除了工作指针 p 之外，还需要累加器 count 用以记录非空的元素结点的个数。p 首先指向首元结点，count＝0，当 p 不为空时，count++，指针后移重复以上操作。算法描述如下。

```cpp
template < class ElemType >
int LinkList < ElemType >::Length() {
    p = first -> next;
    count = 0;
    while(p != NULL) {
        count++;
        p = p -> next;
    }
    return count;
}
```

该算法的时间复杂度为 $O(n)$。

3. 按位查找

与求单链表表长的算法类似，工作指针 p 首先指向首元结点，count＝1。当 p 不为空并且 count $<i$ 时指针后移，count++，直到查找成功或者失败，如图 2-12 所示。

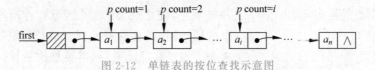

图 2-12　单链表的按位查找示意图

如果给定参数值 i 小于或等于单链表的表长，则可以获取第 i 个结点，退出循环时 p 不为空。如果给定的参数值 i 大于单链表的表长，则退出循环时 count $<i$ 仍然成立，但 p 已经成为空指针，因此可以通过循环退出后 p 指针是否为空判断第 i 个结点是否存在。算法

描述如下。

```
template < class ElemType >
ElemType LinkList < ElemType >::Get(i) {
    p = first - > next;
    count = 1;
    while(p != NULL && count < i) {
        p = p - > next;
        count++;
    }
    if( p != NULL)
        return p - > data;
    else
        throw "参数非法";
}
```

访问首元结点时，指针不需要移动。访问最后一个元素结点时，指针需要移动 $n-1$ 次。当访问单链表的第 i 个结点时，指针需要移动 $i-1$ 次。假设访问每个位置的概率相等，其平均时间复杂度为 $O(n)$，因此单链表为顺序存取结构。

4. 按值查找

单链表的按值查找与按位查找类似，但是循环判断的条件以及循环内的操作不同。设置工作指针 p＝first-> next，计数器 count＝1。当工作指针不为空时，循环判断其数据域是否和 x 相等，如果相等则直接返回 count。如果循环结束时还没有找到 x，则说明 x 没有在单链表中出现，返回 0。算法描述如下。

```
template < class ElemType >
int LinkList < ElemType >::Locate(ElemType x) {
    p = first - > next;
    count = 1;
    while(p != NULL) {
        if(p - > data == x)
            return count;
        p = p - > next;
        count++;                    /* 找到 x,查找成功 */
    }
    return 0;                       /* x 没有出现在单链表中,查找失败 */
}
```

5. 插入

插入操作指的是将元素 x 插入到单链表中，使之成为第 i 个元素。在顺序表中进行元素的插入时，需要移动元素。但是在单链表中插入元素时不需要移动元素，只需要修改指针。假设插入位置已知，用指针 p 表示，则插入指针 s 所指的新结点时只需要修改两个指针，如图 2-13 所示。

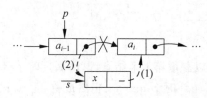

图 2-13　单链表插入结点示意图

其中，(1)s-> next＝p-> next，(2)p-> next＝s，进行指针修改时，要保证未被处理的部分不断开。

当插入位置未知时,要先查找指针 p 的位置,即第 $i-1$ 个结点的位置。如果查找成功,则进行插入结点的操作;如果查找失败,则给出提示。算法描述如下。

```
template < class ElemType >
void LinkList < ElemType >::Insert( int i, ElemType x) {
    p = first;                    / * 工作指针 p 指向头结点 * /
    count = 0;                    / * 计数器初始化 * /
    / * 查找第 i-1 个结点 * /
    while(p != NULL && count < i - 1) {
        p = p - > next;
        count++;
    }
    / * 找到第 i-1 个结点 * /
    if(p != NULL) {
        s = new Node < ElemType >;
        s - > data = x;
        s - > next = p - > next;
        p - > next = s;
    }
    / * 参数非法,找不到第 i-1 个结点 * /
    else throw "参数非法";
}
```

读者可以自行验证,当 i 取值为 1 时,在表头插入新结点;当 i 取值为 $n+1$ 时,在单链表的表尾插入结点,以及表中间的位置,算法的描述都是一致的。该算法的基本操作是工作指针后移,时间复杂度为 $O(n)$。

6. 创建空的单链表

在无参构造函数中,只需要创建头结点,并将头结点的指针域置为空即可。算法描述如下。

```
template < class ElemType >
LinkList < ElemType >::LinkList() {
    first = new Node < ElemType >;
    first - > next = NULL;
}
```

该算法的时间复杂度为 $O(1)$。

7. 有参构造函数

可以采用头插法或尾插法构造单链表。

1) 头插法

头插法指每次都将新结点插入到单链表的表头位置。首先创建一个头结点,然后将数组 $a[]$ 中的元素依次插入到单链表的表头位置,如图 2-14 所示。

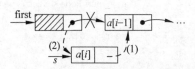

图 2-14 头插法创建单链表

头插法创建单链表的算法描述如下。

```cpp
template < class ElemType >
void LinkList < ElemType >::LinkList(ElemType a[ ], int n) {
    /* 创建头结点 */
    first = new Node < ElemType >;
    first -> next = NULL;
    for(i = 0; i < n; i++) {
        s = new Node < ElemType >;      /* 申请新结点 */
        s -> data = a[i];
        s -> next = first -> next;      /* 将新结点插入到表头位置 */
        first -> next = s;
    }
}
```

头插法创建单链表的时间复杂度为 $O(n)$。头插法得到的单链表的元素结点的次序与插入顺序相反，如果要使插入结点的次序与单链表的最终次序相同，可以使用尾插法。

2）尾插法

尾插法每次都将新结点插入到单链表的表尾位置。单链表的最后一个结点称为尾结点，尾插法即在单链表的尾结点之后插入一个新结点。为了避免总是查找最后一个元素结点，可以为单链表添加指向尾结点的指针 rear。空表表尾插入结点如图 2-15 所示，非空表表尾插入结点如图 2-16 所示。

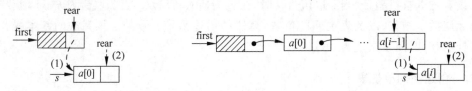

图 2-15 空表表尾插入结点　　　　　图 2-16 非空表表尾插入结点

在插入结点的过程中，rear 指针的 next 域无须置为空，因为如果还需要插入结点，此指针域还要修改。因此，当所有结点都插入完成以后再将 rear 指针的 next 域置为空。算法描述如下。

```cpp
template < class ElemType >
void LinkList < ElemType >::LinkList(ElemType a[ ], int n) {
    /* 创建头结点 */
    first = new Node < ElemType >;
    rear = first;
    for(i = 0; i < n; i++) {
        s = new Node < ElemType >;
        s -> data = a[i];
        rear -> next = s;
        rear = s;
    }
    rear -> next = NULL;
}
```

算法的时间复杂度为 $O(n)$。

8. 删除

如果 q 指向被删除的结点，p 指向 q 的前驱结点，则删除 q 结点只需要修改指针，即 p-> next＝q-> next，如图 2-17 所示。

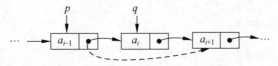

图 2-17　单链表中删除结点示意图

在单链表中删除第 i 个结点时，需要先查找第 $i-1$ 个结点，并且只有第 $i-1$ 个结点以及第 i 个结点都存在时才能删除结点。如果第 $i-1$ 个结点不存在，或者虽然第 $i-1$ 个结点存在，但是第 i 个结点不存在(第 $i-1$ 个结点是单链表的尾结点)，则不能进行删除运算。算法描述如下。

```
template < class ElemType >
ElemType LinkList < ElemType >::Delete( int i) {
    / * 查找第 i－1 个结点 * /
    p = first;
    count = 0;
    while(p != NULL && count < i － 1) {
        p = p->next;
        count++;
    }
    / * 第 i－1 个结点和第 i 个结点都存在 * /
    if(p != NULL && p->next != NULL) {
        q = p->next;
        x = q->data;
        p->next = q->next;
        delete q;                   / * 释放结点 q * /
        return x;
    }
    / * 第 i－1 结点不存在或者第 i－1 个结点存在但第 i 个结点不存在 * /
    else throw "参数非法";
}
```

该算法的时间复杂度为 $O(n)$。

9. 析构函数

析构函数将单链表中包括头结点在内的所有结点释放。在释放结点的过程中，要保证单链表中还未被处理的部分不断开。对于待释放的结点，需要先记录此结点的指针域。析构操作示意图如图 2-18 所示。

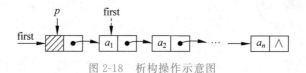

图 2-18 析构操作示意图

算法描述如下。

```
template<class ElemType>
LinkList<ElemType>::~LinkList() {
    while(first != NULL) {
        p = first;
        first = first->next;
        delete p;
    }
}
```

单链表析构函数的时间复杂度是 $O(n)$。

单链表基本操作的实现详细代码可以参照 ch02\LinkList 目录下的文件，该目录下包括三个文件，分别为 LinkList.h、LinkList.cpp、LinkListMain.cpp，其中 LinkList.h 为类模板 LinkList 的声明，LinkList.cpp 为类的定义，LinkListMain.cpp 包括 main()方法。该实验的运行结果如图 2-19 所示。

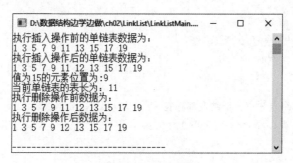

图 2-19 单链表基本操作的运行结果

2.4.3 其他链表形式

1. 循环链表

在单链表中，如果从指针 p 出发，只能访问到 p 之后的结点，而不能访问 p 之前的结点，例如 p 的前驱结点，如图 2-20 所示。

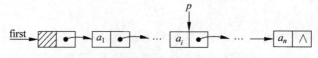

图 2-20 单链表从指针 p 出发访问的情况

可以充分利用最后一个结点的空指针域,将其指向头结点,由此构成一个封闭的循环单链表,称为**循环链表**。一个非空的循环链表如图 2-21 所示。

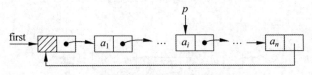

图 2-21 非空的循环链表

循环链表中,从任意一个位置出发都可以访问到链表中所有的结点。空的循环链表中只包含一个头结点,头结点的指针域指向头结点自身,如图 2-22 所示,此时满足 first-> next=first。

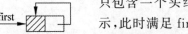

图 2-22 空的循环
链表

在图 2-21 所示的循环链表中,可用 first-> next 访问首元结点,时间复杂度为 $O(1)$。但访问尾结点时,仍需从头指针 first 开始查找,时间复杂度为 $O(n)$。有时在循环链表中设置尾指针会比头指针更加方便,例如图 2-23 所示的带尾指针 rear 的循环链表,使用 rear-> next-> next 访问首元结点,时间复杂度为 $O(1)$。使用 rear 访问尾结点,时间复杂度也为 $O(1)$。

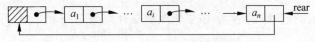

图 2-23 带尾指针的循环链表

2. 双向链表

在循环链表中从已知结点 p 出发虽然可以访问所有结点,但是访问 p 的前驱结点的时间复杂度为 $O(n)$。为了提高访问前驱的效率,可以仿照指针 next 再给结点添加一个指向前驱结点的指针 prior,其结点结构如图 2-24 所示,此种结点链接成的链表称为**双向链表**。

prior	data	next

图 2-24 双向链表结点结构

双向链表结点的结构定义如下。

```
template<class ElemType>
struct DulNode{
    ElemType data;
    DulNode<ElemType> * prior, * next;
}
```

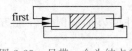

图 2-25 只带一个头结点的
空双向循环链表

双向链表也可以添加头结点,也可以设置成**双向循环链表**,即最后一个结点的 next 域指向头结点,头结点的 prior 域指向最后一个结点。只带一个头结点的空双向循环链表如图 2-25 所示,非空的双向循环链表如图 2-26 所示。

1) 插入结点

如果需要在双向链表中 p 结点后插入结点 s,所需要修改的指针如图 2-27 所示。

图 2-26 非空的双向循环链表

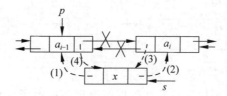

图 2-27 双向链表中插入结点示意图

按照次序修改指针的语句为：

```
s->prior = p;
s->next = p->next;
p->next->prior = s;
p->next = s;
```

注意：要特别小心指针修改的相对次序，保证链表中未被处理的部分不断开。

2）删除结点

如果指针 p 指向待删除的结点，需要修改的指针如图 2-28 所示。

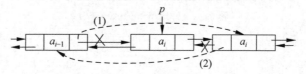

图 2-28 双向链表中删除结点示意图

操作语句为：

```
p->prior->next = p->next;
p->next->prior = p->prior;
delete p;
```

前两个语句的顺序可以颠倒。

2.5 顺序表和链表的比较

　　顺序表和链表是线性表的两种不同的存储结构，可以从空间性能方面和时间性能方面进行比较。

2.5.1 空间性能

　　数据元素存储的紧凑程序可以使用结点的存储密度来衡量，存储密度定义如下：

$$存储密度 = \frac{结点数据域所占的存储量}{整个结点结构所占的存储量}$$

顺序表中所占用的空间都用来存储数据,存储密度为 1,存储比较紧凑。链表中由于需要使用指针域来表示元素之间的逻辑关系,因此存在结构性开销,存储密度小于 1。

顺序表采用静态方式分配空间,必须使用一片连续的存储空间,需要预先估计空间大小,不够灵活;另外,也有可能造成内存中的大量碎片无法重复使用。链表动态分配空间,不必事先预估空间大小,比较灵活。

在具体使用时,如果线性表的长度变化较大,可以使用链表。如果线性表的长度变化不大,而且基本长度已知,可以选择顺序表。

2.5.2　时间性能

顺序表的按位存取的时间复杂度为 $O(1)$,为随机存取。链表的按位存取的时间复杂度为 $O(n)$,为顺序存取。顺序表和链表的按值存取的时间复杂度都为 $O(n)$。

在顺序表中插入或删除元素平均需要移动表长一半的元素,时间复杂度为 $O(n)$。在链表中进行插入或删除元素时,如果操作位置已知,只需修改指针,时间复杂度为 $O(1)$。如果操作位置未知,则需要先通过后移指针查找操作位置,再修改相应指针,时间复杂度为 $O(n)$,时间主要花费在指针后移上。

如果线性表的主要操作为按位存取,可以使用顺序表。如果线性表需要频繁地进行插入或删除元素时,可以使用链表。

总之,顺序表和链表都是线性表的存储结构,不存在孰优孰劣的问题,在实际应用时应根据实际需求进行选择。

2.6　单链表的应用

单链表的应用非常广泛,可以用来进行许多常见的运算,例如原地逆置、两个集合求交集、两个集合求并集、一元多项式的求和等。

2.6.1　单链表的原地逆置

单链表的原地逆置指的是利用单链表的原有空间完成逆置,在逆置的过程中不能申请新的结点空间。例如,图 2-29(a)为原单链表,图 2-29(b)为逆置后的单链表。

可以将单链表在头结点后断开,将元素结点使用头插法插入到原链表中。算法的伪代码描述如下。

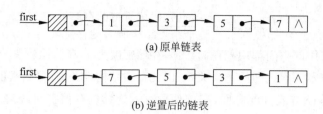

(a) 原单链表

(b) 逆置后的链表

图 2-29　单链表逆置示意图

> 1. p＝first-> next；first-> next＝NULL；
> 2. 当 p 不为空时循环：
>   　2.1 q＝p-> next；
>   　2.2 将 p 按头插法插入到链表 first 中；
>   　2.3 p＝q；

利用前文所述的类模板 LinkList，设计逆置算法为类成员函数，算法描述如下。

```
template < class ElemType >
void LinkList < ElemType >::Reverse() {
    p = first -> next;
    first -> next = NULL;
    while(p! = NULL) {
        q = p -> next;
        p -> next = first -> next;
        first -> next = p;
        p = q;
    }
}
```

详细代码可参照 ch02\LinkListReverse 目录下的文件，运行结果如图 2-30 所示。

图 2-30　单链表逆置的运行结果

2.6.2　判断单链表是否有序及对单链表排序

1. 判断单链表是否有序

单链表有序指单链表中的元素结点按值非递减或非递增排序，如无特殊说明一般认为按值非递减排序。例如图 2-29(a) 所示的单链表是有序的。

判断单链表是否有序只要判断两个相邻的元素结点的值是否符合排序要求即可，一旦发现不符合排序要求的结点，返回 0；如果在比较过程中没有返回 0，则最终返回 1。该算法的伪代码描述如下。

> 1. p 指向首元结点，flag＝1，如果 p 不为空，则 q＝p-> next；
> 2. 当 p 和 q 都不为空时循环：

2.1 如果 p-> data 大于 q-> data，则 flag＝0，break；

2.2 否则 p，q 分别后移；

3. 返回 flag；

使用 C++ 语言描述算法如下。

```
template < class ElemType >
int LinkList < ElemType >::IsOrdering() {
    p = first -> next;
    flag = 1;
    if(p) {
        q = p -> next;
    }
    /* 比较相邻的结点是否逆序 */
    while((p != NULL) && (q != NULL)) {
        if(p -> data > q -> data) {
            flag = 0;
            break;
        }
        else {
            p = q;
            q = q -> next;
        }
    }
    return flag;
}
```

2. 单链表排序

如果单链表不为空，对单链表进行排序时，可先将单链表在首元结点处断开，然后将其余的结点按插入排序插入到原单链表的正确位置。使用伪代码描述算法如下。

1. p＝first-> next；q＝p-> next；p-> next＝NULL；
2. 当 q 不为空时循环：

2.1 在单链表中查找 q 的插入位置 s；

2.2 将 q 插入到 s 之后；

2.3 q 指向原位置的下一个结点；

使用 C++ 语言描述的算法如下所示。

```
template < class ElemType >
void LinkList < ElemType >::Sort() {
    /* 使用直接插入排序对单链表进行排序 */
    p = first -> next;
    /* 如果单链表非空 */
```

```
if(p != NULL) {
    /* 在首元结点后断开 */
    q = p->next;
    p->next = NULL;
    /* 依次将 q 插入到有序单链表中 */
    while(q) {
        r = q->next;
        /* 在单链表中查找结点 q 的插入位置 */
        s = first;
        /* 若 s 的后继结点存在,并且其数据域小于 q 的数据域时后移 s */
        while((s->next) && ((s->next->data) < (q->data))) {
            s = s->next;
        }
        /* 将 q 插入到 s 之后 */
        q->next = s->next;
        s->next = q;
        /* q 后移 */
        q = r;
    }
}
```

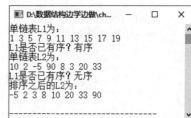

详细代码可参照 ch02\LinkListSort 目录下的文件,运行结果如图 2-31 所示。

图 2-31　判断单链表有序及排序的
运行结果

2.6.3　利用单链表实现有序表的合并

利用单链表实现有序表的合并与利用顺序表实现有序表的合并思想类似。假设两个有序表用单链表存储,头指针分别为 first1 和 first2,则可以将单链表 1 在头结点处断开,设指针 r 指向单链表 1 的尾结点,初值指向 first1。然后将两个单链表的所有元素结点依次利用尾插法插入到单链表 1 的尾指针 r 处,如图 2-32 所示。

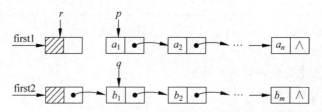

图 2-32　两个有序单链表合并示意图

使用 2.4.2 节中的单链表类模板 LinkList 存储有序表,合并算法使用伪代码描述如下。

1. r=first1; p=first1->next; q=first2->next;
2. 当 p 和 q 都不为空时循环:
   2.1 如果 p->data 小于或等于 q->data,在 r 后插入 p,r 后移,p 后移;

2.2 否则在 r 后插入 q,r 后移,q 后移;

3. 当 p 不为空时循环:

    3.1 在 r 后插入 p,r 后移,p 后移;

4. 当 q 不为空时循环:

    4.1 在 r 后插入 q,r 后移,q 后移;

5. r-> next＝NULL;

使用 C++语言描述算法如下。

```cpp
template < class ElemType >
/* 将单链表 L1 和 L2 合并至 L1 */
void Merge(LinkList < ElemType > &L1, LinkList < ElemType > &L2) {
    first1 = L1.GetFirst();          /* 获取单链表 L1 的头指针 */
    first2 = L2.GetFirst();          /* 获取单链表 L2 的头指针 */
    r = first1;                      /* 单链表 L1 的尾指针 */
    p = first1 -> next;
    q = first2 -> next;
    while(p != NULL && q != NULL) {
        if(p -> data < = q -> data) {
            r -> next = p;
            r = p;
            p = p -> next;
        }
        else {
            r -> next = q;
            r = q;
            q = q -> next;
        }
    }
    while(p != NULL) {
        r -> next = p;
        r = p;
        p = p -> next;
    }
    while(q != NULL) {
        r -> next = q;
        r = q;
        q = q -> next;
    }
    r -> next = NULL;
}
```

也可以将单链表 first2 的所有元素结点都插入到单链表 first1 的正确位置上,感兴趣的读者可以自行完成。详细代码可参照 ch02\LinkListMerge 目录下的文件,运行结果如图 2-33 所示。

图 2-33 单链表合并的运行结果

2.6.4　利用单链表判断两个集合是否相等

可以利用单链表判断两个集合是否相等。首先将集合中的元素使用单链表有序存储，然后通过判断两个单链表是否相等来判断集合是否相等。使用类模板 LinkList 作为参数，算法描述如下。

```cpp
template<class ElemType>
/*判断两个集合是否相等,相等返回1,不相等返回0*/
int SetIsEqual(LinkList<ElemType> &L1, LinkList<ElemType> &L2) {
    flag = 1;
    p = L1.GetFirst()->next;        /*获取第一个单链表的首元结点*/
    q = L2.GetFirst()->next;        /*获取第二个单链表的首元结点*/
    /*两个链表都未结束时判断*/
    while(p != NULL && q != NULL) {
        /*如果数据域相等则继续比较*/
        if(p->data == q->data) {
            p = p->next;
            q = q->next;
        }
        /*相同位置的数据域不相等*/
        else {
            flag = 0;
            break;
        }
    }
    /*一个链表结束,另一个链表没结束*/
    /*并且已比较的部分相等*/
    if((flag == 1) && (p || q)) {
        flag = 0;
    }
    return flag;
}
```

详细代码可参照 ch02\LinkListSetIsEqual 目录下的文件，运行结果如图 2-34 所示。

注意：如果单链表的元素结点的值是无序的，则判别算法需要做更改，请感兴趣的读者自行完成。

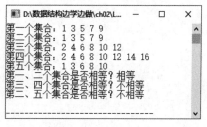

图 2-34　判断集合是否相等的运行结果

2.6.5　利用单链表求两个集合的并集

利用单链表求两个集合的并集的算法与将两个单链表合并的算法类似。但是求集合的并集时，集合中不允许出现重复的元素。如果要使用单链表 first1 和单链表 first2 实现求集合的并集，并且使用单链表 first1 存储合并后的结果，则将 first2 中的元素结点 p 插入到 first1 中时,要先在 first1 中查找 p-> data,如果 p-> data 没有出现在 first1 中,则将 p 插入到 first1 中,继续处理 first2 的其他结点;如果 p-> data 已经出现在 first1 中,则放弃插入结点 p,继续处理 firts2 的其他结点。算法描述如下。

```
template < class ElemType >
void Union(LinkList < ElemType > &L1, LinkList < ElemType > &L2) {
    /* 将单链表 L1 和 L2 存储的集合求并集至 L1 */
    /* 即将 L2 中存在但 L1 中不存在的元素插入到 L1 中 */
    first1 = L1.GetFirst();            /* 获取单链表 L1 的头指针 */
    first2 = L2.GetFirst();            /* 获取单链表 L2 的头指针 */
    p = first2 -> next;
    while(p != NULL) {
        /* 在 L1 中查找 p 的数据域是否已存在 */
        i = L1.Locate(p -> data);
        /* 未找到,将 p 插入到 L1 的表头位置 */
        if(i == 0) {
            q = p -> next;
            first2 -> next = q;
            p -> next = first1 -> next;
            first1 -> next = p;
            p = q;
        }
        /* 已找到,p 的数据域已在 L1 中存在,后移 p */
        else {
            p = p -> next;
        }
    }
}
```

详细代码可参照 ch02\LinkListUnion 目录下的文件,运行结果如图 2-35 所示。

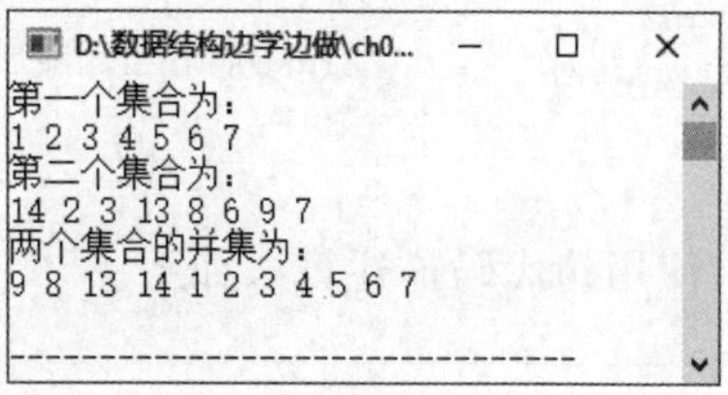

图 2-35 求两个集合的并集的运行结果

2.6.6 利用单链表求两个集合的交集

利用单链表 first1 和单链表 first2 求两个集合的交集时,使指针 p 指向 first1 的首元结点,判断其在 first2 中是否出现过,如果出现过,则输出 p-> data;后移 p,直到 first1 中所有的元素点都被判断一遍为止。算法描述如下。

```
template < class ElemType >
void Intersection(LinkList < ElemType > &L1, LinkList < ElemType > &L2) {
    /* 将单链表 L1 和 L2 存储的集合求交集并输出 */
    first1 = L1.GetFirst();
    p = first1 -> next;
    while(p != NULL) {
        /* 在 L2 中查找 p 的数据域是否已存在 */
```

```
            i = L2.Locate(p->data);
            /*找到,输出p->data*/
            if(i != 0) {
                cout << p->data <<" ";
            }
            p = p->next;
        }
        cout << endl;
    }
```

图 2-36 求两个集合的交集的运行结果

详细代码可参照 ch02\LinkListIntersection 目录下的文件,运行结果如图 2-36 所示。

2.6.7 利用单链表删除有序表中的重复元素

如果有序表采用单链表存储,可以利用链表的操作将有序表中的重复元素删除。由于单链表是有序的,因此数据域相等的结点在逻辑上是相邻的。如图 2-37 所示的单链表,其中图 2-37(a)为原单链表,图 2-37(b)为删除重复元素之后的单链表。

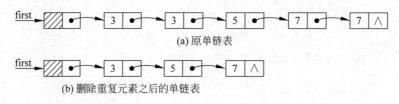

(a) 原单链表

(b) 删除重复元素之后的单链表

图 2-37 删除有序单链表中的重复元素示意图

使用伪代码描述算法如下。

1. p＝first->next;
2. 当 p 不为空时循环:
   2.1 q＝p->next;
   2.2 当 q 不为空并且 p->data == q->data 时循环:
       2.2.1 删除 q;
       2.2.2 q 后移;
   2.3 p 后移;

将算法设计成 LinkList 类的成员方法,使用 C++语言描述如下。

```
template < class ElemType >
void LinkList < ElemType >::LinkListDelDup() {
    p = first->next;
    while(p != NULL) {
        q = p->next;
        while(q != NULL && p->data == q->data) {
```

```
/* 删除 q */
r = q->next;
p->next = q->next;
delete q;
q = r;
}
p = p->next;
}
}
```

详细代码可以参照 ch02\LinkListDelDup 目录
下的文件,运行结果如图 2-38 所示。

图 2-38 利用单链表删除有序表中的
重复元素的运行结果

2.6.8 删除普通单链表中的重复元素

如果单链表中的元素不一定有序,则删除重复元素的算法和 2.6.7 节中的算法不同。
例如图 2-39(a)和图 2-39(b)所示的单链表分别为删除重复元素之前和之后的情况。

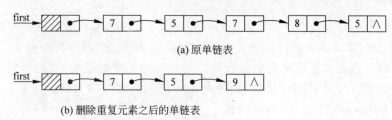

(a) 原单链表

(b) 删除重复元素之后的单链表

图 2-39 删除普通单链表中的重复结点示意图

对于单链表中的非空结点 p,应该判断此结点之后的其他所有结点,如果存在与结点 p
的数据域相等的结点,则删除此结点。为了便于删除操作,在比较过程中,记录待比较结点
的前一个位置。使用伪代码描述算法如下。

1. p=first->next;
2. 当 p 不为空时循环:
   2.1 q=p;
   2.2 当 q->next 不为空时循环:
      2.2.1 如果 p->data == q->next->data,则删除 q->next;
      2.2.2 否则 q 后移;
   2.3 p 后移;

使用 C++语言描述算法如下。

```
void LinkList<ElemType>::LinkListDelNormalDup() {
    p = first->next;
    while(p != NULL) {
        q = p;
        while(q->next != NULL) {
```

```
            if(p->data == q->next->data) {
                r = q->next;
                q->next = r->next;
                delete r;
            }
            else {
                q = q->next;
            }
        }
        p = p->next;
    }
}
```

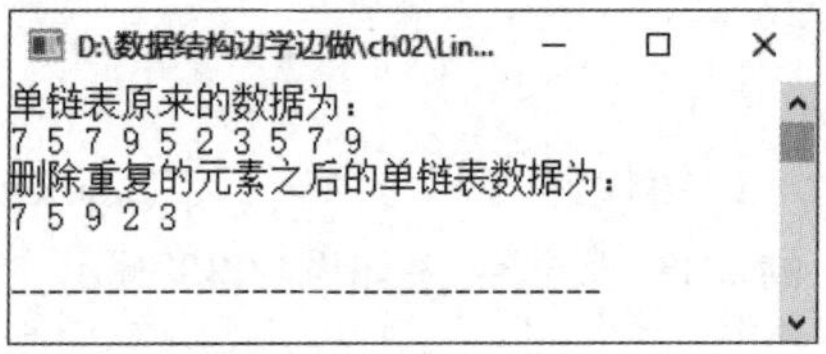

详细代码可参照 ch02\LinkListDelNormalDup
目录下的文件，运行结果如图 2-40 所示。

图 2-40　删除普通单链表中的重复元素的
运行结果

2.6.9　利用单链表实现一元多项式相加

已知一元多项式 $A(x)=a_0+a_1x+a_2x^2+\cdots+a_nx^n$，一元多项式 $B(x)=b_0+b_1x+b_2x^2+\cdots+b_mx^m$，求 $A(x)=A(x)+B(x)$。在一元多项式中，因为有些项系数为零，为了节省存储空间，只存储非零项的系数和指数。在合并同类项的过程中，有可能会出现合并以后系数为零的情况，涉及删除运算，因此使用单链表实现较为方便。重新定义 Node 结点，使其数据域为 coef(系数)和 exp(指数)。

按照指数的升序使用单链表存储一元多项式。除了指针 p 和 q 分别指向两个单链表的当前结点之外，使用指针 p_pre 和 q_pre 分别指向 p 和 q 的前驱结点。单链表 LA 存储多项式 $A(x)$，单链表 LB 存储多项式 $B(x)$。使用伪代码描述算法如下。

---

1. p_pre＝LA->first；p＝p_pre->next；q_pre＝LB->first；q＝q_pre->next；

2. 当 p 和 q 都不为空时，循环执行以下操作：

　2.1 如果 p->exp 小于 q->exp，则 p_pre 后移，p 后移，q 和 q_pre 不变；

　2.2 如果 p->exp 大于 q->exp，则将 q 插入到 p 之前，q 指向原指结点的下一个结点；

　2.3 如果 p->exp 等于 q->exp，则将 p->coef 更改为 p->coef 和 q->coef 的和。如果和为 0，则删除 p，删除 q。如果和不为零，则只删除 q；

3. 如果 q 仍不为空，则将 q 剩余的部分连接到 p_pre 之后；

使用 C++ 语言描述算法如下。

```
/*实现一元多项式相加,结果存入 LA*/
void PolyAdd(LinkListPoly &LA, LinkListPoly &LB) {
    /*p 指向单链表 LA 的首元结点*/
    /*q 指向单链表 LB 的首元结点*/
    /*p_pre 为 p 的前驱结点*/
```

```
/ * q_pre 为 q 的前驱结点 * /
p_pre = LA.GetFirst();
q_pre = LB.GetFirst();
p = p_pre->next;
q = q_pre->next;
while(p != NULL && q != NULL) {
    / * p 后移,q 不动 * /
    if(p->exp < q->exp) {
        p_pre = p;
        p = p->next;
    }
    / * p 不动,q 插入到 p 之前,p_pre 指向 q,q 指向原位置的下一个结点 * /
    else if(p->exp > q->exp) {
        tmp = q->next;
        q_pre->next = q->next;
        q->next = p;
        p_pre->next = q;
        p_pre = q;
        q = tmp;
    }
    / * 指数相等,合并结点 p 和 q 的系数 * /
    else if(p->exp == q->exp) {
        p->coef = p->coef + q->coef;
        if(p->coef == 0) {
            / * 系数为 0 时,删除 p * /
            tmp = p;
            p = p->next;
            p_pre->next = p;
            delete tmp;
        }
        / * 删除 q * /
        tmp = q;
        q = q->next;
        q_pre->next = q;
        delete tmp;
    }
}
/ * p 已为空,如果 q 不为空,则将 q 连接到 p_pre 的后面 * /
/ * 此时 p 为空,p_pre 不为空 * /
if(q != NULL) {
    p_pre->next = q;
}
}
```

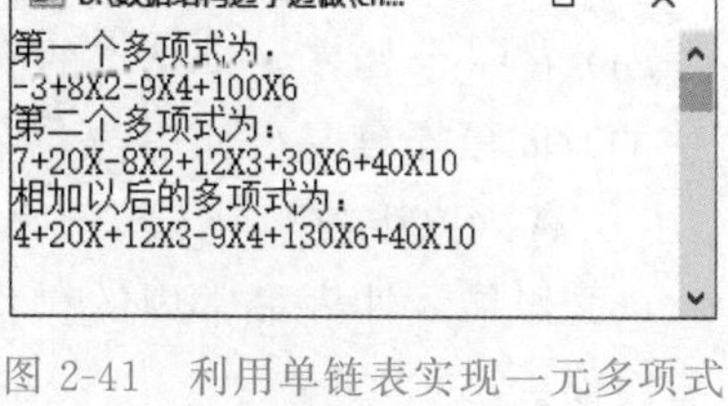

图 2-41 利用单链表实现一元多项式
相加的运行结果

详细代码可参照 ch02\LinkListPoly 目录下的文件。运行结果如图 2-41 所示。

由运行结果可知,当 $A(x) = -3 + 8x^2 - 9x^4 +$

$100x^6$，$B(x)=7+20x-8x^2+12x^3+30x^6+40x^{10}$ 时，$A(x)=A(x)+B(x)$，则 $A(x)=4+20x+12x^3-9x^4+130x^6+40x^{10}$。

2.7 小结

- 线性表是最简单、最常用的数据结构。
- 顺序表可以实现随机存取，按位查找的时间复杂度为 $O(1)$，并且存储密度较高，除存储数据元素的空间之外，无须开辟额外的存储空间来表示数据元素之间的逻辑关系。但是顺序表是静态分配空间的，要求使用一片连续的存储单元，并且元素的删除和插入需要移动大量的元素。
- 单链表可以使用连续的、不连续的或者是任意的零散的存储空间存储。进行插入或者删除元素时，不需要移动元素，只需要修改相应的指针即可。但是单链表是顺序存取的，按位查找的时间复杂度为 $O(n)$。除了单链表以外，还有循环链表、双向链表、双向循环链表等链式存储结构，在实际应用中可根据具体需要进行选择。
- 线性表最常见的操作为查找、插入、删除、存取等。另外，还存在一些线性表的合并、逆置、删除重复元素等操作。可以分别使用顺序表或者链表实现以上操作，也可以使用单链表实现求集合的并集、交集，以及合并一元多项式等复杂的操作。

习题

1. 选择题

(1) 在线性表的下列存储结构中，按位读取元素花费的时间最少的是(　　　)。

    A. 单链表　　　　B. 双链表　　　　C. 循环链表　　　　D. 顺序表

(2) 线性表采用链接存储时，其地址(　　　)。

    A. 一定是连续的　　　　　　　　B. 部分地址必须是连续的

    C. 一定是不连续的　　　　　　　D. 连续与否都可以

(3) 在一个长度为 n 的顺序表中删除第 $i(0<i\leqslant n)$ 个元素时，需要向前移动(　　　)个元素。

    A. $n-i$　　　　B. $n-i-1$　　　　C. $n-i+1$　　　　D. $i+1$

(4) 在一个具有 n 个结点的有序单链表中插入一个新的结点，使得单链表仍然有序，该算法的时间复杂度是(　　　)。

    A. $O(\mathrm{lb}n)$　　　　B. $O(1)$　　　　C. $O(n^2)$　　　　D. $O(n)$

(5) 如果线性表最常用的操作是存取第 i 个结点及其前驱，则采用(　　　)存储方式最节省时间。

    A. 单链表　　　　B. 双向链表　　　　C. 单循环链表　　　　D. 顺序表

（6）顺序表第一个元素的存储地址是90,每个元素的长度是2,则第6个元素的存储地址是（　　　）。

　　A. 98　　　　　　　B. 100　　　　　　C. 102　　　　　　D. 106

（7）若链表中最常用的操作是在最后一个结点之后插入一个结点和删除最后一个结点,则采用（　　　）存储方式最节省时间。

　　A. 双链表　　　　　　　　　　　　B. 单链表

　　C. 单循环链表　　　　　　　　　　D. 带头结点的双循环链表

（8）带头结点的单链表 first 为空的判定条件是（　　　）。

　　A. first == NULL　　　　　　　　B. first-> next == NULL

　　C. first-> next == first　　　　　　D. first != NULL

（9）在一个单链表中,已知 q 所指结点是 p 所指结点的前驱结点,若在 q 和 p 之间插入 s 结点,则执行（　　　）。

　　A. s-> next＝p-> next; p-> next＝s;　　　B. s-> next＝p; q-> next＝s;

　　C. s-> next＝p; p-> next＝s-> next;　　　D. s-> next＝q; p-> next＝s;

（10）在双向循环链表的 p 所指结点之后插入 s 所指结点的操作是（　　　）。

　　A. p-> next＝s; s-> prior＝p; p-> next-> prior＝s; s-> next＝p-> next;

　　B. p-> next＝s; p-> next-> prior＝s; s-> prior＝p; s-> next＝p-> next;

　　C. s-> prior＝p; s-> next＝p-> next; p-> next＝s; p-> next-> prior＝s;

　　D. s-> prior＝p; s-> next＝p-> next; p-> next-> prior＝s; p-> next＝s;

2. 填空题

（1）在单链表中设置头结点的目的是（　　　）。

（2）循环单链表的优点是（　　　）。

（3）在单链表中,删除指针 p 结点的后继结点的语句是（　　　）。

（4）在一个长度为 n 的顺序表的第 i 个元素之前插入一个元素时,需向后移动（　　　）个元素。

（5）非空的单循环链表由头指针 head 指示,则其尾指针 p 满足（　　　）。

（6）对于一个具有 $n(n \geqslant 0)$ 个结点的单链表,插入一个尾结点的时间复杂度是（　　　）。

（7）顺序表的第一个元素的存储地址是 200,每个元素的长度为 4,则第 7 个元素的存储地址是（　　　）。

（8）对于一个具有 n 个结点的单链表,在已知 p 所指结点后插入一个新结点的时间复杂度为（　　　）。在给定值为 x 的结点后插入一个新结点的时间复杂度是（　　　）。

（9）对于长度为 n 的顺序表,插入或删除第 i 个元素的时间复杂度为（　　　）。

（10）在不带头结点的单链表中,除了首元结点以外,任意一个结点的存储位置由（　　　）表示。

3. 判断题

（1）线性表采用链表存储时,结点和结点内部的存储空间可以是不连续的。（　　　）

（2）在具有头结点的链表中,头指针指向链表中的第一个数据结点。（　　　）

（3）单链表不是一种随机存储结构。（　　　）

（4）顺序表的插入和删除运算需要移动元素的个数与该元素的位置无关。（　　　）

（5）顺序存储结构是动态存储结构，链式存储结构是静态存储结构。（　　　）

（6）线性表的长度是线性表所占用的存储空间的大小。（　　　）

（7）双循环链表中，任意一个结点的后继指针均指向其逻辑后继。（　　　）

（8）线性表的唯一存储形式是链表。（　　　）

（9）顺序表不能实现随机存取。（　　　）

（10）顺序表的主要缺点是插入或删除元素时需要移动大量的元素。（　　　）。

（11）单链表设置头结点的目的是把空表与非空表及第一个结点与其他结点的操作统一起来。（　　　）

（12）顺序表用一维数组作为存储结构，因此顺序表是一维数组。（　　　）

（13）循环链表存储的不是线性表。（　　　）

4. 问答题

（1）试比较顺序表和链表的优缺点，在什么情况下用顺序表比链表好？

（2）什么是头指针、头结点、首元结点？

（3）在单链表和双向链表中，能否从当前结点出发访问到任何一个结点？

5. 算法设计题

（1）设计算法求带头结点的循环单链表中的结点个数（不计头结点）。

（2）设计算法判断带头结点的双向循环链表是否对称。

（3）设计算法求整型数组 $r[n]$ 的最大值和最小值，要求比较次数不能超过 $3n/2$ 次。

（4）假设带头结点的单链表各元素结点的数据值按递增顺序排列，设计算法删除数据值大于 min 并且小于 max 的结点。

（5）设计算法删除带头结点的单链表中数据值大于 min 并且小于 max 的结点。

第3章

栈 和 队 列

栈和队列是操作受限的线性表,是线性表的子集,因此栈和队列的操作也是线性表操作的子集。栈和队列在实际的工作和生活中应用非常广泛。栈的应用包括迷宫问题、表达式求值、括号匹配、进制转换等。队列的应用包括缓冲区、火车调度、航空机票的预订等。

3.1 栈

3.1.1 栈的逻辑结构

栈(stack)是一种运算受限的线性表。栈是只允许在表尾进行插入或删除操作的线性表。允许操作的一端称为栈顶,另一端称为栈底。栈允许为空,不包含任何元素的栈为空栈。

向栈中插入元素称为入栈、进栈、压栈,从栈中删除元素称为出栈、弹栈。任何时候进行出栈运算的只能是栈顶元素,任何时候进行入栈运算,入栈的元素都会成为新的栈顶。如图 3-1 所示,元素 a_1、a_2、a_3 分别入栈,如果此时出栈,则第一个出栈的元素是 a_3,最后一个入栈的元素第一个出栈,因此此栈的操作特性是**后进先出**(last in first out),也称为后进先出表。

栈作为一种特殊的线性表,具有非常广泛的应用。在日常生活中,随处可见栈的应用实例,例如一摞书,只有在顶端拿走一本书或者在顶端加入一本书最方便。在高级程序设计语言中,在各级函数之间调用时,需要使用栈来保存临时信息。此外,栈的应用还包括递归程序、函数调用、表达式求值及转换、括号匹配、迷宫问题求解等。

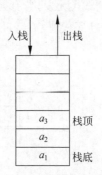

图 3-1 栈的示意图

虽然对栈的操作位置做了限制，但是对栈的入栈或出栈的时间并没有限制，也就是说，只要栈里有元素，就可以出栈。只要栈里还有空间，就允许进栈。例如，假定三个元素按照 a、b、c 的次序进栈，则其出栈的次序可能是 abc、acb、bca、bac、cba 五种。假设有 n 个互不相同的元素依次进栈，则出栈的次序种数共为 $\dfrac{(2n)!}{(n+1)(n!)^2}$ 种。

栈的抽象数据类型定义为：

ADT Stack{

数据对象：

$D = \{a_i \mid a_i \in \text{ElemSet}, i = 1, 2, \cdots, n, n \geqslant 0\}$

数据关系：

$R = \{<a_i, a_{i+1}> \mid a_i \in D, a_{i+1} \in D, i = 1, 2, \cdots, n-1\}$

基本运算：

InitStack：初始化空栈；

DestroyStack：销毁栈；

Push：入栈，入栈成功会产生新的栈顶；

Pop：栈不空时出栈，同时返回出栈元素的值；

GetTop：栈不空时取栈顶元素；

Empty：判断栈是否为空栈；

}

可以采用顺序存储结构或者链式存储结构来存储栈。

3.1.2　栈的顺序存储结构

1. 顺序栈

栈的顺序存储结构称为**顺序栈**（sequential stack）。可以采用数组来描述顺序栈。一般将数组中下标为 0 的一端称为栈底，另一端称为栈顶，为了标识栈顶元素方便，附设一个 int 类型的栈顶指针 top。设顺序栈的存储容量为 StackSize，当栈为空时，top＝－1。top 始终指向栈顶元素，当有元素入栈时，top 加 1；当有元素出栈时，top 减 1。当 top＝StackSize－1 时，顺序栈满，不能再做入栈运算。图 3-2 所示分别是栈为空、入栈、出栈、栈满的各种情况。

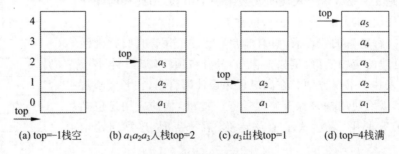

(a) top＝－1栈空　　(b) $a_1a_2a_3$入栈top＝2　　(c) a_3出栈top＝1　　(d) top＝4栈满

图 3-2　栈的操作示意图

2．顺序栈的实现

可以使用 C++ 语言中的类模板描述顺序栈。

```
const int StackSize = 100;          /* 定义顺序栈的容量 */
template < class ElemType >         /* 定义类模板 SeqStack */
class SeqStack{
public:
    SeqStack();                     /* 构造函数,初始化空栈 */
    ~SeqStack();                    /* 析构函数 */
    void Push(ElemType x);          /* 元素 x 入栈 */
    ElemType Pop();                 /* 返回栈顶元素的值并出栈 */
    ElemType GetTop();              /* 返回栈顶元素 */
    int Empty();                    /* 判断栈是否为空,若为空返回 1,否则返回 0 */
private:
    ElemType data[StackSize];       /* 存放栈元素的数组 */
    int top;                        /* 栈顶指针 */
};
```

1）构造函数

构造函数初始化空的顺序栈,只需要将 top 指针设为 -1 即可。

2）入栈

如果顺序栈不满,则入栈时只需要将 top 加 1,再将 x 赋值给 data[top]。算法描述如下。

```
template < class ElemType >
void SeqStack < ElemType >::Push(ElemType x) {
    if(top == StackSize - 1)
        throw "顺序栈已满,上溢!";
    data[top++] = x;
}
```

入栈操作的时间复杂度为 $O(1)$。

3）出栈

如果顺序栈不为空,只需读取 top 位置处的元素,再将 top 减 1。

```
template < class ElemType >
ElemType SeqStack < ElemType >::Pop() {
    ElemType x;
    if(top == -1)
        throw "顺序栈为空,下溢!";
    x = data[top--];
    return x;
}
```

出栈操作的时间复杂度为 $O(1)$。

4）取栈顶元素

取栈顶元素与出栈操作类似,但不用修改 top 指针。

```
template < class ElemType >
ElemType SeqStack < ElemType >::GetTop() {
    if(top != -1)
        return data[top];
    else
        throw "顺序栈为空!";
}
```

取栈顶元素的时间复杂度为 $O(1)$。

顺序栈基本操作的实现详细代码可参照 ch03\SeqList 目录下的文件，此目录包含三个文件，SeqList.h 为声明 SeqList 类模板的头文件；SeqList.cpp 为类模板的实现，包含类中方法的定义；SeqListMain.cpp 为主文件，包含入口函数 main()。该实验的运行结果如图 3-3 所示。

图 3-3 顺序栈基本操作的运行结果

3. 共享栈

顺序栈要求静态分配空间，并且要求占用一片连续的存储空间。为了更灵活地利用空间，可以使两个栈共享一片存储空间。将两个栈的栈底分别设在共享空间的两端，每个栈从两端向中间延伸，称为共享栈。假设共享栈的空间容量为 StackSize，栈顶指针 top1 指向栈 1 的栈顶元素，栈顶指针 top2 指向栈 2 的栈顶元素，则共享栈如图 3-4 所示。

图 3-4 两栈共享空间示意图

初始化空的共享栈时，栈 1 为空，top1＝－1，栈 2 也为空，top2＝StackSize。当两个栈的栈顶指针相遇时，共享栈满，此时 top1＋1＝top2，如图 3-5 所示。

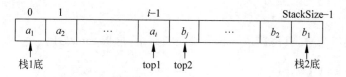

图 3-5 共享栈满的示意图

当在栈 1 入栈时，如果共享栈不满，则先将 top1 加 1，再赋值；
当在栈 2 入栈时，如果共享栈不满，则先将 top2 减 1，再赋值；
当在栈 1 出栈时，如果栈 1 不为空，则先返回 top1 处的元素值，再将 top1 减 1；
当在栈 2 出栈时，如果栈 2 不为空，则先返回 top2 处的元素值，再将 top2 加 1。
可以使用 C++语言中的类模板 SharedStack 来描述共享栈。

```
const int StackSize = 100;              /* 定义共享栈的容量 */
template < class ElemType >             /* 定义类模板 SharedStack */
```

```
class SharedStack{
public:
    SharedStack();                          /* 构造函数,共享栈的初始化 */
    ~SharedStack();                         /* 析构函数 */
    void Push(int i, ElemType x);           /* 元素 x 入栈 */
    ElemType Pop(int i);                    /* 返回栈顶元素的值并出栈 */
    ElemType GetTop(int i);                 /* 返回栈顶元素 */
    int Empty(int i);                       /* 判断栈 i 是否为空,若为空返回 1,否则返回 0 */
private:
    ElemType data[StackSize];               /* 存放栈元素的数组 */
    int top1;                               /* 栈 1 栈顶指针 */
    int top2;                               /* 栈 2 栈顶指针 */
};
```

1) 构造函数

构造函数初始化空的共享栈,将栈顶指针赋初值。

```
template < class ElemType >
SharedStack < ElemType >::SharedStack() {
    top1 = -1;
    top2 = StackSize;
}
```

2) 入栈

入栈运算时,使用参数 i 区分栈 1 和栈 2。

```
template < class ElemType >
void SharedStack < ElemType >::Push(int i, ElemType x) {
    if(top1 == top2 - 1)
        throw "共享栈已满,上溢!";
    if(i == 1)
        data[++top1] = x;                   /* 栈 1 入栈 */
    if(i == 2)
        data[--top2] = x;                   /* 栈 2 入栈 */
}
```

入栈操作的时间复杂度为 $O(1)$。

3) 出栈

与入栈运算类似,使用参数 i 区分栈 1 和栈 2。

```
template < class ElemType >
ElemType SharedStack < ElemType >::Pop(int i) {
    if(i == 1) {
        if(top1 == -1)
            throw "栈 1 为空!";
        return data[top1--];
    }
    else if(i == 2) {
        if(top2 == StackSize)
```

```
            throw "栈 2 为空!";
        return data[top2++];
    }
    else
        throw "参数不合法,1 表示栈 1,2 表示栈 2!";
}
```

共享栈出栈操作的时间复杂度为 $O(1)$。

4）取栈顶

```
template < class ElemType >
ElemType SharedStack < ElemType >::GetTop(int i) {
    if(i == 1) {
        if(top1 == -1)
            throw "栈 1 为空!";
        return data[top1];
    }
    else if(i == 2) {
        if(top2 == StackSize)
            throw "栈 2 为空!";
        return data[top2];
    }
    else
        throw "参数不合法,1 表示栈 1,2 表示栈 2!";
}
```

取栈顶操作的时间复杂度为 $O(1)$。

5）判断栈空

```
template < class ElemType >
int SharedStack < ElemType >::Empty(int i) {
    if(i == 1) {
        if(top1 == -1)
            return 1;
        else
            return 0;
    }
    if(i == 2) {
        if(top2 == StackSize)
            return 1;
        else
            return 0;
    }
}
```

共享栈判空操作的时间复杂度为 $O(1)$。

使用两个栈共享一片空间,只有当一个栈增长,而另一个栈缩短时,才能真正充分地利用空间。如果两个栈总是同时增长,或者同时缩短,使用共享栈并不能减少空间的浪费,也不能降低发生溢出的概率。另外,共享栈总是使用两个栈而不是三个或更多栈,因为只有相向增长的栈之间才能互补,如果栈太多,空间利用率不一定能够提高,反而会使问题变得更加复杂。

3.1.3 栈的链式存储结构

1. 链栈

使用链式存储结构存储的栈称为**链栈**(linked stack)。由于栈是操作受限的线性表,因此链栈也可以看成操作受限的单链表,链栈的操作为单链表操作的子集。

首先确定使用链表的表头还是表尾作为栈顶。如果使用带头指针的链表的表尾作为栈顶,如图 3-6 所示。入栈操作时,需要查找表尾的位置,因此时间复杂度是 $O(n)$;出栈操作时,由于需要查找表尾的前一个结点的位置,因此时间复杂度也是 $O(n)$。

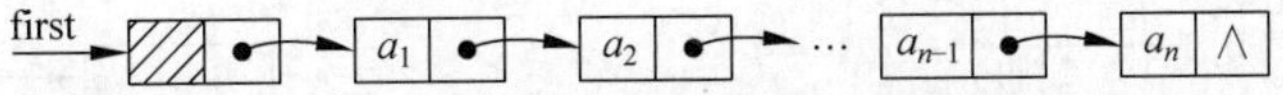

图 3-6 带头指针的单链表

如果使用带尾指针的单链表,采用表尾作为栈顶。如图 3-7 所示,则入栈操作时间复杂度为 $O(1)$,但是出栈操作的时间复杂度仍为 $O(n)$,因此,应该使用单链表的表头作为栈顶。

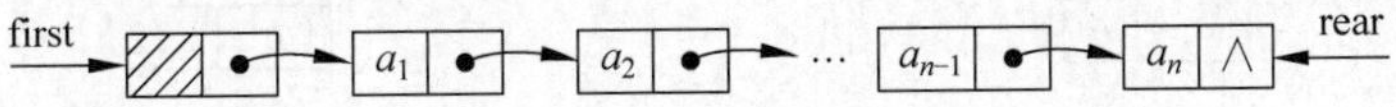

图 3-7 带尾指针的单链表

此外,由于单链表的任意一个合法的位置都可以操作,因此添加头结点以使首元结点的地址存放方法和其他元素结点一致。但是在链栈中,由于操作仅在栈顶处进行,即只在链表的表头进行,其他位置不进行插入或删除操作,因此,链栈没有必要设置头结点。按照习惯,链栈中的栈顶指针为 top 指针,当链栈非空时,如图 3-8 所示。当链栈为空时,top=NULL。

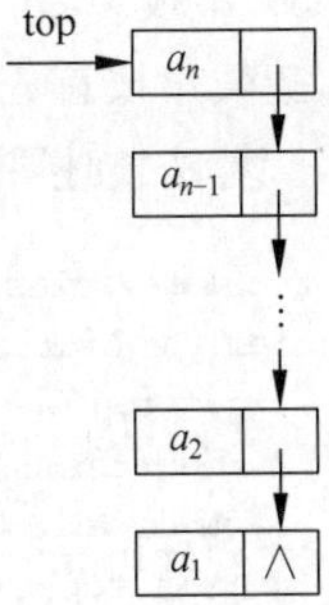

图 3-8 链栈示意图

2. 链栈的实现

可以使用 C++的类模板描述链栈。

```
template < class ElemType >
class LinkStack{
public:
    LinkStack();                      /* 构造函数,初始化空的链栈 */
    ~LinkStack();                     /* 析构函数,释放链栈中所有结点 */
    void Push(ElemType x);            /* x 入栈 */
    ElemType Pop();                   /* 返回栈顶元素,并出栈 */
    ElemType GetTop();                /* 取栈顶 */
    int Empty();                      /* 判断链栈是否为空 */
private:
    Node < ElemType > * top;          /* 栈顶指针 */
};
```

1）构造函数

初始化空栈，只需将 top 指针置为 NULL。

2）入栈

入栈操作是在栈顶的位置处插入一个新结点 s，如图 3-9 所示。算法描述如下。

```
template < class ElemType >
void LinkStack < ElemType >::Push(ElemType x) {
    s = new Node < ElemType >;
    s -> data = x;
    s -> next = top;
    top = s;
}
```

链栈入栈操作的时间复杂度为 $O(1)$。

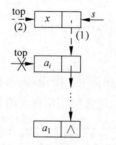

图 3-9　链栈入栈操作示意图

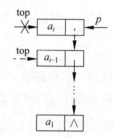

图 3-10　链栈出栈操作示意图

3）出栈

链栈出栈首先要判断栈是否为空。如果非空则在栈顶位置处删除一个结点，如图 3-10 所示。算法描述如下。

```
template < class ElemType >
ElemType LinkStack < ElemType >::Pop() {
    if(top == NULL)
        throw "链栈为空!";
    Node < ElemType > * q;
    x = top -> data;
    q = top;
    top = top -> next;
    delete q;
    return x;
}
```

链栈出栈操作的时间复杂度为 $O(1)$。

4）取栈顶

取栈顶的操作和出栈操作类似，但是不用修改 top 指针，也不用释放结点。算法描述如下。

```
template < class ElemType >
ElemType LinkStack < ElemType >::GetTop() {
```

```
    if(top != NULL)
        return top->data;
    else
        throw "栈为空!";
}
```

取栈顶的时间复杂度为 $O(1)$。

5）判空

算法描述如下。

```
template<class ElemType>
int LinkStack<ElemType>::Empty() {
    if(top == NULL) {
        return 1;
    }
    else {
        return 0;
    }
}
```

判空的时间复杂度为 $O(1)$。

6）析构函数

链栈的析构函数与单链表的析构函数类似，算法描述如下。

```
template<class ElemType>
LinkStack<ElemType>::~LinkStack() {
    while(top != NULL) {
        q = top;
        top = top->next;
        delete q;
    }
}
```

图 3-11 链栈基本操作的
运行结果

析构函数的时间复杂度为 $O(n)$。

链栈基本操作实现的详细代码可参照 ch03\LinkStack 目录下的文件，该实验的运行结果如图 3-11 所示。

3.1.4 顺序栈和链栈的比较

除了链栈的析构函数以外，顺序栈和链栈的基本操作的时间复杂度均为 $O(1)$，因此顺序栈和链栈的比较主要在于空间性能方面。

顺序栈静态分配空间，需要预先估计栈的容量，但是不存在结构性开销。链栈动态分配空间，不存在栈满的问题，但是存在结构性开销，每个结点都需要指针域以保存后继的地址。

因此，如果栈的元素个数变化较大时，链栈较为合适；相反，如果栈的元素个数变化不大，顺序栈较为合适。

3.2 栈的应用

3.2.1 Hanoi 塔问题

Hanoi 塔问题来自一个古老的传说。据说在世界刚被创建的时候有一座钻石宝塔（塔 A），其上有 64 个金碟，按照从大到小的次序从塔底堆至塔顶。另外有两座钻石宝塔（塔 B 和塔 C）。牧师们一直试图把塔 A 上的金碟借助塔 B 移动到塔 C 上去。要求每次只能移动一个金碟，并且任何时候都不能将较大的金碟放置到较小的金碟的上方。可采用分治法解决，将问题分解成三个小问题：

（1）将塔 A 上的 $n-1$ 个金碟借助于塔 C 移动到塔 B 上；

（2）将塔 A 上的一个金碟移动到塔 C 上；

（3）将塔 B 上的 $n-1$ 个金碟借助于塔 A 移动到塔 C 上。

使用递归算法描述如下。

```cpp
void Hanoi(int n, char A, char B, char C) {
    if(n == 1) {
        cout << A <<" 塔移到 "<< C <<" 塔"<< endl;
    }
    else {
        Hanoi(n - 1, A, C, B);
        cout << A <<" 塔移到 "<< C <<" 塔"<< endl;
        Hanoi(n - 1, B, A, C);
    }
}
```

Hanoi 塔的详细代码可参照 ch03\hanoi 目录下的文件，$n=3$ 的运行结果如图 3-12 所示，$n=4$ 的运行结果如图 3-13 所示。

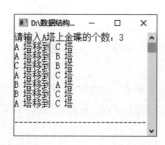

图 3-12　Hanoi 塔 $n=3$ 的运行结果

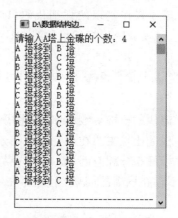

图 3-13　Hanoi 塔 $n=4$ 的运行结果

3.2.2　利用顺序栈实现进制转换

利用栈可以实现进制之间的转换,例如十进制数转换成二进制、八进制到十六进制的数。把十进制数 N 转换成 n 进制数,则在 N 不为零时循环进行 N 整除以 n, $N \% n$ 入栈, $N = N/n$。然后在栈不为空时循环将栈中的元素出栈,得到的即是转换之后的结果。使用 C++ 语言描述算法如下。

```
void convert( int N, int n) {
    while(N != 0) {
        S.Push(N % n);
        N = N / n;
    }
    while(!S.Empty()) {
        e = S.Pop();
        if(e > 9) {
            /* 当余数大于 9 时,用大写字母表示 */
            e = e + 55;
            cout <<(char)e;
        }
        else
            cout << e;
    }
}
```

详细代码可以参照 ch03\HexConversion 目录下的文件,运行结果如图 3-14 所示。

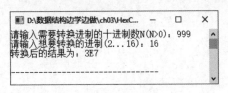

图 3-14　进制转换的运行结果

3.2.3　迷宫问题

迷宫问题的求解是实验心理学中的一个经典问题,心理学家把一只老鼠从一个没有顶盖的大盒子的入口赶进迷宫,在迷宫中通过设置很多障碍,在老鼠的前进方向上加入了多处障碍。心理学家在迷宫的唯一出口处放置了一块奶酪,吸引老鼠从入口寻找通路以达到出口。迷宫分为四方向迷宫或者八方向迷宫。四方向迷宫指的是当前位置的上、下、左、右可能存在通路。八方向迷宫指的是当前位置的上、下、左、右、左上、左下、右上、右下可能存在通路,此处按八方向迷宫处理。此类问题可以使用非递归方法或者递归方法解决。

1. 非递归方法

非递归方法使用栈保存走过的路径。利用栈将走过并且可以继续走下去的位置入栈，如果当前位置无路可走，则需要出栈。每次出栈后都要判断有无其他可以走的路径，如果没有，则应该继续出栈，直到所有可以走的路径走完。栈中的元素至少应该包括横坐标和纵坐标。使用 C++ 语言描述的算法如下。

```cpp
/* 初始化迷宫 */
int maze[ROW][COL] = {
        {1, 1, 1, 1, 1, 1, 1, 1, 1, 1},
        {1, 0, 1, 1, 1, 0, 1, 1, 1, 1},
        {1, 1, 0, 1, 0, 1, 1, 1, 1, 1},
        {1, 0, 1, 0, 0, 0, 0, 0, 1, 1},
        {1, 0, 1, 1, 1, 0, 1, 1, 1, 1},
        {1, 1, 0, 0, 1, 1, 0, 0, 0, 1},
        {1, 0, 1, 1, 0, 0, 1, 1, 0, 1},
        {1, 1, 1, 1, 1, 1, 1, 1, 1, 1}};
/* 初始化标志位,0 代表没走过,1 代表走过 */
int mark[ROW][COL] = {0};
/* 方向 */
typedef struct{
    short int vert;
    short int horiz;
}offsets;
/* 当前位置的八个方向,右、下、左、上、左上、左下、右上、右下 */
offsets move[8] = {{0, 1}, {1, 0}, {0, -1}, {-1, 0}, {-1, -1}, {1, -1}, {-1, 1}, {1, 1}};
/* 迷宫类型 */
typedef struct element{
    short int row;
    short int col;
    short int dir;
}element;

/* 打印迷宫 */
void printMaze(int maze[][COL], int row) {
    cout <<"迷宫为: "<< endl;
    for(i = 0; i < row; i++) {
        for(j = 0; j < COL; j++) {
            cout << maze[i][j]<<" ";
        }
        cout << endl;
    }
}

/* 打印起点和终点 */
void printStartAndEnd() {
```

```
        cout <<"起点为: ("<< START_I <<","<< START_J <<")"<< endl;
        cout <<"终点为: ("<< END_I <<","<< END_J <<")"<< endl;
}


/* 迷宫函数 */
void path() {
    SeqStack < element > S;
    element position;
    found = 0;
    /* 从(1,1)开始,到(6,8)结束 */
    /* 初始化标志数组元素 */
    mark[START_I][START_J] = 1;
    start.row = START_I, start.col = START_J, start.dir = 0;
    /* 将起点入栈 */
    S.Push(start);
    while(!S.Empty() && !found) {
        position = S.Pop();                 /* 将栈顶元素取出 */
        row = position.row;                 /* 利用中间变量 row, col, dir 等候判断 */
        col = position.col;
        dir = position.dir;
        while(dir < 8 && !found) {
            next_row = row + move[dir].vert;
            next_col = col + move[dir].horiz;
            if(row == END_I && col == END_J)
                found = 1;
            /* 下一步可走并且没走过,则入栈 */
            else if(!maze[next_row][next_col] && !mark[next_row][next_col]) {
                mark[next_row][next_col] = 1;
                position.row = row;
                position.col = col;
                position.dir = ++dir;
                /* 合理则入栈 */
                S.Push(position);
                /* 继续向下走 */
                row = next_row;
                col = next_col;
                dir = 0;
            }
            else
                /* dir < 8 时,改变方向 */
                dir++;
        }
        /* 判断是否有出口 */
        if(found) {
            SeqStack < element > R;
            /* 将终点入栈 */
            element end;
```

```
            end.row = END_I;
            end.col = END_J;
            end.dir = 0;
            S.Push(end);
                cout <<"存在路径:"<< endl;
                /* 利用栈 R 将栈 S 中的路径按从栈底到栈顶的顺序输出 */
                while(!S.Empty()) {
                    element e = S.Pop();
                    R.Push(e);
                }
                while(!R.Empty()) {
                    element e = R.Pop();
                    cout <<"("<< e.row <<","<< e.col <<")";
                }
            }
        }
    if(found == 0)
        cout <<"不存在路径!";
}
```

详细代码可参照 ch03\Maze 目录下的 MazeUseStackMain.cpp 文件，运行结果如图 3-15 所示。

图 3-15　非递归求解迷宫问题的运行结果

2. 递归方法

也可以使用递归方法求解迷宫问题，使用 C++语言描述算法如下。

```
/* 初始化迷宫 */
int maze[ROW][COL] = {
        {1, 1, 1, 1, 1, 1, 1, 1, 1, 1},
        {1, 0, 1, 1, 1, 0, 1, 1, 1, 1},
        {1, 1, 0, 1, 0, 1, 1, 1, 1, 1},
        {1, 0, 1, 0, 0, 0, 0, 0, 1, 1},
        {1, 0, 1, 1, 1, 0, 1, 1, 1, 1},
        {1, 1, 0, 0, 1, 1, 0, 0, 0, 1},
        {1, 0, 1, 1, 0, 0, 1, 1, 0, 1},
```

```
                    {1, 1, 1, 1, 1, 1, 1, 1, 1, 1}};

/* 打印迷宫 */
void printMaze(int maze[][COL], int row) {
    cout <<"迷宫为: "<< endl;
    for(i = 0; i < row; i++) {
        for(j = 0; j < COL; j++) {
            cout << maze[i][j]<<" ";
        }
        cout << endl;
    }
}

/* 打印起点和终点 */
void printStartAndEnd() {
    cout <<"起点为: ("<< START_I <<","<< START_J <<")"<< endl;
    cout <<"终点为: ("<< END_I <<","<< END_J <<")"<< endl;
}

/* 走迷宫 */
int VisitMaze(int maze[][COL], int i, int j) {
    int end = 0;
    /* 假设能够走通,标记为2,用来记录路径 */
    maze[i][j] = 2;
    /* 如果到达终点则将 end 置为 0 */
    if(i == END_I && j == END_J) {
        end = 1;
    }
    /* 如果没有到达终点则搜索当前所在位置的右、下、左、上、左上、左下、右上、右下方向是否能
够走通 */
    /* 右 */
    if (end != 1 && j + 1 <= END_J && maze[i][j + 1] == 0) {
        if(VisitMaze(maze, i, j + 1) == 1) {
            return 1;
        }
    }
    /* 下 */
    if (end != 1 && i + 1 <= END_I && maze[i + 1][j] == 0) {
        if(VisitMaze(maze, i + 1, j) == 1) {
            return 1;
        }
    }
    /* 左 */
    if (end != 1 && j - 1 >= START_J && maze[i][j - 1] == 0) {
        if(VisitMaze(maze, i, j - 1) == 1) {
            return 1;
        }
```

```
    }
    /* 上 */
    if (end != 1 && i - 1 >= START_I && maze[i - 1][j] == 0) {
        if(VisitMaze(maze, i - 1, j) == 1) {
            return 1;
        }
    }
    /* 左上 */
    if (end != 1 && i - 1 >= START_I && j - 1 >= START_J && maze[i - 1][j - 1] == 0) {
        if(VisitMaze(maze, i - 1, j - 1) == 1) {
            return 1;
        }
    }
    /* 左下 */
    if (end != 1 && i + 1 <= END_I && j - 1 >= START_J && maze[i + 1][j - 1] == 0) {
        if(VisitMaze(maze, i + 1, j - 1) == 1) {
            return 1;
        }
    }
    /* 右上 */
    if (end != 1 && i - 1 >= START_I && j + 1 <= END_J && maze[i - 1][j + 1] == 0) {
        if(VisitMaze(maze, i - 1, j + 1) == 1) {
            return 1;
        }
    }
    /* 右下 */
    if (end != 1 && i + 1 <= END_I && j + 1 <= END_J &&
maze[i + 1][j + 1] == 0) {
        if(VisitMaze(maze, i + 1, j + 1) == 1) {
            return 1;
        }
    }
    /* 当四周都不通的时候将其置回 0 */
    if(end != 1) {
        maze[i][j] = 0;
    }
    return end;
}
```

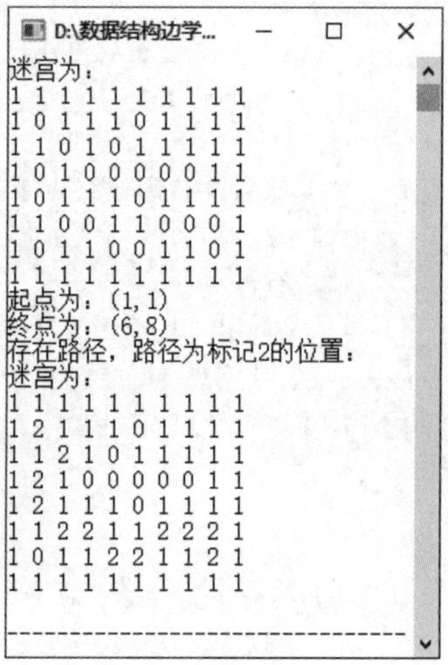

详细代码可参照 ch03\Maze\MazeUseRecursionMain.cpp
文件,运行结果如图 3-16 所示。

图 3-16 递归求解迷宫问题的
运行结果

3.2.4　八皇后问题

八皇后问题是一个古老而经典的问题,是回溯算法的典型案例。该问题是国际象棋棋
手 Max Bazzel 提出的。八皇后问题是在 8×8 的国际象棋棋盘上,放置 8 个皇后,使任何两

个皇后都不能相互攻击,即任何两个皇后不能在同一行、同一列或者同一斜线上,图 3-17 所示为八皇后问题的一个解。八皇后问题提出后,吸引了许多著名的数学家包括 Gauss 的关注。Gauss 认为有 76 种方案,后来有人用图论的方法得到 92 种解。计算机发明后,有多种计算机语言可以解决此问题。

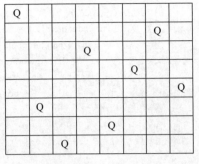

求解八皇后问题,可以使用穷举法或者递归法。

1. 穷举法

穷举法是列举出所有可能的摆放位置,然后判断是否存在冲突,将不存在冲突的摆放位置打印出来。使用 C++语言描述算法如下。

图 3-17　八皇后问题图示

```cpp
/* 打印棋盘和皇后 */
void ShowQueens(int queenArr[], int nlen, int nSolution) {
    /* 解法数量 */
    cout <<"第"<< nSolution <<"种解法: "<< endl;
    for(i = 0; i < nlen; i++) {
        for(j = 0; j < nlen; j++) {
            if(j == queenArr[i])
                cout <<"Q ";
            else
                cout <<"1 ";
        }
        cout << endl;
    }
    cout << endl;
}


/* 判断是否符合规则 */
bool Rule(int queenArr[]) {
    for(i = 0; i <= 7; ++i) {
        for(j = 0; j <= i - 1; ++j) {
            /* 判断皇后是否在同一列 */
            if(queenArr[i] == queenArr[j]) {
                return true;
            }
            /* 判断皇后是否在同一斜线上 */
            if(abs(queenArr[i] - queenArr[j]) == abs(i - j)) {
                return true;
            }
        }
    }
    return false;
}


/* 移动皇后 */
```

```cpp
void EnumQueensPositon(int queenArr[], int &nSolution) {
    for(queenArr[0] = 0; queenArr[0] < 8; ++queenArr[0])
        for(queenArr[1] = 0; queenArr[1] < 8; ++queenArr[1])
            for(queenArr[2] = 0; queenArr[2] < 8; ++queenArr[2])
                for(queenArr[3] = 0; queenArr[3] < 8; ++queenArr[3])
                    for(queenArr[4] = 0; queenArr[4] < 8; ++queenArr[4])
                        for(queenArr[5] = 0; queenArr[5] < 8; ++queenArr[5])
                            for(queenArr[6] = 0; queenArr[6] < 8; ++queenArr[6])
                                for(queenArr[7] = 0; queenArr[7] < 8; ++queenArr[7]) {
                                    if(Rule(queenArr)) {
                                        continue;
                                    }
            else {

                                        ++nSolution;
                                        ShowQueens(queenArr, 8, nSolution);
                                    }
                                }
    }
```

详细代码可参照 ch03\EightQueens\ExhaustionMain.cpp
文件。运行结果罗列了 92 种解法，如图 3-18 所示。

2. 递归法

除了穷举法之外，还可以使用递归法对八皇后问题求解。
使用 C++语言描述算法如下。

```cpp
int queenArr[8], nlen = 8, nSolution = 0;
void ShowQueens() {
    /*解法数量*/
    cout <<"第"<< nSolution <<"种解法: "<< endl;
    for(i = 0; i < nlen; i++) {
        for(j = 0; j < nlen; j++) {
            if(j == queenArr[i])
                cout <<"Q ";
            else
                cout <<"1 ";
        }
        cout << endl;
    }
    cout << endl;
}
void Search(int r) {
    /*8个皇后已放置完毕*/
    if(r == nlen) {
        nSolution++;
        ShowQueens();
        return;
    }
```

图 3-18 穷举法求解八皇后
问题的运行结果

```
/*寻找第r个皇后的位置*/
for(i = 0; i < nlen; i++) {
    queenArr[r] = i;
    ok = 1;
    for(j = 0; j < r; j++) {
        if(queenArr[r] == queenArr[j] || abs(r - j) == abs(queenArr[r] - queenArr[j])) {
            ok = 0;
            break;
        }
    }
    /*寻找第r + 1个皇后的位置*/
    if(ok)
        Search(r + 1);
}
}
```

详细代码可参照 ch03\EightQueens\RecursionMain.cpp，运行结果如图 3-18 所示。

3.2.5 火车调度问题

编号为 1，2，3，4 的四列火车通过一个栈式的列车调度站，可能的调度结果有哪些？如果有 n 列火车通过调度站，可能的调度结果有哪些？栈具有后进先出的特点，因此，任意一个调度结果都应该是 1，2，3，4 全排列中的一个。由于进栈的顺序是从小到大的，所以出栈的顺序应该满足以下条件：对于序列中的任意一个数，其后面的所有比它小的数都应该是倒序的。例如 4，3，2，1 是一个有效的出栈序列；而 1，4，2，3 不是一个有效的出栈序列，因为 4 后面的 2 和 3 不是倒序的。因此，只需要将 n 个数的全排列中符合出栈规则的序列输出即可。

求 n 个元素 $\{r_1, r_2, \cdots, r_n\}$ 的全排列可以采用递归算法。设 $R = \{r_1, r_2, \cdots, r_n\}$ 是要进行全排列的 n 个元素，定义 $R_i = R - \{r_i\}$。集合 R 中的元素的全排列记为 $\mathrm{perm}(R)$。$(r_i) \cdot \mathrm{perm}(R)$ 表示在全排列 $\mathrm{perm}(R)$ 的每一个排列前加上前缀 r_i 得到的排列。则 R 的全排列可以定义如下。

当 $n = 1$ 时，$\mathrm{perm}(R) = (r)$，此时 r 是集合 R 中唯一的元素；

当 $n > 1$ 时，$\mathrm{perm}(R)$ 由 $(r_1) \cdot \mathrm{perm}(R_1), (r_2) \cdot \mathrm{perm}(R_2), \cdots, (r_n) \cdot \mathrm{perm}(R_n)$ 构成。即将集合 R 中所有的元素分别与第一个元素交换，也即总是处理后 $n - 1$ 个元素的全排列。

例如，当 $n = 3$，并且 $R = \{a, b, c\}$ 时，则：

$$\begin{aligned}
\mathrm{perm}(R) &= a \cdot \mathrm{perm}\{b, c\} + b \cdot \mathrm{perm}\{a, c\} + c \cdot \mathrm{perm}\{a, b\} \\
&= a \cdot b \cdot \mathrm{perm}\{c\} + a \cdot c \cdot \mathrm{perm}\{b\} + b \cdot a \cdot \mathrm{perm}\{c\} \\
&\quad + b \cdot c \cdot \mathrm{perm}\{a\} + c \cdot a \cdot \mathrm{perm}\{b\} + c \cdot b \cdot \mathrm{perm}\{a\} \\
&= \{abc, acb, bac, bca, cab, cba\}
\end{aligned}$$

栈式列车调度求所有出栈序列的算法描述如下。

```
int count = 1;                                /* 满足出栈序列条件的序号 */
void Print(int array[ ], int n);              /* 判断 array 是否满足出栈序列条件,若满足,输出 array */
void Perm(int array[ ], int k, int n) {
    int i, temp;
    if(k == n - 1)
        Print(array, n);                      /* k 和 n-1 相等,即一趟递归走完 */
    else {
        for(i = k; i < n; i++) {              /* 把当前结点元素与后续结点元素交换 */
            array[k] <--> array[i];           /* 交换 */
            Perm(array, k + 1, n);            /* 把下一个结点元素与后续结点元素交换 */
            arrray[i] <--> array[k];          /* 恢复原状 */
        }
    }
}


void Print(int array[ ], int n) {
    int i, j, k, l, m, flag = 1, b[2];
    /* 对每个 array[i] 判断其后比它小的数是否为降序 */
    for(i = 0; i < n; i++) {
        m = 0;
        for(j = i + 1; j < n && flag; j++) {
            if(array[i] > array[j]) {
                if(m == 0)
                    b[m++] = array[j];        /* 记录 array[i]后比它小的数 */
                else {
                    /* 如果之后出现的数比记录的数还大,则改变标记变量 */
                    if(array[j] > b[0])
                        flag = 0;
                    /* 否则记录这个更小的数 */
                    else
                        b[0] = array[j];
                }
            }
        }
    }
    /* 如果满足出栈规则,则输出 array */
    if(flag) {
        cout <<"第";
        cout.width(2);
        cout << count++;
        cout <<"种: ";
        for(i = 0; i < n; i++)
            cout << array[i]<<" ";
        cout << endl;
    }
}
```

详细代码可参照 ch03\TrainControl\TrainControlMain.cpp 文件,当 $n=4$ 时的运行结果如图 3-19 所示。

图 3-19　栈式列车调度的运行结果

3.2.6 表达式括号匹配问题

假设表达式中允许的括号为()、[]、{}，其嵌套顺序是任意的。可以借助栈来判断表达式中的各种括号是否匹配。使用伪代码描述的算法如下。

---

1. 栈 S 初始化为空栈；
2. 从左到右依次扫描表达式的每一个字符，执行以下操作：
   2.1 若当前字符是{、[、(，则字符入栈；
   2.2 若当前字符是}、]、)，则栈顶出栈，如果与当前字符不匹配，则返回 0；如果匹配，则处理下一个字符；
   2.3 若当前字符是其他字符，则处理下一个字符；
3. 若栈非空，则返回 0，否则返回 1；

使用 C++ 语言描述算法如下。

```cpp
/* 中缀表达式中包括{}、[]、()，以'#'结束，判断各种括号是否匹配 */
int IsBracketMatching() {
    SeqStack < char > S;                    /* 初始化空顺序栈 */
    i = 0;
    c = getchar();
    while(c != '#') {
        switch(c) {
            case '{':
            case '[':
            case '(':
                S.Push(c);
                break;
            case '}':
                if(S.Pop() != '{')
                    return 0;
                break;
            case ']':
                if(S.Pop() != '[')
                    return 0;
                break;
            case ')':
                if(S.Pop() != '(')
                    return 0;
                break;
            default:
                break;
        }
        c = getchar();
    }
```

```
    if(!S.Empty()) {
        return 0;
    }
    return 1;
}
```

详细代码可参照 ch03\BracketMatching 目录下的文件，当输入的表达式为((22＋35＊7－{4－2}＋3]＃时的运行结果如图 3-20 所示。

当输入的表达式为[((22＋35)＊7－{4－2})＋3]＃时的运行结果如图 3-21 所示。

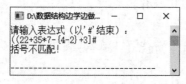

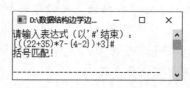

图 3-20　括号匹配的运行结果 1　　　　　图 3-21　括号匹配的运行结果 2

3.2.7　后缀表达式求值

表达式由操作数(运算对象)、运算符(包括括号)组成。运算符分为单目运算符和双目运算符，表达式求值问题涉及的运算符一般为双目运算符。假设表达式为算术表达式，包括＋、－、＊、/、数字、()。根据运算符和操作数的位置可将表达式分为前缀表达式、中缀表达式和后缀表达式。中缀表达式指的是运算符位于两个操作数中间。例如操作数都是个位数的表达式 3＊(4＋2)/2－5。前缀表达式指的是运算符位于两个操作数之前，例如中缀表达式 3＊(4＋2)/2－5 对应的前缀表达式为 －/＊3＋4225。后缀表达式指的是运算符位于两个操作数之后，例如 342＋＊2/5－。

如果参与运算的数字是多位的，在前缀表达式和后缀表达式中为了不引起混淆，需要在相邻的两个操作数之间加特殊字符来加以区分。例如中缀表达式为 (89－60)＊(12－8)，则其对应的前缀表达式可表示为 ＊－89＃60＃－12＃8＃，后缀表达式可表示为 89＃60＃－12＃8＃－＊。

对于表达式求值来说，后缀表达式中已经考虑了运算的优先级，没有圆括号，只有操作数和运算符，左边的运算符的优先级高于右边运算符的优先级，即从左到右优先级依次降低。后缀表达式求值时需要用栈来保存操作数。后缀表达式求值的算法使用伪代码描述如下。

> 1. 初始化栈 S；
> 2. 从左到右依次扫描后缀表达式的每一个字符，执行下列操作：
>   2.1 若当前字符是操作数，则从表达式中取连续的字符并转化成数值，入栈 S，处理下一个字符；
>   2.2 若当前字符是运算符，则从栈 S 中出栈两个操作数，运算后将结果入栈；处理下一个字符；
> 3. 输出栈 S 的栈顶元素，即表达式的运算结果；

使用 C++语言描述算法如下。

```cpp
float PostExpression(char postexp[]) {
    SeqStack < float > S;                    /*初始化空顺序栈*/
    int i = 0;
    float a, b;
    while(postexp[i] != '\0') {
        switch(postexp[i]) {
            /*运算符+ */
            case '+':
                a = S.Pop();
                b = S.Pop();
                S.Push(a + b);
                break;
            /*运算符- */
            case '-':
                a = S.Pop();
                b = S.Pop();
                S.Push(b - a);
                break;
            /*运算符* */
            case '*':
                a = S.Pop();
                b = S.Pop();
                S.Push(a * b);
                break;
            /*运算符/ */
            case '/':
                a = S.Pop();
                b = S.Pop();
                if(a != 0) {
                    S.Push(b / a);
                }
                else {
                    throw "除零错误!";
                }
                break;
            default:
                /*处理数字字符*/
                float d = 0;
                while(postexp[i] >= '0' && postexp[i] <= '9') {
                    d = 10 * d + postexp[i] - '0';
                    i++;
                }
                S.Push(d);
                break;
        }
        i++;
    }
```

```
        return S.GetTop();
    }
```

详细代码可参照 ch03\PostfixExpression 目录下的
文件，当后缀表达式为 89♯60♯－12♯8♯－＊时，其
对应的中缀表达式为(89－60)＊(12－8)，运行结果如
图 3-22 所示。

图 3-22　后缀表达式求值的运行结果

注意：前缀表达式求值的方法和后缀表达式求值的方法类似，只是其运算符的优先级
与后缀表达式的顺序恰好相反，感兴趣的读者可以自行完成相应的算法。

3.2.8　中缀表达式求值

中缀表达式求值时因为要比较运算符的优先级，优先级较高的先运算，优先级较低的
后运算，因此比后缀表达式求值复杂。其运算规则为：

(1) 运算符的优先级从高到低依次为()、＊、/、＋、－、♯；

(2) 有括号出现时先算括号内的，后算括号外的，多层括号由内向外进行。

中缀算术表达式求值时需要用到两个栈：操作数栈 OPND 和运算符栈 OPTR。使用
伪代码描述算法如下。

---

1. 将栈 OPND 初始化为空，将栈 OPTR 初始化为表达式的定界符♯；

2. 从左至右扫描表达式，在没有遇到♯或者栈 OPTR 的栈顶不是♯时循环：

　　2.1 若当前字符是操作数，则将连续的操作数转化成数值，入栈 OPND；

　　2.2 若当前字符是运算符且优先级比栈 OPTR 的栈顶的优先级高，则入栈 OPTR，
处理下一个字符；

　　2.3 若当前字符是运算符且优先级比栈 OPTR 的栈顶的优先级低，则从栈 OPND
出栈两个操作数，从栈 OPTR 出栈一个运算符，将运算结果入栈 OPND，继续处理当前
字符；

　　2.4 若当前字符是运算符且优先级和栈 OPTR 的栈顶的优先级相同，则将栈
OPTR 的栈顶出栈，处理下一个字符；

3. 输出栈 OPND 的栈顶元素，即表达式的计算结果；

使用 C++语言描述算法如下。

```
char OperaterSet[OperaterSetSize] = {'+', '-', '*', '/', '(', ')', '#'};
/*运算符间的优先关系*/
unsigned char Prior[7][7] = {
    '>', '>', '<', '<', '<', '>', '>',
    '>', '>', '<', '<', '<', '>', '>',
    '>', '>', '>', '>', '<', '>', '>',
    '>', '>', '>', '>', '<', '>', '>',
    '<', '<', '<', '<', '<', '=', ' ',
```

```
    '>', '>', '>', '>', ' ', '>', '>',
    '<', '<', '<', '<', '<', ' ', ' = '
};

/* 判断 c 是否是运算符 */
int IsOperator(char c) {
    int flag = 0;
    for(i = 0; i < OperaterSetSize; i++) {
        if(c == OperaterSet[i]) {
            flag = 1;
            break;
        }
    }
    return flag;
}

/* 返回运算符 oper 在运算符数组中的序号 */
int ReturnOpOrd(char oper) {
    for(i = 0; i < OperaterSetSize; i++) {
        if (oper == OperaterSet[i]) {
        return i;
        }
    }
    return - 1;
}

/* 比较两个运算符的优先级,返回字符>, <, = */
char Priority(char c1, char c2) {
    i = ReturnOpOrd(c1);
    j = ReturnOpOrd(c2);
    return Prior[i][j];
}

/* 符号运算函数,只有 +, -, *, / */
double Operate(double a, unsigned char c, double b) {
    switch(c) {
        case '+':
            return a + b;
        case '-':
            return a - b;
        case '*':
            return a * b;
        case '/':
            return a / b;
        default:
            return 0;
    }
```

```
}

/*算术表达式求值的算符优先算法*/
float EvaluateInExpression() {
    SeqStack < char > OPTR; /*运算符栈*/
    SeqStack < float > OPND; /*操作数栈*/
    char tmp[20]; /*临时数据,用于将数字字符串转化成整数数值*/
    float data, a, b;
    char oper, c, cton[2];
    OPTR.Push('#');
    /*将tmp置为空*/
    strcpy(tmp, "\0");
    c = getchar();
    while (c != '#' || OPTR.GetTop() != '#') {
        /*c是操作数*/
        if(!IsOperator(c)){
            cton[0] = c;
            cton[1] = '\0'; /*存放单个数*/
            strcat(tmp, cton); /*将单个数连接到tmp中,形成字符串*/
            c = getchar();
            /*如果遇到运算符,则将字符串tmp转换成实数,入栈,并重新置空*/
            if(IsOperator(c)){
                data = (float)atof(tmp);
                OPND.Push(data);
                strcpy(tmp, "\0");
            }
        }
        /*c是运算符*/
        else{
            switch(Priority(OPTR.GetTop(), c)) {
            case '<': /*栈顶元素优先权低*/
                OPTR.Push(c);
                c = getchar();
                break;
            case '=': /*脱括号并接收下一字符*/
                OPTR.Pop();
                c = getchar();
                break;
            case '>': /*退栈并将运算结果入栈*/
                oper = OPTR.Pop();
                b = OPND.Pop();
                a = OPND.Pop();
                OPND.Push(Operate(a, oper, b));
                break;
            default:
                break;
            }
```

```
        }
    }
    return OPND.GetTop();
}
```

详细代码可参照 ch03\InExpression 目录下的文件,当中缀表达式为$(89-60)*(12-8)\#$时的运行结果如图 3-23 所示。

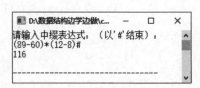

图 3-23　中缀表达式求值的
　　　　　运行结果

3.2.9　中缀表达式转换为后缀表达式

为了处理问题方便,编译程序常将中缀表达式转换成后缀表达式。中缀表达式求值时也可先将其转换成后缀表达式,然后按后缀表达式求值。中缀表达式转换成后缀表达式的算法使用伪代码描述如下。

1. 栈 S 初始化为空;
2. 从左到右依次扫描表达式的每一个字符,执行以下操作:
　　2.1 若当前字符是操作数,则处理连续的操作数并输出,用#分隔,处理下一个字符;
　　2.2 若当前字符是运算符并且优先级比栈 S 的栈顶运算符的优先级高,则将该字符入栈 S,处理下一个字符;
　　2.3 若当前字符是运算符并且优先级比栈 S 的栈顶运算符的优先级低,则将栈 S 的栈顶元素出栈并输出,继续处理当前字符;
　　2.4 若当前字符是运算符并且优先级和栈 S 的栈顶运算符的优先级相等,则将栈 S 的栈顶元素出栈,处理下一个字符;

使用 C++语言描述算法如下。

```
char OperaterSet[OperaterSetSize] = {'+', '-', '*', '/', '(', ')', '#'};
/*运算符间的优先关系*/
unsigned char Prior[7][7] = {
    '>', '>', '<', '<', '<', '>', '>',
    '>', '>', '<', '<', '<', '>', '>',
    '>', '>', '>', '>', '<', '>', '>',
    '>', '>', '>', '>', '<', '>', '>',
    '<', '<', '<', '<', '<', '=', ' ',
    '>', '>', '>', '>', ' ', '>', '>',
    '<', '<', '<', '<', '<', ' ', '='
};

/*判断c是否是运算符*/
int IsOperator(char c) {
    int flag = 0;
```

```
    for(i = 0; i < OperaterSetSize; i++) {
        if(c == OperaterSet[i]) {
            flag = 1;
            break;
        }
    }
    return flag;
}

/* 返回运算符 oper 在运算符数组中的序号 */
int ReturnOpOrd(char oper) {
    for(i = 0; i < OperaterSetSize; i++) {
        if (oper == OperaterSet[i]) {
        return i;
        }
    }
    return -1;
}

/* 比较两个运算符的优先级,返回字符>,<, = */
char Priority(char c1, char c2) {
    i = ReturnOpOrd(c1);
    j = ReturnOpOrd(c2);
    return Prior[i][j];
}

/* 符号运算函数,只有 + , - , * , / */
double Operate(double a, unsigned char c, double b) {
    switch (c) {
        case '+':
            return a + b;
        case '-':
            return a - b;
        case '*':
            return a * b;
        case '/':
            return a / b;
        default:
            return 0;
    }
}

/* 算术表达式求值的运算符优先算法 */
void InToPostfix() {
    SeqStack < char > OPTR;
    OPTR.Push('#');
    char c, oper, cton[2];
    char tmp[10];
    float data;
```

```
        c = getchar();
         /* 将 tmp 置为空 */
      strcpy(tmp, "\0");
      while (c != '#' || OPTR.GetTop() != '#') {
            /* c 是操作数,将操作数用 # 分隔并输出 */
            if(!IsOperator(c)) {
                  cton[0] = c;
                  cton[1] = '\0'; /* 存放单个数 */
                  strcat(tmp, cton); /* 将单个数连接到 tmp 中,形成字符串 */
                  c = getchar();
                  /* 如果遇到运算符,则将字符串 tmp 转换成浮点数,入栈,并重新置空 */
                  if(IsOperator(c)) {
                        data = (float)atof(tmp);
                        cout << data;
                        cout <<" # ";
                        strcpy(tmp, "\0");
                  }
            }
            /* c 是运算符 */
      else {
                  switch(Priority(OPTR.GetTop(), c)) {
                        case '<': /* 栈顶元素优先权低 */
                              OPTR.Push(c);
                              c = getchar();
                              break;
                        case '=': /* 脱括号并接收下一字符 */
                              OPTR.Pop();
                              c = getchar();
                              break;
                        case '>': /* 退栈并输出,继续处理当前字符 */
                              oper = OPTR.Pop();
                              cout << oper;
                              break;
                        default:
                              break;
                  }
            }
      }
}
```

详细代码可参照 ch03\InToPostfix 目录下的文件,当输入的表达式为 3*(4+2)/2-5# 时,运行结果如图 3-24 所示。

当输入的表达式为(89-60)*(12-8)# 时,运行结果如图 3-25 所示。

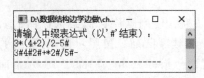

图 3-24 中缀表达式转换为后缀表达式的
运行结果 1

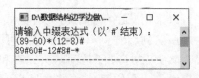

图 3-25 中缀表达式转换为后缀表达式的
运行结果 2

3.3 队列

3.3.1 队列的逻辑结构

队列是允许在一端进行插入操作，在另一端进行删除操作的线性表。允许插入的一端称为队尾，允许删除的一端称为队头。插入操作也称为入队或进队，删除操作也称为出队。如图 3-26 所示，元素 a_1、a_2、a_3、a_4 依次入队，此时，表头为 a_1，表尾为 a_4。如果要出队，则出队次序也是 a_1、a_2、a_3、a_4，即先入队的元素先出队，队列具有先进先出（first in first out）的特性，也称为先进先出表。

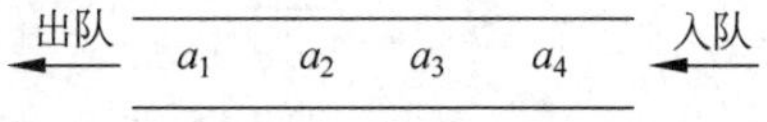

出队 ← $\boxed{a_1 \quad a_2 \quad a_3 \quad a_4}$ → 入队

图 3-26　队列示意图

队列在实际生活和工作中具有广泛的应用，例如银行排队、售票排队、计算机的 CPU 和外设之间的缓冲区、操作系统中的作业调度等。而火车调度中的车厢重组，需要同时用到栈和队列两种数据结构。队列的抽象数据类型定义为：

ADT Queue{
　　数据对象：
　　　　$D = \{a_i \,|\, a_i \in \mathrm{ElemSet}, i = 1, 2, \cdots, n, n \geqslant 0\}$
　　数据关系：
　　　　$R = \{<a_i, a_{i+1}> \,|\, a_i \in D, a_{i+1} \in D, i = 1, 2, \cdots, n-1\}$
　　基本运算：
　　　　InitQueue：初始化空队列；
　　　　DestroyQueue：销毁队列；
　　　　EnQueue：入队，入队成功会产生新的队尾；
　　　　DeQueue：队列不空时出队，同时返回出队元素的值；
　　　　GetQueue：队列不空时取队头元素；
　　　　Empty：判断队列是否为空；
}

3.3.2 顺序队列

可以采用顺序存储结构或者链式存储结构存储队列。使用顺序存储结构存储的队列称为**顺序队列**（sequential queue）。可采用一维数组描述顺序队列。按照习惯，将数组的低端设为队头，为了便于访问队头元素和队尾元素，设置两个指针 front 和 rear。front 指向队头元素的前一个位置，rear 指向队尾元素，如图 3-27 所示。假设顺序队列的容量为 6，其中，图 3-27(a)为顺序队列为空，front＝rear＝－1；图 3-27(b)为元素 a_1、a_2、a_3、a_4 依次入队，front＝－1，rear＝3；图 3-27(c)为元素 a_1、a_2 依次出队，front＝1，rear＝3。由图可见，当入队时,rear 加 1,front 不变;当出队时,front 加 1,rear 不变。随着入队和出队操作的进行,队列中的元素会逐渐向着下标较大的一方移动,如果到达图 3-27(d)的状态时,rear 指向了数组中最大的下标,此时顺序队列已满,无法再进行入队操作。即使此时数组的低端仍有空闲空间也无法再利用,此种现象称为**假溢出**。为了解决顺序队列假溢出的问题,引入了循环队列。

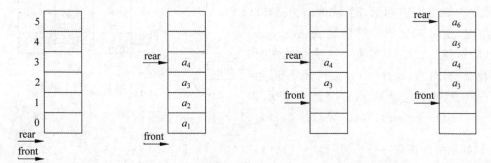

(a) 顺序队列为空　(b) 元素a_1、a_2、a_3、a_4依次入队　(c) 元素a_1、a_2依次入队　(d) rear指向数组中最大的下标

图 3-27　顺序队列操作示意图

3.3.3　循环队列

1. 循环队列概述

循环队列(circular queue)是将队列想象成一个首尾相接的循环结构,即将数组中的 0 号单元看成是数组中最大的下标单元的下一个单元,如图 3-28 所示。

实际中并不存在循环的内存结构,循环队列只是借助软件方法实现数组最大的下标到 0 之间的过渡。可以利用取模运算实现,假设队列的容量为 QueueSize,则入队时 rear＝(rear＋1) ％ QueueSize,出队时 front＝(front＋1) ％ QueueSize。要使用循环队列解决实际问题,还需要区分循环队列空和循环队列满的问题。因为当循环队列空时,不能出队和取队头;当循环队列满时,不能入队。如图 3-29 所示,图 3-29(a)为队列空的情况,此时 front＝rear,图 3-29(c)为图 3-29(b)继续入队两个元素以后的队列满的状态,也满足 front＝rear,因此普通的循环队列出现了队空和队满条件相同的问题。

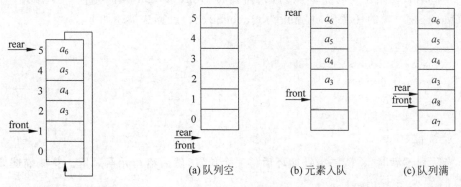

(a)队列空　(b)元素入队　(c)队列满

图 3-28　循环队列示意图　　图 3-29　普通循环队列空和队列满条件相同示意图

要区分循环队列空和队列满的条件只需要浪费一个存储单元，即当循环队列中还剩余一个空闲的存储单元时就认为队列已经满了。当循环队列的容量为 QueueSize 时，实际只能存储 QueueSize -1 个元素。如图 3-30 所示，图 3-30(a)为循环队列空的情况，此时满足的条件仍是 front＝rear。图 3-30(b)和图 3-30(c)都是循环队列满的情况，此时满足的条件为（rear＋1）％ QueueSize＝front。循环队列中包括的元素个数可表示为（rear－front＋QueueSize)％QueueSize。

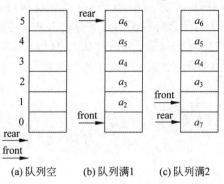

图 3-30　循环队列空和队列满的情况

2. 循环队列的实现

可以使用 C++语言的类模板 CirQueue 描述循环队列。

```
const int QueueSize = 100;            /*定义循环队列的容量*/
template < class ElemType >           /*定义类模板 CirQueue*/
class CirQueue{
public:
    CirQueue();                       /*构造函数,初始化循环队列*/
    ~CirQueue();                      /*析构函数*/
    void EnQueue(ElemType x);         /*入队操作*/
    ElemType DeQueue();               /*出队操作,返回出队的元素*/
    ElemType GetQueue();              /*取队头操作*/
    int Length();                     /*返回循环队列的元素个数*/
    int Empty();                      /*判断循环队列是否为空,若为空则返回1,否则返回0*/
private:
    ElemType data[QueueSize];         /*存放循环队列元素的数组*/
    int front,rear;                   /*队头,队尾指针*/
};
```

1）构造函数

构造函数初始化空的循环队列，只需要将 front 和 rear 同时指向一个位置，可以指向 $0 \sim$ QueueSize -1 的任意值，通常设为 QueueSize -1。算法描述如下。

```
template < class ElemType >
CirQueue < ElemType >::CirQueue() {
    front = QueueSize - 1;
    rear = QueueSize - 1;
}
```

2）入队

当队列不满时，将队尾指针循环后移一个位置，然后给新元素赋值。算法描述如下。

```
template < class ElemType >
void CirQueue < ElemType >::EnQueue(ElemType x) {
```

```
    if((rear + 1) % QueueSize == front)
        throw "循环队列已满,上溢!";
    rear = (rear + 1) % QueueSize;
    data[rear] = x;
}
```

3) 出队

当循环队列不为空时,先将 front 指针循环后移一个位置,然后返回 front 指针处的元素值。算法描述如下。

```
template < class ElemType >
ElemType CirQueue < ElemType >::DeQueue() {
    if(rear == front)
        throw "循环队列为空!";
    front = (front + 1) % QueueSize;
    return data[front];
}
```

4) 取队头

取队头算法与出队算法类似,区别在于 front 指针不变化。算法描述如下。

```
template < class ElemType >
ElemType CirQueue < ElemType >::GetQueue() {
    if(rear == front)
        throw "循环队列为空!";
    return data[(front + 1) % QueueSize];
}
```

5) 返回循环队列中元素的个数

```
template < class ElemType >
int CirQueue < ElemType >::Length() {
    return (rear - front + QueueSize) % QueueSize;
}
```

6) 判断循环队列是否为空

```
template < class ElemType >
int CirQueue < ElemType >::Empty() {
    if(front == rear)
        return 1;
    else
        return 0;
}
```

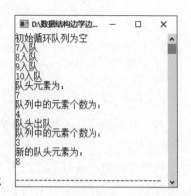

循环队列的以上算法的时间复杂度都为 $O(1)$。循环队列基本操作实现的详细源代码可参照 ch03\CirQueue 目录下的文件,运行结果如图 3-31 所示。

图 3-31 循环队列基本操作的运行结果

3.3.4　双端队列

1．双端队列概述

双端队列（double ended queue，简称 deque）是限定在线性表的两端（left 端和 right 端）都可以进行插入和删除操作的线性表，如图 3-32 所示。

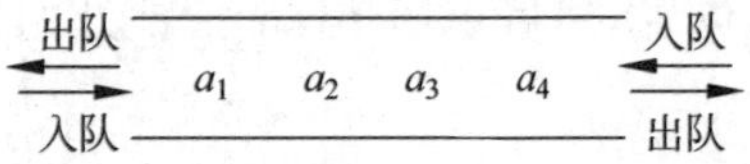

出队 ———————————— 入队
→← a_1 a_2 a_3 a_4 →←
入队 ———————————— 出队

图 3-32　双端队列示意图

可以采用顺序存储结构存储双端队列。双端队列的实现和循环队列类似，可以附设 front 和 rear 两个指针记录队列中队头和队尾的位置。front 指向队头元素的前一个位置，rear 指向队尾元素。为了区分队列满和队列空的条件，同样浪费一个存储单元。当队列空时，front＝rear；当队列满时（rear＋1）％ QueueSize＝front。与循环队列不同的是，双端队列既可以在左端入队，也可以在右端入队；类似地，双端队列既可以在左端出队，也可以在右端出队。

2．双端队列的实现

可采用 C++语言的类模板 Deque 描述双端队列。

```
const int QueueSize = 100;          /*定义双端队列的容量*/
/*定义类模板 Deque*/
template <class ElemType>
class Deque{
public:
    Deque();                        /*构造函数,双端队列的初始化*/
    ~Deque();                       /*析构函数*/
    void EnQueue(int i, ElemType x); /*入队操作,i＝0 表示左端,i＝1 表示右端*/
    ElemType DeQueue(int i);         /*出队操作,i＝0 表示左端,i＝1 表示右端*/
    ElemType GetQueue(int i);        /*取队头操作,i＝0 表示左端,i＝1 表示右端*/
    int Length();                   /*返回双端队列中包含的元素个数*/
    int Empty();                    /*判断双端队列是否为空,若为空则返回1,否则返回0*/
    void Print();                   /*打印双端队列中的元素*/
private:
    ElemType data[QueueSize];       /*存放双端队列元素的数组*/
    int front, rear;                /*队头,队尾指针,设定与循环队列相同*/
};
```

1）构造函数
双端队列的构造函数与循环队列构造函数类似，将 front 和 rear 同时指向 QueueSize－1。
2）入队
当双端队列不满时，类似于循环队列，在左端入队时，front 循环前移，front＝（front－1＋QueueSize）％ QueueSize；在右端入队时，rear 循环后移，rear＝（rear＋1）％ QueueSize。算法描述如下。

```
template <class ElemType>
```

```
void Deque < ElemType >::EnQueue( int i,ElemType x) {
    if((rear + 1) % QueueSize == front)
        throw "上溢";
    /* 左端入队 */
    if(i == 0) {
        data[front] = x;
        front = (front - 1 + QueueSize) % QueueSize;
    }
    /* 右端入队 */
    if(i == 1) {
        rear = (rear + 1) % QueueSize;
        data[rear] = x;
    }
}
```

3) 出队

当双端队列不空时,在左端出队时,front 循环后移;在右端出队时,rear 循环前移。算法描述如下。

```
template < class ElemType >
ElemType Deque < ElemType >::DeQueue( int i) {
    if(rear == front)
        throw "下溢";
    /* 左端出队 */
    if(i == 0) {
        front = (front + 1) % QueueSize;
        x = data[front];
    }
    /* 右端出队 */
    if(i == 1) {
        x = data[rear];
        rear = (rear - 1 + QueueSize) % QueueSize;
    }
    return x;
}
```

4) 取队头

```
template < class ElemType >
ElemType Deque < ElemType >::GetQueue( int i) {
    if(front == rear)
        throw "下溢";
    /* 左端 */
    if(i == 0) {
        x = data[(front + 1) % QueueSize];
    }
    /* 右端 */
    if(i == 1) {
        x = data[rear];
    }
```

```
        return x;
    }
```

5）求双端队列中的元素个数

```
template < class ElemType >
int Deque < ElemType >::Length() {
    return (rear - front + QueueSize) % QueueSize;
}
```

6）判空

```
template < class ElemType >
int Deque < ElemType >::Empty() {
    if(front == rear)
        return 1;
    else
        return 0;
}
```

7）遍历双端队列

```
template < class ElemType >
void Deque < ElemType >::Print() {
    if(front == rear)
        cout <<"双端队列为空!"<< endl;
    else {
        i = (front + 1) % QueueSize;
        j = (rear + 1) % QueueSize;
        while(i != j) {
            cout << data[i]<<" ";
            i = (i + 1) % QueueSize;
        }
        cout << endl;
    }
}
```

该算法的时间复杂度为 $O(n)$。

由以上算法可知，除了遍历双端队列以外，其他操作的时间复杂度都为 $O(1)$。双端队列基本操作实现的详细代码可参照 ch03\Deque 目录下的文件，运行结果如图 3-33 所示。

除了普通的双端队列之外，还有操作受限的双端队列。操作受限的双端队列包括输入受限的双端队列和输出受限的双端队列。输入受限的双端队列指只能在队列的一端进行输入，输出受限的双端队列指只能在队列的一端进行输出。

图 3-33 双端队列基本操作的运行结果

3.3.5　链队列

1. 链队列概述

采用链式存储结构实现的队列称为**链队列**（linked queue）。可以对单链表进行改造得到链队列，表头对应队头，表尾对应队尾。为了更方便操作，头指针为 front，指向头结点。附设指向尾结点的尾指针 rear，空链队列和非空链队列如图 3-34 所示。

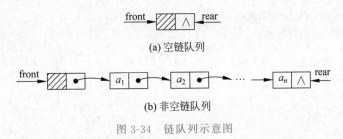

(a) 空链队列

(b) 非空链队列

图 3-34　链队列示意图

2. 链队列的实现

可以使用 C++语言的类模板 LinkQueue 描述链队列。由于队列是操作受限的线性表，因此链队列也可以看作是操作受限的单链表。

```
template < class ElemType >
class LinkQueue{
public:
    LinkQueue();                   /* 创建只包含一个头结点的链队列 */
    ~LinkQueue();                  /* 释放链队列中所有的结点 */
    void EnQueue(ElemType x);      /* 入队操作 */
    ElemType DeQueue();            /* 出队操作 */
    ElemType GetQueue();           /* 取队头 */
    int Empty();                   /* 判断链队列是否为空 */
private:
    Node< ElemType > * front, * rear; /* 链队列的头指针和尾指针 */
};
```

1) 构造函数

构造函数初始化空的链队列，只需要申请头结点，将 front 和 rear 赋初值。算法描述如下。

```
template < class ElemType >
LinkQueue < ElemType >::LinkQueue() {
    front = new Node< ElemType >;
    front -> next = NULL;
    rear = front;
}
```

2) 入队

入队操作是在链表的表尾插入新结点 *s*，如图 3-35 所示。

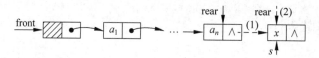

图 3-35　链队列入队示意图

修改指针的关键语句为"rear-> next＝s; rear＝s;"，当链队列为空时，操作语句不变。算法描述如下。

```
template < class ElemType >
void LinkQueue < ElemType >::EnQueue(ElemType x) {
    s = new Node < ElemType >;
    s - > data = x;
    s - > next = NULL;
    rear - > next = s;
    rear = s;
}
```

3）出队

链队列的出队是在链表的表头删除一个结点，如果队列中包括的元素结点个数大于 1，则不会影响到 rear 指针，因为队尾元素不变。但是如果队列中只包括一个元素结点，出队以后，链队列为空，此时需要将 rear 指针指向头结点，即 rear＝front。链队列出队操作如图 3-36 所示。

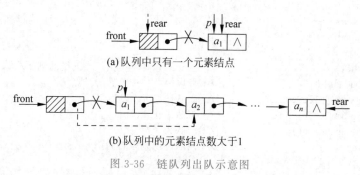

(a) 队列中只有一个元素结点

(b) 队列中的元素结点数大于1

图 3-36　链队列出队示意图

算法描述如下。

```
template < class ElemType >
ElemType LinkQueue < ElemType >::DeQueue( ) {
    if(rear == front)
        throw "链队列为空!";
    /* p指向队头 */
    p = front - > next;
    x = p - > data;
    front - > next = p - > next;
    /* 队列长度为 1 时,需要更改 rear 指针 */
    if(p - > next == NULL)
        rear = front;
    delete p;
```

```
    return x;
}
```

4）取队头

```
template < class ElemType >
ElemType LinkQueue < ElemType >::GetQueue() {
    if(front == rear)
        throw "链队列为空!";
    return front -> next -> data;
}
```

5）判空

```
template < class ElemType >
int LinkQueue < ElemType >::Empty() {
    if(front == rear)
        return 1;
    else
        return 0;
}
```

6）析构函数

析构函数将链队列中包括头结点在内的所有结点释放掉,执行完析构函数以后,front 指针和 rear 指针都为 NULL。算法描述如下。

```
template < class ElemType >
LinkQueue < ElemType >::~LinkQueue() {
    while(front != NULL) {
        p = front;
        front = front -> next;
        delete p;
    }
    rear = NULL;
}
```

析构函数的时间复杂度为 $O(n)$,链队列的其他运算的时间复杂度都为 $O(1)$。

3.4 小结

- 栈和队列是操作受限的线性表,栈和队列的操作是线性表操作的子集。
- 由于栈和队列操作的特殊性,所以其基本运算的时间复杂度一般为 $O(1)$,例如栈的入栈、出栈,队列的入队、出队等。
- 栈是一种重要的数据结构,用途十分广泛。在递归算法中要用到系统工作栈,将递归算法改写成非递归算法时有时也需要用到栈。

- 采用顺序存储结构存储的栈为顺序栈，采用链式存储结构存储的栈为链栈。
- 栈的应用主要包括 Hanio 塔问题、进制转换、迷宫问题、八皇后问题、火车调度、表达式括号匹配、表达式求解及表达式转换等。
- 队列也是一种常用的数据结构，例如操作系统的资源分配和排队、主机和外设之间的缓冲区等。
- 循环队列的引入是为了解决顺序队列假溢出的问题。
- 双端队列是允许在线性表的两端进行插入或删除的队列。另外，还存在输入受限的双端队列和输出受限的双端队列。

习题

1. 选择题

（1）一个栈的入栈序列为 A,B,C,D,E，则栈的不可能的输出序列是（　　）。

    A. $EDCBA$　　　　B. $DECBA$　　　　C. $DCEAB$　　　D. $ABCDE$

（2）若已知一个栈的入栈序列是 $1,2,3,\cdots,n$，若出栈的第一个元素为 n，则第 i 个出栈的元素是（　　）。

    A. i　　　　　　B. $n-i$　　　　　C. $n-i+1$　　　D. 无法确定

（3）一个队列的入队序列是 $1,2,3,4$，则队列的出队序列是（　　）。

    A. $4,3,2,1$　　　B. $1,2,3,4$　　　C. $1,4,3,2$　　　D. $3,2,4,1$

（4）设计算法判断表达式的括号是否匹配，使用（　　）数据结构最好。

    A. 栈　　　　　　B. 线性表　　　　C. 队列　　　　　D. 数组

（5）在解决计算机的 CPU 和打印机之间速度不匹配的问题时通常设置一个缓冲区，缓冲区的数据结构是（　　）。

    A. 栈　　　　　　B. 队列　　　　　C. 数组　　　　　D. 线性表

（6）循环队列用数组 $A[0,m-1]$ 存放其元素值，已知其头尾指针分别是 front 和 rear，则当前队列中的元素个数是（　　）。

    A. （rear－front＋m）% m　　　　　B. rear－front＋1

    C. rear－front－1　　　　　　　　　D. rear－front

（7）栈与队列都是（　　）。

    A. 链式存储的线性结构　　　　　　B. 链式存储的非线性结构

    C. 限制存取点的线性结构　　　　　D. 限制存取点的非线性结构

（8）判定一个循环队列 Q[0…QueueSize－1] 为满的条件是（　　）。

    A. rear＝front　　　　　　　　　　B. rear＝front＋1

    C. front＝（rear＋1）% QueueSize　　D. front＝（rear－1）% QueueSize

（9）判定一个循环队列 Q[0…QueueSize－1] 为空的条件是（　　）。

    A. rear＝front　　　　　　　　　　B. rear＝front＋1

C. front＝(rear＋1) ％ QueueSize   D. front＝(rear－1) ％ QueueSize

（10）在一个链队列中,假定 front 和 rear 分别为头指针和尾指针,则插入新结点 s 的操作是（ ）。

     A. front＝front-> next;   B. s-> next＝rear; rear＝s;

     C. rear-> next＝s; rear＝s;   D. s-> next＝front; front＝s;

（11）表达式 $a*(b+c)-d$ 的后缀表达式是（ ）。

     A. $abcd*+-$ B. $abc+*d-$ C. $abc*+d-$ D. $-+*abcd$

（12）若用一个大小为 6 的数组来实现循环队列,且当前 rear 和 front 的值分别为 0 和 3,当从队列中删除一个元素,再加入两个元素后,rear 和 front 的值分别为（ ）。

     A. 1 5   B. 2 4   C. 4 2   D. 5 1

（13）设栈 S 和队列 Q 的初始状态为空,元素 e_1,e_2,e_3,e_4,e_5,e_6 依次通过栈 S,一个元素出栈后即进入队列 Q,若 6 个元素出队的序列是 e_2,e_4,e_3,e_6,e_5,e_1,则栈 S 的容量至少应为（ ）。

     A. 6   B. 4   C. 3   D. 2

（14）若以 1、2、3、4 作为双端队列的输入序列,则既不能由输入受限的双端队列得到,也不能由输出受限的双端队列得到的输出序列是（ ）。

     A. 1234   B. 4132   C. 4231   D. 4213

2. 填空题

（1）栈的运算规则是（ ）。

（2）循环队列的引入是为了克服（ ）。

（3）对于栈和队列,无论它们采用顺序存储结构还是链式存储结构,进行插入和删除操作的时间复杂度都是（ ）。

（4）共享栈满的条件是（ ）。

（5）设 $a=6,b=4,c=2,d=3,e=2$,则后缀表达式 $abc-/de*+$ 的值为（ ）。

（6）用带头结点的循环链表表示的队列长度为 n,若只设头指针,则出队和入队的时间复杂度为（ ）和（ ）;若只设尾指针,则出队和入队的时间复杂度为（ ）和（ ）。

（7）假设有一个空栈,栈顶指针为 1000H,现有输入序列 1,2,3,4,5,经过 PUSH, PUSH,POP,PUSH,POP,PUSH,PUSH 之后,输出序列是（ ）,如果栈为顺序栈,每个元素占 4 字节,则此时栈顶指针的值是（ ）。

3. 判断题

（1）在栈满的情况下不能做进栈操作,否则将产生"上溢"。（ ）

（2）循环队列中至少有一个数组单元是空闲的,否则无法区分队列空和队列满的条件。（ ）

（3）循环队列也存在空间溢出问题。（ ）

（4）队列元素进队的顺序和出队的顺序总是一致的。（ ）

（5）循环队列中的 front 值一定小于 rear。（ ）

（6）栈和队列都是运算受限的线性表。（ ）

（7）链队列出队时一定不会修改队尾指针。（ ）

（8）两个栈共享一片连续的内存空间时，为了提高内存利用率，减少溢出的可能，应把两个栈的栈底分别设在这片内存空间的两端。（　　）

（9）栈是实现过程和函数等子程序所必需的结构。（　　）

（10）栈和队列的存储方式，既可以是顺序存储方式，也可以是链式存储方式。（　　）

4. 问答题

（1）顺序队列为什么会产出假溢出？有几种解决方法？

（2）什么是递归程序？递归程序的优点和缺点是什么？递归程序在执行时，应借助什么来完成？递归程序的入口语句、出口语句一般使用什么语句来完成？

（3）有5个元素，其入栈次序为A、B、C、D、E，在各种可能的出栈序列中，第一个出栈元素为C，并且第二个出栈元素为D的出栈序列有哪些？

（4）队列可以使用循环单链表实现，可以只设置头指针或者尾指针，哪种方案更合适？

5. 算法设计题

（1）设计求整型数组$r[1 \cdots n]$最大值的递归算法。

（2）已知Ackerman函数定义如下：

$$\text{akm}(m,n) \begin{cases} n+1 & m=0 \\ \text{akm}(m-1,1) & m \neq 0, n=0 \\ \text{akm}(m-1, \text{akm}(m,n-1)) & m \neq 0, n \neq 0 \end{cases}$$

根据定义，写出递归算法。

第4章

字符串和多维数组

　　字符串是特殊的线性表。首先,字符串的数据元素的类型必须是字符。其次,字符串的操作对象一般是整个字符串或者子串。字符串常见的操作包括字符串赋值、字符串复制、判断字符串是否相等、比较两个字符串的大小、求字符串的长度、字符串连接、求子串、字符串替换、模式匹配等。字符串一般采用顺序存储结构存储,本章中的实验全部采用顺序串方式实现。

　　数组是具有相同类型的数据元素的有限序列,可以将数组看作是线性表的推广。n 维数组受 n 个线性关系的约束。数组是具有固定格式和数量的数据集合,因此数组的操作只有读取和写入,没有插入、删除。特殊矩阵包括对称矩阵、上三角矩阵、下三角矩阵、对角矩阵。特殊矩阵的压缩存储需要解决压缩之后的寻址问题。稀疏矩阵的压缩存储为存储非零元素、不存储零元素。可以采用三元组顺序表或者十字链表存储非零元素。

4.1　字符串

4.1.1　字符串的逻辑结构

　　字符串(string)是零个或多个字符组成的有限序列。字符串中包含的字符的个数为**字符串的长度**,当长度为 0 时为**空串**,一般用 Φ 表示。包含一个或多个空格的字符串称为**空格串**,空格串与空串不同。非空的字符串通常表示为 $S = "s_1 s_2 \cdots s_i \cdots s_n"$,其中 S 是字符串的名字,双引号是定界符,s_i 是其中的字符,下标指的是逻辑序号,表示该字符在字符串中出现的位置。

　　字符串中任意连续个字符组成的子序列称为该字符串的**子串**(substring)。包含子串的字符串称为**主串**(primary string)。子串的第一个字符在主串中的序号称为子串在主串中的**位置**。空串是任何字符串的子串,任何一个字符串都是其本身的子串。除自身之外的子串称为真子串。

例 4-1 $S=$"$abcde$",则 S 包含的真子串的个数有多少？

长度为 1 的子串数为 5,长度为 2 的子串数为 4,长度为 3 的子串数为 3,长度为 4 的子串数为 2,空串 1 个,因此 S 的真子串为 15 个。

包含 n 个互不相同的字符的字符串的真子串的个数为 $\dfrac{n(n+1)}{2}$。

字符串可以比较大小,字符串的大小通过比较相同位置的字符的大小来确定。字符的大小根据 ASCII 码值的大小确定。假设 $X=$"$x_1x_2\cdots x_n$",$Y=$"$y_1y_2\cdots y_m$",则两个字符串相等的充要条件是字符串的长度相等并且对应位置的字符也分别相等。两个字符串比较大小时,从第一个字符开始进行比较,如果相等,则继续比较后续字符;如果不相等,则字符的大小代表了字符串的大小。如果一个字符串比较完毕,而另一个字符串还没有比较完毕,则后一个字符串大。

字符串的抽象数据类型定义如下：

ADT String{

    数据对象：

        $D=\{a_i\,|\,a_i\in\text{CharSet},i=1,2,\cdots,n,n\geqslant 0\}$

    数据关系：

        $R=\{<a_i,a_{i+1}>|\,a_i\in D,a_{i+1}\in D,i=1,2,\cdots,n-1\}$

    基本运算：

        InitString：初始化字符串；

        DestroyString：销毁字符串；

        Length：返回字符串的长度；

        CharAt：求字符串某一位置的字符；

        Index：求一个字符串在另一个字符串中出现的位置；

        Equals：判断两个字符串是否相等；

        CompareTo：比较两个字符串的大小；

        SubString：求子串；

        Concat：连接字符串；

}

4.1.2 字符串的存储结构

字符串是限定元素类型为字符的线性表,可以采用顺序存储结构或者链式存储结构。采用链式存储结构存储字符串时,由于字符所占用的空间较小,因此结点的存储密度较小。为了提高结点的存储密度,可以使用块链存储方法,即一个结点中存储若干个固定的字符数。但是由于字符串的长度并不一定恰好是结点大小的整数倍,因此可能需要在最后一个结点处做特殊标记,使用特殊的字符,例如用'♯'补全最后一个结点,实现起来不方便。例如当结点大小为 4 时,字符串 $S=$"$abcdefghi$"的块链式存储示意图如图 4-1 所示,其中

图 4-1(a)为普通的链表存储结构,图 4-1(b)为块链式存储结构,当块长为 4 时,最后一个结点的字符数不足 4 个,使用特殊字符补齐。

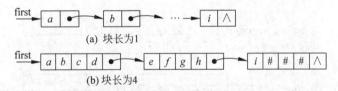

图 4-1 字符串的链式存储示意图

采用顺序存储结构存储的字符串称为顺序串。在 C++语言中用 '\0' 来表示字符串的结束,虽然不能直接得到字符串的长度,但是可以很方便地判断字符串的终止,假设顺序串分配的空间大小为 MaxSize,则字符串 $S=$ "$abcdefghi$" 对应的顺序串如图 4-2 所示,本书后续的模式匹配算法等均采用此种存储结构。

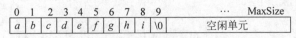

图 4-2 顺序串的存储结构

4.2 字符串的模式匹配

假设有两个字符串 $S=$ "$s_1s_2\cdots s_n$" 和 $T=$ "$t_1t_2\cdots t_m$",在主串 S 中寻找 T 的过程称为**模式匹配**(pattern matching),T 称为**模式**(pattern)。如果匹配成功,则返回 T 在 S 中出现的位置;如果匹配失败,则返回 0。如无特殊说明,一般指的是 T 在 S 中第一次出现的位置。

4.2.1 朴素的模式匹配算法

朴素的模式匹配算法简称为 BF(brute force)算法,该算法是一种主串和模式都回溯的匹配算法。其基本思想为:分别从主串 S 和模式 T 的第一个字符开始匹配,若相等,则继续比较后续字符;若不相等,则从主串 S 的第二个字符和模式 T 的第一个字符进行比较,重复上述过程,一直到 S 或 T 中的所有字符比较完毕。若模式 T 的所有字符比较完毕,则匹配成功,返回主串 S 本趟匹配的起始位置;否则匹配失败,返回 0,如图 4-3 所示。

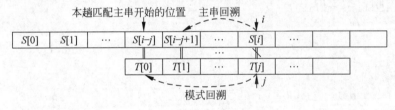

图 4-3 BF 算法的匹配示意图

例 4-2 主串 $S=$ "ababcabcacbab"，模式 $T=$ "abcac"时，BF 算法的匹配过程如图 4-4 所示。

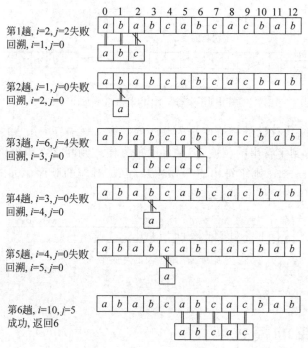

图 4-4　BF 算法的匹配过程

BF 算法的伪代码描述如下：

1. 串 S 的起始下标 i＝0，串 T 的起始下标 j＝0；
2. 当串 S 和串 T 都未终止时循环：
    2.1 如果 S[i]＝＝T[j]，则继续比较后续字符；
    2.2 否则，i＝i－j＋1，j＝0；
3. 如果串 T 中的所有字符均比较完毕，则匹配成功，返回 i－j＋1；否则返回 0；

算法的 C++描述如下：

```cpp
int BF(char S[], char T[]) {
    i = 0, j = 0;
    while(S[i] != '\0' && T[j] != '\0') {
        if(S[i] == T[j]) {
            i++;
            j++;
        }
        else {
            i = i - j + 1;
            j = 0;
```

```
        }
    }
    if(T[j] == '\0') return i - j + 1;
    else return 0;
}
```

详细代码可参照 ch04\BruteForce 目录下的文件,实验运行结果如图 4-5 所示。

设主串的长度为 n,模式的长度为 m,最好情况下,每趟不成功的匹配发生在模式的第一个字符,在等概率情况下,时间复杂度为 $O(n+m)$。最坏情况下,每趟不成功的匹配发生在模式的最后一个字符,则等概率情况下,时间复杂度为 $O(n \times m)$。

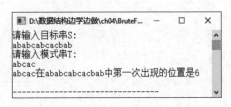

图 4-5　BF 算法的运行结果

BF 算法属于蛮力算法,思想简单,易于实现。对于实际应用中的随机字符串,BF 算法的时间复杂度能够近似达到 $O(n+m)$,因此应用较多。

4.2.2　KMP 算法

BF 算法在一些极端条件下效率较差的原因是当匹配失败时,主串和模式的指针都回溯。在 BF 算法中,各趟之间的匹配是相互孤立的,即后续的匹配并没有使用之前失败的匹配的部分结果。KMP 算法是对 BF 算法的有效改进,当匹配失败时,主串指针 i 不动,而模式向右滑动一段距离,即模式指针 j 仍然回溯,假设 $j = \text{next}[j] = k$,则让 $S[i]$ 继续与 $T[k]$ 进行比较。该算法的关键是确定位置 k。

模式的 next 函数只与模式本身有关,与主串无关。模式 T 的 next 函数定义如下:

$$\text{next}[j] = \begin{cases} -1 & j = 0 \\ \max\{k \mid 1 \leqslant k < j \text{ 且 } T[0] \cdots T[k-1] = T[j-k] \cdots T[j-1]\} \\ 0 & \text{其他} \end{cases}$$

假设某一趟匹配失败时 $S[i] \neq T[j]$,则已知部分匹配的结果为:

$$S[i-j] \cdots S[i-1] = T[0] \cdots T[j-1] \tag{4-1}$$

取 $1 \leqslant k < j$,从 $S[i-1]$ 连续往前取 k 个字符,从 $T[j-1]$ 连续往前取 k 个字符,则有:

$$S[i-k] \cdots S[i-1] = T[j-k] \cdots T[j-1] \tag{4-2}$$

如果模式本身满足:

$$T[0] \cdots T[k-1] = T[j-k] \cdots T[j-1] \tag{4-3}$$

即模式的前 j 个字符可以取出长度为 k 的前缀子串和后缀子串,并且相等。

由式(4-2)、(4-3)可得:

$$S[i-k] \cdots S[i-1] = T[0] \cdots T[k-1]$$

即主串 $S[i]$ 之前的 k 个字符已经和模式 T 的前 k 个字符相等,后续匹配只需要比较 $S[i]$ 和 $T[k]$ 是否相等即可。

例 4-3　当模式 $T = "abcac"$ 时,其 $\text{next}[] = \{-1, 0, 0, 0, 1\}$,当主串 $S = "ababcabcacbab"$

时，KMP 算法的匹配过程如图 4-6 所示。

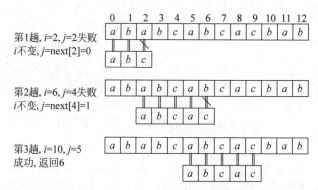

第1趟，$i=2$，$j=2$失败
i不变，$j=$next[2]=0

第2趟，$i=6$，$j=4$失败
i不变，$j=$next[4]=1

第3趟，$i=10$，$j=5$
成功，返回6

图 4-6　KMP 算法匹配过程

KMP 算法要求先求出模式的 next 函数。KMP 算法的伪代码描述如下。

1. 串 S 的起始下标 i＝0，串 T 的起始下标 j＝0；
2. 当串 S 和串 T 都未终止时循环：
    2.1 如果 S[i] ＝＝ T[j]，则继续比较后续字符；
    2.2 否则，j＝next[j]；
    2.3 如果 j＝－1，则 i++，j++；
3. 如果串 T 中的所有字符均比较完毕，则匹配成功，返回 i－j＋1；否则返回 0；

使用 C++语言描述 KMP 算法如下。

```cpp
int KMPIndex(char S[], char T[]) {
    i = 0;
    j = 0;
    while(S[i] != '\0' && T[j] != '\0') {
        if(j == -1 || S[i] == T[j]) {
            i++;
            j++;
        }
        else
            j = next[j];
    }
    if(T[j] == '\0')
        return i - j + 1;
    else
        return 0;
}
```

KMP 算法的详细代码可参照 ch04\KMP 目录下的文件，运行结果和前文 BF 算法的运行结果一致。KMP 算法的时间复杂度是 $O(m＋n)$。

4.3 字符串的应用

4.3.1 凯撒密码

凯撒密码是一种代换密码,据说凯撒是率先使用加密函的古代将领之一,因此这种加密方法被称为凯撒密码。

凯撒密码是一种简单的信息加密方法,通过将信息中的每个字母在字母表中向后(或者向前)移动常量 k 个位置,以实现加密。例如,如果 k 等于 3,则每个字母都向后移动 3 个位置,例如 a 替换成 d,b 替换成 e。以小写字母 ch 为例,则右移 k 位之后的小写字母为 $'a' + (ch - 'a' + k) \% 26$。对字符串 S 以常量进行凯撒加密后得到字符串 T,算法描述如下。

```
void Caesar(char S[], char T[], int k) {
    for(i = 0; S[i] != '\0'; i++) {
        T[i] = 'a' + (S[i] - 'a' + k) % 26;
    }
}
```

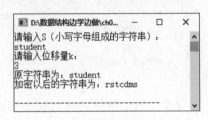

图 4-7 凯撒加密的运行结果

详细代码可参照 ch04\Caesar 目录下的文件,实验运行结果如图 4-7 所示。

4.3.2 统计文本中单词的个数

文本可以看作字符序列。在字符序列中,有效字符被空格分隔成一个个单词,可以设计算法统计文本中单词的个数。文本序列可以由键盘输入,也可以读取已有的文本文件。统计一行文本的单词个数的算法使用 C++ 语言描述如下。

```
int CountWordsInOneLine(const char * Line) {
    int nWords = 0;
    for (int i = 0; i < strlen(Line); i++) {
        if ( * (Line + i) != ' ') {
            nWords++;
            while (( * (Line + i) != ' ') && ( * (Line + i) != '\0')) {
                i++;
            }
        }
    }
    return nWords;
}
```

统计文本文件中的单词个数的算法描述如下。

```
int CountWordsOfTxtFile(char * FileName) {
    /* 统计单词数,初始值为 0 */
    int nWords = 0;
    /* 文件指针 */
    FILE * fp;
    /* 每行字符缓冲,每行最多 1024 个字符 */
    char carrBuffer[1024];
    /* 打开文件不成功 */
    if((fp = fopen(FileName, "r")) == NULL) {
        return - 1;
    }
    /* 如果没有读到文件末尾 */
    while (!feof(fp)) {
        /* 从文件中读一行 */
        if (fgets(carrBuffer, sizeof(carrBuffer), fp) != NULL) {
            /* 统计每行词数 */
            nWords += CountWordsInOneLine(carrBuffer);
        }
    }
    /* 关闭文件 */
    fclose(fp);
    return nWords;
}
```

详细代码可参照 ch04\CountWords 目录下的文件,文本文件 tmp. txt 的内容如图 4-8 所示,实验运行结果如图 4-9 所示。

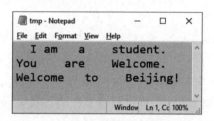

图 4-8 文本文件的内容

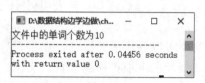

图 4-9 统计单词个数的运行结果

4.3.3 找词游戏

找词游戏要求游戏者从一张填满字符的正方形表中,找出所有的英文单词,这些词可以横着读、竖着读或者斜着读,例如图 4-10 所示的正方形表中,可以找出单词 this、two、fat 和 that 等。也可以设定一个词典,将表格中出现并且包含在词典中的单词输出。

t	h	i	s
w	a	t	s
o	a	h	g
f	g	d	t

图 4-10 正方形找词表

找词游戏的各算法使用 C++ 语言描述如下。

```
/* 字符矩阵的行列值 */
const int MaxSize = 16;
```

```
/* 词典长度 */
const int WordsCount = 13;
/* 字符矩阵 */
char charMatrix[MaxSize][MaxSize] = {{'D','H','O','B','S','H','N','E','P','T','U','N','E','Y','T','M'},
                {'U','E','J','I','H','U','N','Y','S','T','H','A','O','R','T','M'},
                {'D','N','A','U','U','E','E','E','M','A','E','N','W','A','T','M'},
                {'W','N','A','I','P','L','U','T','O','N','A','O','D','H','T','M'},
                {'A','G','H','P','L','I','Z','O','O','E','R','U','S','U','T','M'},
                {'R','D','E','I','H','C','T','M','N','W','T','N','S','H','T','M'},
                {'F','H','Y','H','O','P','B','E','O','Q','H','I','U','E','T','M'},
                {'R','A','C','O','E','A','A','R','R','T','E','O','A','E','T','M'},
                {'U','S','A','T','U','R','N','C','P','L','A','N','E','T','T','M'},
                {'R','T','A','E','H','F','T','U','E','U','L','E','E','E','T','M'},
                {'I','E','U','C','U','F','A','R','O','V','C','E','I','O','T','M'},
                {'A','R','F','A','I','R','A','Y','A','O','E','I','R','H','T','M'},
                {'T','O','A','I','N','I','A','B','E','A','R','N','A','E','T','M'},
                {'O','I','A','T','E','O','E','N','A','A','E','H','U','A','T','M'},
                {'E','D','I','D','D','O','E','D','U','T','S','E','T','S','T','M'},
                {'E','S','Z','E','E','H','O','P','H','S','L','U','M','S','T','M'}};
/* 词典 */
string words[WordsCount] = {"VENUS", "EARTH", "MARS", "CERES", "ASTEROIDS", "JUPITER",
"SATURN", "NEPTUNE", "URANUS", "PLUTO", "DWARF", "PLANET", "MOON"};
/* 标记矩阵 */
bool flag[MaxSize][MaxSize];
/* 查找方向,分别对应上、下、左、右、右上、左下、右下、左上 */
int dir[8][2] = {{0, 1}, {0, -1}, {1, 0}, {-1, 0}, {1, 1}, {-1, -1}, {1, -1}, {-1, 1}};
/* 当前查找的步数 */
int step;


/* 输出矩阵函数 */
void PrintResult() {
    int i, j;
    for(i = 0; i < MaxSize; i++) {
        for(j = 0;j < MaxSize; j++) {
            if(flag[i][j] == true)
                cout << charMatrix[i][j]<<" ";
            else
                cout <<" ";
        }
        cout << endl;
    }
}


/* 在字符矩阵中搜索单词 */
void SearchWord(string word, int i, int j, int k) {
    /* 查找步数 */
    step++;
    /* 找到单词 */
    if(step == word.size()) {
```

```
            /*标记找到单词*/
            flag[i][j] = true;
            /*退出*/
            return;
        }
        int x, y;
        /*向着某方向寻找*/
        x = i + dir[k][0];
        y = j + dir[k][1];
        /*字符匹配则继续递归查找*/
        if (x >= 0 && x < MaxSize && y >= 0 && y < MaxSize && charMatrix[x][y] == word[step]) {
            SearchWord(word, x, y, k);
            /*找到完整的单词则做标记*/
            if(step == word.size())
                flag[i][j] = true;
        }
    }


/*查找单词*/
void FindAllWords(string word) {
    int i, j;
    for(i = 0; i < MaxSize; i++) {
        for(j = 0;j < MaxSize; j++) {
            /*首字符匹配开始查找*/
            if(charMatrix[i][j] == word[0]) {
                /*查找方向*/
                int k;
                /*向八个方向搜索*/
                for(k = 0; k < 8; k++) {
                    step = 0;
                    SearchWord(word, i, j, k);
                    /*找到单词则返回*/
                    if(step == word.size())
                        return;
                }
            }
        }
    }
}
```

详细代码可参照 ch04\SearchWords 目录下的文件，实验运行结果如图 4-11 所示。

图 4-11　找词游戏的运行结果

4.3.4　变位词判断

如果两个字符串包含的字符相同，但是顺序不同，则两个字符串是变位词。如何判断两个字符串是否为变位词？方法是对两个字符串进行排序，然后再判断两个字符串是否相等。算法的时间复杂度取决于排序算法,可以利用 C++ 自带的 sort() 函数,也可以自己实现排序算法。算法描述如下。

```
bool myfunction(char i, char j) {
    return i > j;
}
int IsAnagrams(string s1, string s2) {
    /* 对 s1, s2 进行排序 */
    /* begin() 为 string 类的方法,指向字符串的第一个位置 */
    /* end() 为 string 类的方法,指向字符串的最后一个位置 */
    /* compare() 为 string 类的方法,比较两个字符串,相等返回 0 */
    sort(s1.begin(), s1.end(), myfunction);
    sort(s2.begin(), s2.end(), myfunction);
    if(!s1.compare(s2))
        return 1;
    else
        return 0;
}
```

详细代码可参照 ch04\Anagrams 目录下的文件,运行结果如图 4-12 所示。

图 4-12　判断变位词的运行结果

4.3.5　字符串的最长公共子序列

子序列指的是在不改变给定序列的元素的相对次序的前提下,将序列中零个或多个元素去掉后得到的结果,例如序列$<A,B,C,B,D,A,B>$的子序列有$<A,B>$、$<B,C,A>$、$<A,C,D,A>$等。

给定序列 $X=<A,B,C,B,D,A,B>$,$Y=<B,D,C,A,B,A>$,那么序列 $Z=<B,C,A>$为 X 和 Y 的公共子序列,长度为 3。但 Z 不是 X 和 Y 的最长公共子序列(longest common subsequence,LCS)。序列$<B,C,B,A>$和$<B,D,A,B>$都是 X 和 Y 的最长公共子序列。

一般采用动态规划的方法求两个序列的最长公共子序列。

令 $X=<x_1,x_2,\cdots,x_m>$和 $Y=<y_1,y_2,\cdots,y_n>$为两个子序列,$Z=<z_1,z_2,\cdots,z_k>$为 X 和 Y 的任意的最长公共子序列,则:

如果 $x_m=y_n$,则 $z_k=x_m=y_n$ 且 Z_{k-1} 是 X_{m-1} 和 Y_{n-1} 的一个 LCS;

如果 $x_m\neq y_n$,并且 $z_k\neq x_m$,则 Z 是 X_{m-1} 和 Y 的一个 LCS;

如果 $x_m\neq y_n$,并且 $z_k\neq y_n$,则 Z 是 X 和 Y_{n-1} 的一个 LCS。

从以上描述中可以看出,两个序列的 LCS 问题包含两个序列的前缀的 LCS,LCS 问题具有最优子结构性质。

设 $C[i,j]$ 表示 X_i 和 Y_j 的最长公共子序列 LCS 的长度,如果 $i=0$ 或者 $j=0$,即一个序列的长度为 0 时,那么 LCS 的长度为 0,可得以下公式:

$$C[i,j]=\begin{cases}0 & i=0 \text{ 或 } j=0 \\ C[i-1,j-1]+1 & i,j>0 \text{ 且 } x_i=y_j \\ \text{MAX}(C[i,j-1],C[i-1,j]) & i,j>0 \text{ 且 } x_i \neq y_j\end{cases}$$

如果使用递归方法求解最长公共子序列的长度，时间复杂度太高，一般使用动态规划方法。算法导论中求解字符串 X 和 Y 的最长公共子序列长度的算法伪代码如下。

```
LCS - LENGTH(X, Y)
    m = length(X)
    n = length(Y)
    for i = 1 to m
        c[i, 0] = 0
    for j = 0 to n
        c[0, j] = 0
    for i = 1 to m
    for j = 1 to n
        if xi = yj
                c[i, j] = c[i - 1, j - 1] + 1
                b[i, j] = "↖"
        else if c[i - 1, j] >= c[i, j - 1]
                c[i, j] = c[i - 1, j]
                b[i, j] = "←"
        else
                c[i, j] = c[i, j - 1]
                b[i, j] = "↑"
return c and b
```

算法导论中关于打印最长公共子序列的伪代码如下。

```
PRINT_LCS(b, X, i, j)
    if i = 0 or j = 0
        return
    if b[i, j] = "↖"
        PRINT_LCS(b, X, i - 1, j - 1)
        print xi
    else if b[i, j] = "↑"
        PRINT_LCS(b, X, i - 1, j)
    else
        PRINT_LCS(b, X, i, j - 1)
```

使用 C++语言描述求两个字符串的最长公共子序列及打印公共子序列的算法如下。

```
/ * 求最长公共子序列的长度 * /
/ * x 为长度为 m 的字符串, y 为长度为 n 的字符串 * /
/ * c[i][j]为 x[0...i-1]和 y[0...j-1]的最长公共子序列的长度 * /
void LCSLength(char * x, char * y, int m, int n, int c[][MaxSize], int b[][MaxSize]) {
    int i, j;
```

```
/*c的第0列置为0*/
for(i = 0; i <= m; i++)
    c[i][0] = 0;
/*c的第0行置为0*/
for(j = 1; j <= n; j++)
    c[0][j] = 0;
for(i = 1; i <= m; i++) {
    for(j = 1; j <= n; j++) {
        /*字符相等,标记左上方*/
        /*因指向左上方的箭头不好表示,因此用1代替*/
        if(x[i-1] == y[j-1]) {
            c[i][j] = c[i-1][j-1] + 1;
            b[i][j] = 1;
        }
        /*字符不相等,c[i][j] = c[i-1][j],标记左方*/
        /*因指向左方的箭头不好表示,因此用3代替*/
        else if(c[i-1][j] >= c[i][j-1]) {
            c[i][j] = c[i-1][j];
            b[i][j] = 3;
        }
        /*字符不相等,c[i][j] = c[i][j-1],标记上方*/
        /*因指向上方的箭头不好表示,因此用2代替*/
        else {
            c[i][j] = c[i][j-1];
            b[i][j] = 2;
        }
    }
}
}
```

```
/*打印输出最长公共子序列*/
void PrintLCS(int b[][MaxSize], char * x, int i, int j) {
    if(i == 0 || j == 0)
        return;
    if(b[i][j] == 1) {
        PrintLCS(b, x, i-1, j-1);
        cout << x[i-1];
    }
    else if(b[i][j] == 3)
        PrintLCS(b, x, i-1, j);
    else
        PrintLCS(b, x, i, j-1);
}
```

图 4-13　求最大公共子序列的
运行结果

　　详细代码可参照 ch04\LCS 目录下的文件,当 $X=$
"$ABCBDAB$",$Y=$"$BDCABA$"时,运行结果如图 4-13
所示。

4.4 多维数组

4.4.1 多维数组的逻辑结构

数组（array）是由类型相同的数据元素构成的有序集合，每个数据元素为一个数组元素，每个元素受 $n(n \geqslant 1)$ 个线性关系的约束，每个元素在 n 个线性关系中的序号 $(i_1, i_2, \cdots, i_n)$ 称为该元素的下标，该数组为 n 维数组。数组可以看作一个特殊的线性表，是线性表的推广，线性表的每个元素又可以看作一个线性表。例如图 4-14 所示的二维数组 $A_{m \times n}$，可以看作是由 n 个列向量组成的线性表，也可以看作是由 m 个行向量组成的线性表。

$$A_{m \times n} = \begin{pmatrix} a_{11} & a_{12} & \cdots & a_{1n} \\ a_{21} & a_{22} & \cdots & a_{2n} \\ \vdots & \vdots & \ddots & \vdots \\ a_{m1} & a_{m2} & \cdots & a_{mn} \end{pmatrix}$$

图 4-14 二维数组

多维数组是具有固定格式和元素数量的数据集合，一旦定义，其结构就不会再发生变化，因此多维数组没有插入和删除元素的操作。在数组中通常只有读元素和写元素的操作。读元素操作指的是根据给定数组元素的下标，返回相应的元素值。写元素操作指的是修改数组特定下标处的元素值。无论是读元素还是写元素都离不开寻址。

4.4.2 多维数组的寻址

由于多维数组中没有插入或删除操作，因此采用顺序存储结构存储数组。由于多维数组是多维结构，而内存是一维结构，因此需要将多维结构映射到一维结构。通常有**按行优先顺序**（row major order）和**按列优先顺序**（column major order）两种方式。行优先指的是以行序为主，先行后列，先存行号小的元素，再存行号大的元素。行号相同的元素，先存列号较小的元素。列优先指的是列序为主，先列后行，先存列号小的元素，再存列号大的元素。列号相同的元素，先存行号较小的元素。例如矩阵 $A_{3 \times 3} = \begin{pmatrix} a_{11} & a_{12} & a_{13} \\ a_{21} & a_{22} & a_{23} \\ a_{31} & a_{32} & a_{33} \end{pmatrix}$，按行优先

映射后的一维结构为 | a_{11} | a_{12} | a_{13} | a_{21} | a_{22} | a_{23} | a_{31} | a_{32} | a_{33} |，按列优先映射后的一维结构为 | a_{11} | a_{21} | a_{31} | a_{12} | a_{22} | a_{32} | a_{13} | a_{23} | a_{33} |。

1. 二维数组的寻址

假设有二维数组 $A[l_1 \cdots h_1][l_2 \cdots h_2]$，即第一维的维界为 $[l_1, h_1]$，第二维的维界为 $[l_2, h_2]$，元素 $a_{l_1 l_2}$ 的存储地址记为 $\text{loc}(a_{l_1 l_2})$，每个元素占 c 个存储单元，以行序为主序映

射，如图 4-15 所示。那么如何求解元素 a_{ij} 的存储地址？要求解元素 a_{ij} 的地址，需要计算 a_{ij} 之前存储的元素个数。

元素 a_{ij} 之前的元素可以分为整行元素和第 i 行的元素。$i-l_1$ 行的整行元素，即 $(i-l_1)\times(h_2-l_2+1)$ 个元素，第 i 行有 $j-l_2$ 个元素，共计 $(i-l_1)\times(h_2-l_2+1)+j-l_2$ 个元素，因此元素 a_{ij} 的存储地址为：

$$\mathrm{loc}(a_{ij}) = \mathrm{loc}(a_{l_1 l_2}) + ((i-l_1)\times(h_2-l_2+1)$$
$$+ j - l_2)\times c$$

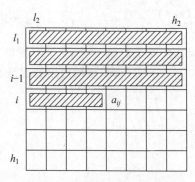

图 4-15 二维数组行优先寻址

用类似方法可以计算列优先时元素 a_{ij} 的存储地址为：

$$\mathrm{loc}(a_{ij}) = \mathrm{loc}(a_{l_1 l_2}) + ((j-l_2)\times(h_1-l_1+1) + i - l_1)\times c$$

2. 三维及三维以上数组的寻址

假设 n 维数组 $\boldsymbol{A}[l_1\cdots h_1, l_2\cdots h_2, \cdots, l_n\cdots h_n]$，第 i 维的维长为 $d_k = h_k - l_k + 1$，令 $j_k = i_k - l_k$，行优先存储时，元素 $a_{i_1 i_2 \cdots i_n}$ 的地址计算方法为：

$$\mathrm{loc}(a_{i_1 i_2 \cdots i_n}) = \mathrm{loc}(a_{l_1 l_2 \cdots l_n}) + [j_1 d_2 d_3 \cdots d_n + j_2 d_3 \cdots d_n + \cdots + j_{n-1}d_1 + j_n]\times c$$

由上式可知，对于多维数组中的任意下标处的元素，其存储地址可计算得到，因此多维数组按下标读取的时间复杂度为 $O(1)$，因此使用顺序存储结构存储多维数组时，可以实现直接存取或者随机存取。

4.5 矩阵的压缩存储

特殊矩阵（special matrix）指的是矩阵中有很多值相同的元素并且它们的分布有一定的规律，例如对称矩阵、三角矩阵、对角矩阵等。**稀疏矩阵**（sparse matrix）指的是矩阵中有很多零，或者非零元素相对于零元素来说很少，并且非零元素的分布没有规律。

4.5.1 特殊矩阵的压缩存储

1. 对称矩阵的压缩存储

对称矩阵为元素以主对角线为对称轴对应相等的方阵，即对于矩阵 $\boldsymbol{A}_{n\times n}$，满足 $a_{ij}=a_{ji}$（$1\leqslant i,j \leqslant n$），例如图 4-16 所示的矩阵。

对称矩阵的压缩存储只需要存储下三角（包括主对角线）或者上三角（包括主对角线）。对于 $\boldsymbol{A}_{n\times n}$ 的矩阵，如果不压缩存储需要存储 n^2 个元素；如果压缩存储，则只需要存储

$\dfrac{n(n+1)}{2}$ 个元素。将 $A_{n\times n}$ 压缩存储至一维数组 SA $\left[0\cdots\dfrac{n(n+1)}{2}-1\right]$ 中，特殊矩阵的寻址问题主要是根据元素 a_{ij} 的下标确定其在 SA 中的下标 k。假设采用行优先压缩存储对称矩阵的下三角，与多维数组的寻址类似，需要确定 a_{ij} 之前的元素个数，如图 4-17 所示。

$$A_{5\times 5}=\begin{bmatrix}1&5&1&3&7\\5&0&8&0&4\\1&8&9&2&6\\3&0&2&5&1\\7&4&6&1&3\end{bmatrix}$$

图 4-16　一个 5 阶的对称矩阵　　　　图 4-17　对称矩阵行优先压缩存储下三角示意图

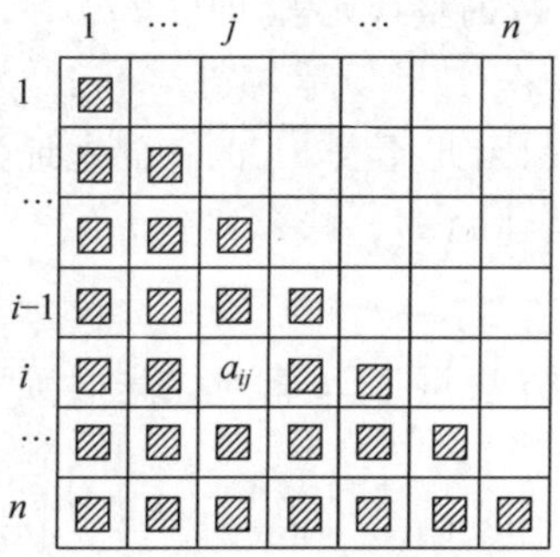

对称矩阵下三角的元素 $a_{ij}(i\geqslant j)$ 之前的元素可以分为两部分：前 $i-1$ 行元素和第 i 行元素。前 $i-1$ 行的元素个数为 $1+2+\cdots+i-1=\dfrac{i(i-1)}{2}$，第 i 行元素的个数为 $j-1$，总数为 $\dfrac{i(i-1)}{2}+j-1$。对于对称矩阵上三角的元素 $a_{ij}(i<j)$，虽然没有存储元素本身，但是可以访问与之对称的位于下三角的元素 a_{ji}。行优先压缩存储对称矩阵的下三角时，SA[k] 和 a_{ij} 的对应关系如下：

$$k=\begin{cases}\dfrac{i(i-1)}{2}+j-1 & i\geqslant j\\[2mm]\dfrac{j(j-1)}{2}+i-1 & i<j\end{cases}$$

注意：以上公式要求矩阵的行列下标从 1 开始，SA 的下标从 0 开始。

使用 C++语言描述对称矩阵的压缩存储算法时，由于二维数组的下标从 0 开始，因此需要做相应的变换。算法描述如下。

```
/*将对称矩阵 A 按行优先压缩存储下三角到一维数组 SA 中*/
void CompressMatrix(int A[][MaxSize], int SA[], int n) {
    for(i = 0; i < n; i++)
        for(j = 0; j <= i; j++)
            SA[i * (i + 1) / 2 + j] = A[i][j];
}

/*根据行列下标在一维数组 SA 中读取矩阵元素*/
int GetElement(int SA[], int i, int j, int n) {
    if(i < 0 || i >= n || j < 0 || j >= n)
        throw "参数非法";
    /*下三角元素*/
    if(i >= j)
```

```
        return SA[i * (i + 1) / 2 + j];
    /*上三角元素*/
    else
        return SA[j * (j + 1) / 2 + i];
}
```

详细代码可以参照 ch04\SymmetricMatrix 目录下的文件,运行结果如图 4-18 所示。

2. 三角矩阵的压缩存储

三角矩阵是一种特殊的方阵,下三角矩阵指的是主对角线以上的元素都为常数 c,上三角矩阵指的是主对角线以下的元素都为常数 c。图 4-19 中,图 4-19(a)为下三角矩阵,图 4-19(b)为上三角矩阵。

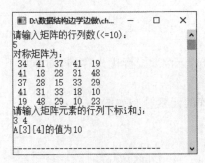

图 4-18　对称矩阵压缩存储的运行结果

$$\begin{pmatrix} 3 & c & c & c \\ 7 & 4 & c & c \\ 9 & 2 & 5 & c \\ 0 & 8 & 1 & 6 \end{pmatrix} \qquad \begin{pmatrix} 3 & 7 & 8 & 0 \\ c & 4 & 9 & 2 \\ c & c & 5 & 4 \\ c & c & c & 6 \end{pmatrix}$$

(a) 下三角矩阵　　(b) 上三角矩阵

图 4-19　三角矩阵

1) 下三角矩阵的压缩存储

下三角矩阵的压缩存储与对称矩阵压缩存储下三角类似。但是下三角矩阵需要多存一个常数 c,对于下三角矩阵 $\mathbf{A}_{n \times n}$,压缩存储时共需要存储 $\dfrac{n(n+1)}{2}+1$ 个元素,需要数组 $\mathrm{SA}\left[0 \cdots \dfrac{n(n+1)}{2}\right]$,通常将常数 c 存放到数组的最后一个单元 $\dfrac{n(n+1)}{2}$ 处。行优先压缩存储下三角矩阵时,$\mathrm{SA}[k]$ 和 a_{ij} 的对应关系如下:

$$k = \begin{cases} \dfrac{i(i-1)}{2}+j-1 & i \geqslant j \\ \dfrac{n(n+1)}{2} & i < j \end{cases}$$

使用 C++语言描述算法如下。

```
/*将下三角矩阵 A 压缩存储到一维数组 SA 中*/
void CompressMatrix(int A[][MaxSize], int SA[], int n) {
    for(i = 0; i < n; i++)
        for(j = 0; j <= i; j++)
            SA[i * (i + 1)/2 + j] = A[i][j];
    /*将常数 c 存储到数组 SA 中*/
    SA[n * (n + 1) / 2] = A[0][n - 1];
}
```

```
/* 根据行列下标在一维数组 SA 中读取矩阵元素 */
int GetElement(int SA[], int i, int j, int n) {
    if(i < 0 || i >= n || j < 0 || j >= n)
        throw "参数非法";
    /* 下三角元素 */
    if(i >= j)
        return SA[i * (i + 1) / 2 + j];
    /* 上三角元素 */
    else
        return SA[n * (n + 1) / 2];
}
```

详细代码可参照 ch04\LowerTriangularMatrix 目录下的文件，运行结果如图 4-20 所示。

2）上三角矩阵的压缩存储

上三角矩阵的压缩存储也需要存储 $\dfrac{n(n+1)}{2}+1$ 个元素，按行优先存储，同样将下三角的常数 c 存放到数组的 $\dfrac{n(n+1)}{2}$ 下标处。上三角矩阵的元素分布如图 4-21 所示。

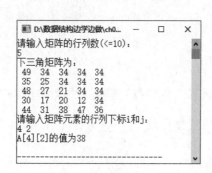

图 4-20　下三角矩阵压缩存储的
运行结果

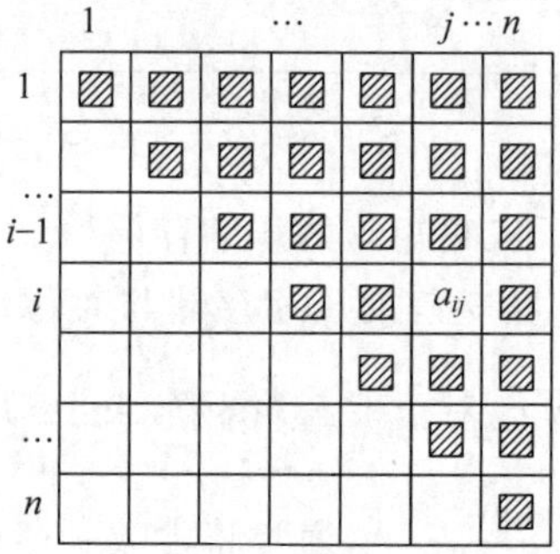

图 4-21　上三角矩阵行优先压缩
存储示意图

元素 a_{ij} 之前的元素分为两部分：前 $i-1$ 行元素和第 i 行元素。前 $i-1$ 行元素，元素个数为 $n+(n-1)+\cdots+(n-i+2)=\dfrac{i(i-1)(2n-i+2)}{2}$；第 i 行元素，元素个数为 $j-i$，总计 $\dfrac{i(i-1)(2n-i+2)}{2}+j-i$。行优先压缩存储上三角矩阵时，$SA[k]$ 和 a_{ij} 的对应关系如下：

$$k=\begin{cases}\dfrac{i(i-1)(2n-i+2)}{2}+j-i & i\leqslant j\\[2ex]\dfrac{n(n+1)}{2} & i>j\end{cases}$$

使用 C++语言描述算法如下。

```
/* 将上三角矩阵 A 压缩存储到一维数组 SA 中 */
void CompressMatrix(int A[][MaxSize], int SA[], int n) {
    for(i = 0; i < n; i++)
        for(j = i; j < n; j++)
            SA[i * (2 * n - i + 1) / 2 + j - i] = A[i][j];
    /* 将常数 c 存储到数组 SA 中 */
    SA[n * (n + 1) / 2] = A[n - 1][0];
}
```

```
/* 根据行列下标在一维数组 SA 中读取矩阵元素 */
int GetElement(int SA[], int i, int j, int n) {
    if(i < 0 || i >= n || j < 0 || j >= n)
        throw "参数非法";
    /* 上三角元素 */
    if(i <= j)
        return SA[i * (2 * n - i + 1) / 2 + j - i];
    /* 下三角元素 */
    else
        return SA[n * (n + 1) / 2];
}
```

详细代码可参照 ch04\UpperTriangularMatrix 目录下的文件,运行结果如图 4-22 所示。

3. 对角矩阵的压缩存储

对角矩阵的非零元素集中在以主对角线为中心的对称区域内,除了主对角线和其上下方的若干条对角线之外,其余的元素都是零,因此对角矩阵也称为带状矩阵。若主对角线及主对角线之上和主对角线之下的三条对角线的元素非零,其他元素为零,则称为三对角矩阵,例如 5 阶的三对角矩阵如图 4-23 所示。

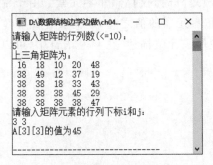

$$A_{5 \times 5} = \begin{pmatrix} a_{11} & a_{12} & 0 & 0 & 0 \\ a_{21} & a_{22} & a_{23} & 0 & 0 \\ 0 & a_{32} & a_{33} & a_{34} & 0 \\ 0 & 0 & a_{43} & a_{44} & a_{45} \\ 0 & 0 & 0 & a_{54} & a_{55} \end{pmatrix}$$

图 4-22 上三角矩阵压缩存储的运行结果　　　　图 4-23 5 阶的三对角矩阵

将 n 阶的三对角矩阵 $A_{n \times n}$ 按行优先压缩存储到一维数组中时,共需要存储 $3n-2$ 个非零元素。元素 a_{ij} 前的元素分为两部分:前 $i-1$ 行元素以及第 i 行元素。前 $i-1$ 行有 $3(i-1)-1$ 个元素;第 i 行从 $a_{i,i-1}$ 至 $a_{i,j-1}$ 有 $j-i+1$ 个元素,共计 $2i+j-3$ 个元素。因此三对角矩阵行优先压缩存储以后 a_{ij} 和 $SA[k]$ 的对应关系为 $k=2i+j-3$。算法描述如下。

```
/* 将三对角矩阵 A 压缩存储到一维数组 SA 中 */
void CompressMatrix(int A[][MaxSize], int SA[], int n) {
```

```
k = 0;
for(i = 0; i < n; i++)
    for(j = 0; j < n; j++) {
        if(A[i][j] != 0) {
            SA[k++] = A[i][j];
        }
    }
}
```

```
/* 根据行列下标在一维数组 SA 中读取矩阵元素 */
int GetElement(int SA[], int i, int j, int n) {
    if(i < 0 || i >= n || j < 0 || j >= n)
        throw "参数非法";
    if(abs(i - j) <= 1)
        return SA[2 * i + j];
    else
        return 0;
}
```

详细代码可参照 ch04\TripleDiagonalMatrix 目录下的文件，运行结果如图 4-24 所示。

注意：由于对称矩阵、下三角矩阵、上三角矩阵、对角矩阵压缩存储以后，都可以根据矩阵中元素 a_{ij} 的下标直接计算出其在一维数组 SA 中的下标，因此这些特殊矩阵压缩存储以后，仍然保留了随机存取的特点。

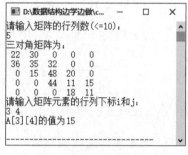

图 4-24　三对角矩阵压缩存储的
　　　　运行结果

4.5.2　稀疏矩阵的压缩存储

稀疏矩阵是零元素较多的矩阵。压缩存储稀疏矩阵时，仅存储非零元素。由于稀疏矩阵中的非零元素的分布没有规律，因此除了存储非零元素的值之外，还需要存储非零元素的位置，即其所处的行列值。每个非零元素可以使用三元组描述，在 C++ 语言中，可以使用结构体定义三元组。

```
template < class ElemType >
struct Triple{
    ElemType e;
    int i, j;
};
```

稀疏矩阵的**三元组表**（list of 3-tuples）是一个线性表，既可以采用顺序存储结构存储，也可以采用链式存储结构存储，采用顺序存储结构时称为**三元组顺序表**（sequential list of 3-tuples），采用链式存储结构时称为**十字链表**（orthogonal list）。

1. 三元组顺序表

1）构造三元组顺序表

稀疏矩阵可以使用类型为三元组 Triple 的一维数组来表示，除此之外，还需要同时存储稀疏矩阵的行数、列数、非零元的个数，描述如下。

```cpp
#define MaxSize 100
template < class ElemType >
struct SMatrix{
    Triple< ElemType > data[MaxSize + 1];   /* data[0]空置不用 */
    int m, n, t;                            /* 矩阵的行数,列数,非零元个数 */
};
```

三元组顺序表中的非零元一般按行优先的次序存储，例如稀疏矩阵 $A_{6\times7}$。

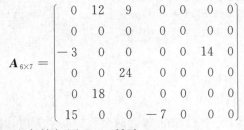

$$A_{6\times7} = \begin{bmatrix} 0 & 12 & 9 & 0 & 0 & 0 & 0 \\ 0 & 0 & 0 & 0 & 0 & 0 & 0 \\ -3 & 0 & 0 & 0 & 0 & 14 & 0 \\ 0 & 0 & 24 & 0 & 0 & 0 & 0 \\ 0 & 18 & 0 & 0 & 0 & 0 & 0 \\ 15 & 0 & 0 & -7 & 0 & 0 & 0 \end{bmatrix}$$

	i	j	e
1	1	2	12
2	1	3	9
3	3	1	−3
4	3	6	14
5	4	3	24
6	5	2	18
7	6	1	15
8	6	4	−7
⋮	⋮	⋮	⋮
MaxSize−1			
	6		
	7		
	8		

使用三元组顺序表压缩存储如图 4-25 所示。

构造三元组顺序表的算法使用 C++语言描述如下。

图 4-25　稀疏矩阵的三元组
顺序表

```cpp
/* 三元组顺序表的初始化 */
template < class ElemType >
void CreateSMatrix(SMatrix< ElemType > &M) {
    cout <<"请输入稀疏矩阵的行数 m: "<< endl;
    cin >> M.m;
    cout <<"请输入稀疏矩阵的列数 n: "<< endl;
    cin >> M.n;
    cout <<"请输入稀疏矩阵的非零元素的个数 t: "<< endl;
    cin >> M.t;
    int k;
    for(k = 1; k <= M.t; k++) {
        cout <<"请输入第"<< k <<"个非零元素所在的行,所在的列,值: "<< endl;
        cin >> M.data[k].i;
        cin >> M.data[k].j;
        cin >> M.data[k].e;
    }
}
```

2）三元组顺序表的普通转置算法

要在三元组顺序表上完成矩阵的转置需要完成以下工作。首先，三元组的行列值互换；其次，矩阵的行列值互换；最后，还需要将转置以后的三元组顺序表按行序排序。为了使转置以后的矩阵 A^{T} 对应的三元组顺序表也是按行序排序，可以对原矩阵 A 按列的顺序转置，算法描述如下。

```cpp
template < class ElemType >
void TransposeSMatrix(SMatrix< ElemType > M, SMatrix< ElemType > &T) {
    /* T 为 M 的转置矩阵 */
    T.m = M.n;
```

```
        T.n = M.m;
        T.t = M.t;
        if(T.t) {
            int q = 1;
            /* 按 M 的列的顺序进行转置 */
            for(int col = 1; col <= M.n; col++)
                /* 对 M 的每一列遍历一遍三元组顺序表 */
                for(int p = 1; p <= M.t; p++)
                    if(M.data[p].j == col) {
                        T.data[q].i = M.data[p].j;
                        T.data[q].j = M.data[p].i;
                        T.data[q].e = M.data[p].e;
                        q++;
                    }
        }
    }
```

此算法的时间复杂度为 $O(n \times t)$，当非零元的个数 $t \approx m \times n$ 时，时间复杂度为 $O(m \times n^2)$，效率较差。

3）三元组顺序表的快速转置算法

可以采用快速的三元组顺序表的转置算法，如果知道三元组顺序表中每一个三元组在转置之后的三元组顺序表中的正确位置，则可以按照三元组顺序表的次序转置。附设两个一维数组 cnum[n] 和 cpot[n]，其中，cnum[n] 标识每一列的非零元的个数，cpot[n] 记录每一列的第一个非零元在三元组顺序表中的正确位置，如果三元组顺序表下标从 1 开始（0 号舍弃不用），满足以下条件：

$$cpot[0] = 1$$
$$cpot[i] = cpot[i-1] + cnum[i-1]$$

例如前面的稀疏矩阵 $A_{6 \times 7}$，其对应的 cnum[n] 和 cpot[n] 的值如表 4-1 所示。

表 4-1　稀疏矩阵转置的辅助数组

col	cnum	cpot
0	2	1
1	2	3
2	2	5
3	1	7
4	0	8
5	1	8
6	0	9

快速转置算法描述如下。

```
/* 使用三元组顺序表存储稀疏矩阵时，快速转置方法 */
template < class ElemType >
void FastTransposeSMatrix(SMatrix < ElemType > M, SMatrix < ElemType > &T) {
    T.m = M.n;
```

```
        T.n = M.m;
        T.t = M.t;
        int cnum[MaxSize];                  /*每一列非零元个数*/
        int cpot[MaxSize];                  /*每一列第一个非零元在三元组顺序表中的位置*/
        int col, t, p, q;
        if(T.t) {
            for(col = 1; col <= M.n; col++)
                cnum[col] = 0;              /*每一列非零元个数初始化为0*/
            for(t = 1; t <= M.t; t++)
                cnum[M.data[t].j]++;
            cpot[1] = 1;
            /*后一列第一个非零元的位置等于
            前一列的第一个非零元的位置加前一列的非零元的个数*/
            for(col = 2; col <= M.n; col++)
                cpot[col] = cpot[col - 1] + cnum[col - 1];
            for(p = 1; p <= M.t; p++) {
                col = M.data[p].j;
                q = cpot[col];
                T.data[q].i = M.data[p].j;
                T.data[q].j = M.data[p].i;
                T.data[q].e = M.data[p].e;
                cpot[col]++;
            }
        }
    }
```

　　快速转置算法的时间复杂度为 $O(n+t)$，当 $t \approx m \times n$ 时，时间复杂度为 $O(m \times n)$，效率优于普通的转置算法。稀疏矩阵的压缩以及两种转置算法的详细代码可参照 ch04\SparseMatrix 目录下的文件，实验运行结果如图 4-26 所示。

2. 十字链表

　　三元组表也可以采用链式存储结构存储，此时链表的结点结构如图 4-27 所示。

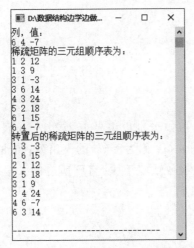

图 4-26　三元组顺序表的转置运行结果

图 4-27　十字链表的结点结构

结点结构定义如下：

```
template < class ElemType >
struct CrossNode{
    int i, j;
    ElemType e;
    CrossNode < ElemType > * down, * right;
};
```

其中，i 和 j 为非零元素的行列下标，e 为非零元素的值，down 为指向同一列的下一个非零元结点的指针，right 为指向同一行的下一个非零元的指针。

可以给十字链表添加行上的头指针和列上的头指针，例如稀疏矩阵 $A_{3 \times 4} = \begin{pmatrix} 3 & 0 & 0 & 5 \\ 0 & 1 & 0 & 0 \\ 2 & 0 & 0 & 0 \end{pmatrix}$，其对应的十字链表如图 4-28 所示。

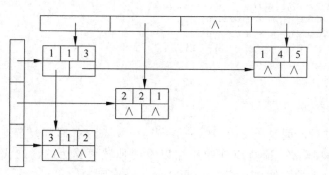

图 4-28　稀疏矩阵的十字链表

4.6 多维数组的应用

4.6.1 约瑟夫环问题

约瑟夫环是一个数学的应用问题。已知有 n 个人（分别以编号 $1, 2, 3, \cdots, n$ 表示）围坐在一张圆桌周围。从编号为 1 的人开始报数，数到 m（m 称为密码）的人出列；他的下一个人重新从 1 开始报数，数到 m 的人再出列；依此规律重复下去，直到所有的人全部出列。可以使用一维数组解决约瑟夫环问题，算法描述如下。

```
void Josephus( int n, int m) {
    if( n < 0 || m < 0)
        throw "参数 m 不合法!";
    / * 记录序号 * /
```

```
int r[MaxSize];
/* 报数 */
int k = 0;
/* 已出队的数 */
int j = 0;
/* 给数组赋初值 */
int i;
for(i = 0; i < n; i++)
    r[i] = i + 1;
i = 0;
cout << "出队次序为：";
while(i < n) {
    if(r[i] != 0) {
        k++;
    }
    /* 出队 */
    if(k == m) {
        k = 0;
        cout << r[i] << " ";
        r[i] = 0;
        j++;
    }
    /* 全部出队时退出循环 */
    if(j == n)
        break;
    i = (i + 1) % n;
}
}
```

详细代码可参照 ch04\Josephus 目录下的文件，
当人数 $n = 9$、密码 $m = 5$ 时的运行结果如图 4-29
所示。

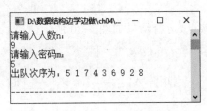

图 4-29　约瑟夫环的运行结果

4.6.2　求解矩阵的马鞍点

若矩阵 $\mathbf{A}_{m \times n}$ 中的某个元素 a_{ij} 是第 i 行的最小值，同时又是第 j 列的最大值，则称此
元素是该矩阵的一个马鞍点。矩阵可能存在一个或多个马鞍点，也可能不存在马鞍点。求
解矩阵中所有马鞍点的算法描述如下。

```
void GetSaddlePoint(int a[][MaxSize], int m, int n) {
    /* min 用于记录每一行的最小元素，每一行可能有多个最小元素 */
    /* flag 用于标识矩阵是否存在马鞍点 */
    int i, j, k, min, flag;
    for(i = 0; i < m; i++) {
        min = a[i][0];
        /* 找出 i 行中的最小值 */
        for(j = 0; j < n; j++)
```

```
        if(a[i][j] < min) {
            min = a[i][j];
        }
    /* 判断 min 是不是所在列的最大值 */
    for(j = 0; j < n; j++) {
        if(a[i][j] == min) {         /* 找出 i 行中所有最小值 */
            for(k = 0; k < m; k++)/* 对所有 min 进行列比较 */
                if(a[k][j] > min)
                    break;
            if(k == m) {     /* min 为马鞍点 */
                cout <<"该矩阵的马鞍点是：第"<< i <<"行,第"<< j <<"列,"<< a[i][j]<<
endl;
                flag = 1;
            }
        }
    }
}
if(flag == 0)
    cout <<"该矩阵没有马鞍点!"<< endl;
}
```

详细代码可参照 ch04\SaddlePoint 目录下的文

件，当矩阵 $A_{4×4} = \begin{bmatrix} 1 & 2 & 3 & 4 \\ 3 & 4 & 5 & 6 \\ 5 & 6 & 7 & 8 \\ 6 & 7 & 8 & 9 \end{bmatrix}$ 时，矩阵存在一个马

鞍点，运行结果如图 4-30 所示。

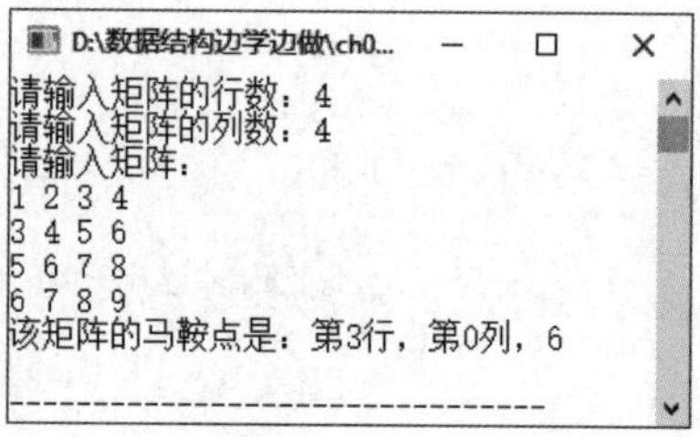

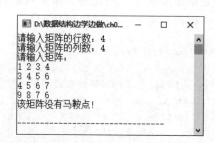

图 4-30 矩阵存在一个马鞍点的情况

当矩阵 $A_{4×4} = \begin{bmatrix} 1 & 2 & 3 & 4 \\ 3 & 4 & 5 & 2 \\ 5 & 5 & 8 & 5 \\ 4 & 1 & 3 & 3 \end{bmatrix}$ 时，矩阵存在多个马鞍点，运行结果如图 4-31 所示。

当矩阵 $A_{4×4} = \begin{bmatrix} 1 & 2 & 3 & 4 \\ 3 & 4 & 5 & 6 \\ 4 & 5 & 6 & 7 \\ 9 & 8 & 7 & 6 \end{bmatrix}$ 时，矩阵不存在马鞍点，运行结果如图 4-32 所示。

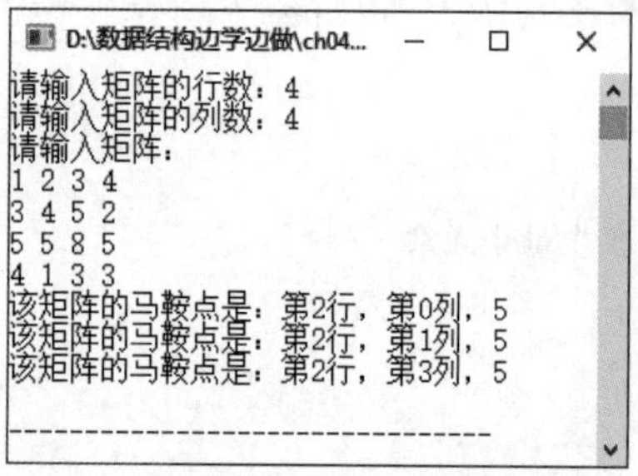

图 4-31 矩阵存在多个马鞍点的情况

图 4-32 矩阵不存在马鞍点的情况

4.6.3　螺旋方阵

螺旋方阵是指一个呈螺旋状的方阵,它的数字从1开始由第一行开始到右边不断变大,

向下变大,向左变大,向上变大,如此循环。例如,$A_{5\times5}=\begin{bmatrix} 1 & 2 & 3 & 4 & 5 \\ 16 & 17 & 18 & 19 & 6 \\ 15 & 24 & 25 & 20 & 7 \\ 14 & 23 & 22 & 21 & 8 \\ 13 & 12 & 11 & 10 & 9 \end{bmatrix}$为5阶的螺

旋方阵。如果呈螺旋状的矩阵的行列值不相等,则称其为螺旋矩阵。计算螺旋方阵特定下
标处的元素值的算法描述如下。

```
int calculate( int n, int i, int j) {
    int k = 0;
    int mini = i < n - i ? i : n - i;
    int minj = j < n - j ? j : n - j;
    int min = mini < minj ? mini : minj;
    int h;
    for(h = 0; h < min; ++h) {
        k += (n - 2 * h) * 4;
    }
    if(i == min) {
        k += j - min + 1;
    }
    else if(j == n - min) {
        k += (n - 2 * min) + (i - min) + 1;
    }
    else if(i == n - min) {
        k += (n - 2 * min) * 2 + (n - min - j) + 1;
    }
    else if(j == min) {
        k += (n - 2 * min) * 3 + (n - min - i) + 1;
    }
    return k;
}
```

生成螺旋方阵的详细代码可参照 ch04 \
SpiralMatrix 目录下的文件,4 阶的螺旋方阵如图 4-33
所示。

图 4-33　4 阶螺旋方阵的运行结果

4.6.4　幻方

幻方又称为魔方,最早起源于中国,宋代的数学家杨辉称之为纵横图。它是将数字安排在

正方形格子中,使每行、列、对角线上的数字之和均相等。例如 3 阶的幻方为

6	1	8
7	5	3
2	9	4

。

根据阶为奇数或偶数，可将幻方分为奇数阶幻方和偶数阶幻方。其中，偶数阶幻方又分为单偶阶幻方和双偶阶幻方。幻方的类型不同，生成的方法也不同。

1. 奇数阶幻方

奇数阶幻方可以采用"左上斜行法"生成，具体可分为以下几个步骤。

（1）将 1 填写到第一行的正中间的位置。

（2）将幻方想象成上下、左右相连接。每次往左上角走一步，填写的数加 1，此时会有以下三种情况。

第一种情况，左上角超出上边界，则在最下边的相对应原位置填下一个数，如图 4-34 所示。

第二种情况，左上角超出左边界，则在最右边的相应的位置填下一个数，如图 4-35 所示。

第三种情况，如果按照上述的方法所找的位置已经有数，则在原位置的同一列的下一行填下一个数，如图 4-36 所示。

图 4-34　左上角超出上边界的情况

图 4-35　左上角超出左边界的情况

图 4-36　位置已被占的情况

求解奇数阶幻方的算法描述如下。

```cpp
void MagicSquresOdd(int a[][MaxSize], int n) {
    int i, j, k;
    i = 0;
    j = n/2;
    a[i][j] = 1;
    for(k = 2; k <= n * n; k++) {
        int ti, tj;
        ti = i;
        tj = j;
        i = (i - 1 + n) % n;
        j = (j - 1 + n) % n;
        if(a[i][j] > 0) {
            i = (ti + 1) % n;
            j = tj;
        }
        a[i][j] = k;
    }
}
```

详细代码可参照 ch04 \ MagicSquares \ Magic-SquaresOddMain.cpp 文件，当 $n=5$ 时的运行结果如图 4-37 所示。

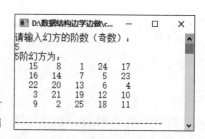

图 4-37　5 阶幻方的运行结果

2．双偶阶幻方

单偶阶幻方指的是 n 为整数，可以被 2 整除，但是不能被 4 整除，例如 6 阶、10 阶、14 阶等。双偶阶幻方指的是 n 为整数，并且可以被 4 整除，例如 4 阶、8 阶、12 阶等。在求解双偶阶幻方时，需要用到互补的概念。如果两个数字的和等于幻方最大数和最小数的和，即 n^2+1，则称为互补。双偶阶幻方求解可分为以下步骤：

（1）先把数字从 1 开始按从上到下，从左到右的顺序填好，以 8 阶幻方为例，如图 4-38 所示。

（2）将 n 阶幻方按 4×4 分割成若干小方阵，每个小方阵的主对角线和次对角线上的元素替换成其互补的值，即为所求得的幻方，如图 4-39 所示。

1	2	3	4	5	6	7	8
9	10	11	12	13	14	15	16
17	18	19	20	21	22	23	24
25	26	27	28	29	30	31	32
33	34	35	36	37	38	39	40
41	42	43	44	45	46	47	48
49	50	51	52	53	54	55	56
57	58	59	60	61	62	63	64

图 4-38　8 阶幻方的初始填充值

64	2	3	61	60	6	7	57
9	55	54	12	13	51	50	16
17	47	46	20	21	43	42	24
40	26	27	37	36	30	31	33
32	34	35	29	28	38	39	25
41	23	22	44	45	19	18	48
49	15	14	52	53	11	10	56
8	58	59	5	4	62	63	1

图 4-39　替换互补值以后的 8 阶幻方

求解双偶阶幻方的算法描述如下。

```
/* 判断下标为 i, j 处的元素是否需要取补 */
int judge(int i, int j) {
    int flag = 0;
    /* 主对角线上的元素 */
    if(i == j) return 1;
    /* 主对角线以下小方阵上主对角线上的元素 */
    else if(i > j && (i - j) % 4 == 0)
        return 1;
    /* 主对角线以上小方阵上主对角线上的元素 */
    else if(j > i && (j - i) % 4 == 0)
        return 1;
    /* 小方阵上次对角线上的元素 */
    else if((i + j + 1) % 4 == 0)
        return 1;
    else
        return 0;
}

/* 双偶阶幻方的构造方法 */
void MagicSquresDoubleEven(int a[][MaxSize], int n) {
    int i, j;
    /* 初始化幻方 */
    /* 将 1~n*n 的数顺次填写到幻方中 */
    int k = 1;
```

```
for(i = 0; i < n; i++)
    for(j = 0; j < n; j++)
        a[i][j] = k++;
for(i = 0; i < n; i++) {
    for(j = 0; j < n; j++) {
        if(judge(i, j) == 1)
            a[i][j] = n*n + 1 - a[i][j];
    }
}
}
```

详细代码可参照 ch04\MagicSquares\MagicSquaresDoubleEvenMain.cpp 文件，当 $n =$ 8 时的运行结果如图 4-40 所示。

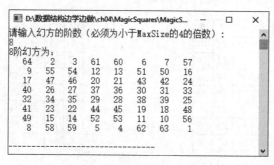

图 4-40   8 阶双偶阶幻方的运行结果

4.7   小结

- 字符串是元素类型和操作都比较特殊的线性表。
- 字符串包括求长度、取字符、求子串、连接字符串、模式匹配等运算，其中，字符串的模式匹配是比较重要的操作。
- BF 算法是朴素的模式匹配算法，思想简单，容易实现。
- KMP 算法是针对 BF 算法匹配时主串和模式指针都回溯而提出的改进算法。KMP 算法在匹配过程中主串指针不回溯。使用 KMP 算法进行模式匹配时必须先计算模式的 next() 函数。
- KMP 算法的时间复杂度为 $O(m+n)$。
- 字符串的其他应用还包括凯撒密码、统计文本文件中的单词个数、找词游戏、变位词判断、求字符串的最长公共子序列等。
- 特殊矩阵包括对称矩阵、下三角矩阵、上三角矩阵和对角矩阵等。
- 特殊矩阵压缩存储以后，元素的下标和压缩之前的元素下标之间存在对应关系，因此仍保留着随机存取的特点。
- 稀疏矩阵可以采用存储三元组的方法压缩存储。因为三元组顺序表中的元素下标和稀疏矩阵中的元素下标之间不存在对应关系,因此稀疏矩阵压缩存储以后已经失去了随机存取的特点。

- 多维数组的应用还包括约瑟夫环问题、马鞍点问题、螺旋方阵及幻方问题等。

习题

1. 选择题

(1) 下面关于字符串的描述中,(　　)是不正确的。

    A. 字符串是字符的有限序列

    B. 空串是由空格构成的串

    C. 模式匹配是字符串的一种重要运算

    D. 字符串既可以采用顺序存储,也可以采用链式存储

(2) 若字符串 S = "software",则其子串的数目为(　　)。

    A. 8　　　　　　　　B. 37　　　　　　　　C. 36　　　　　　　　D. 9

(3) 字符串的长度是指(　　)。

    A. 字符串中所包含的不同字母的个数

    B. 字符串中所包含的字符的个数

    C. 字符串中所包含的不同字符的个数

    D. 字符串中所包含的非空格字符的个数

(4) 字符串是一种特殊的线性表,其特殊性主要表现在(　　)。

    A. 数据元素类型是字符　　　　　　　　B. 可以顺序存储

    C. 数据元素可是多个字符　　　　　　　　D. 可以链式存储

(5) 特殊矩阵指的是(　　)。

    A. 对称矩阵　　　　　B. 对角矩阵　　　　　C. 三角矩阵　　　　D. 以上都正确

(6) 将数组称为随机存取结构是因为(　　)。

    A. 数组元素是随机的

    B. 对数组任一元素的存取时间是相等的

    C. 随时可以对数组进行访问

    D. 数组的存储结构是不定的

(7) 二维数组 A 的每个元素是由 4 字符组成的串,行下标的范围为 0~8,列下标的范围为 0~9,则存放 A 至少需要(　　)字节。

    A. 90　　　　　　　　B. 180　　　　　　　　C. 240　　　　　　　　D. 360

(8) 设有一个 10 阶的对称矩阵 A,采用行优先压缩存储下三角,行列下标都从 1 开始,如果第 1 行第 1 列的元素的存储地址是 1,每个元素占 1 个地址空间,则第 8 行第 5 列的元素的地址是(　　)。

    A. 13　　　　　　　　B. 33　　　　　　　　C. 18　　　　　　　　D. 40

（9）设有一个 10 阶的三对角矩阵 A，将 A 采用行优先压缩存储到一维数组 $B[28]$ 中，矩阵 A 的行列下标都从 1 开始，B 的下标从 0 开始，则 A 中第 7 行第 6 列的元素在 B 中的下标为（　　）。

    A. 16　　　　　　B. 17　　　　　　C. 18　　　　　　D. 19

（10）已知 $N\times N$ 阶的对称矩阵 A，将下三角（包括对角线）以行序优先存储到一维数组 $T[N(N+1)/2]$ 中，则对任意一个上三角元素 $a[i][j]$ 对应的元素 $T[k]$ 的下标 k 是（　　）。

    A. $\dfrac{i(i-1)}{2}+j-1$　　　　　　　　B. $\dfrac{j(j-1)}{2}+i-1$

    C. $\dfrac{i(j-i)}{2}+1$　　　　　　　　D. $\dfrac{j(i-1)}{2}+1$

2. 填空题

（1）二维数组 A 中行下标是 10~20，列下标是 5~10，按行优先存储，每个元素占 4 个存储单元，$A[10][5]$ 的存储地址是 1000，则元素 $A[15][10]$ 的存储地址是（　　）。

（2）设有一个 10 阶的对称矩阵 A 压缩存储下三角，行优先，$A[0][0]$ 为第一个元素，其存储地址为 d，每个元素占用 1 个地址空间，则元素 $A[8][5]$ 的存储地址为（　　）。

（3）给定两个字符串 S 和 T，在 S 中寻找 T 的过程称为（　　）。

（4）假设模式为 $T=\text{"ababc"}$，则 T 的 next 值为（　　）。

（5）两个字符串相等的充要条件是（　　）。

（6）假设主串的长度为 n，模式串的长度为 m，则 KMP 算法的时间复杂度为（　　）。

（7）数组采用（　　）存储结构最合适。

（8）设二维数组 A 的行和列的下标范围分别是 0~8 和 0~10，每个元素占 2 个存储单元，按行优先顺序存储，第一个元素的存储地址起始位置为 d，则存储位置为 $d+50$ 的元素的行下标为（　　），列下标为（　　）。

（9）稀疏矩阵的压缩存储方法有两种，分别是（　　）和（　　）。

（10）数组是一个具有固定格式和数量的数据集合，除了初始化和销毁之外，在数组中通常有两种操作，分别是（　　）和（　　）。

3. 判断题

（1）KMP 算法的特点是在模式匹配时主串的指针不回溯。（　　）

（2）两个长度不相同的字符串有可能相等。（　　）

（3）设模式串的长度为 m，主串的长度为 n，当 $n\approx m$ 并且处理只匹配一次的模式时，朴素的模式匹配算法的时间代价可能更为节省。（　　）

（4）特殊矩阵压缩存储后，仍然保留了随机存储功能。（　　）

（5）使用三元组表示稀疏矩阵的元素一定可以节省空间。（　　）

（6）稀疏矩阵压缩存储后，必会失去随机存取功能。（　　）

（7）数组可以看作线性结构的推广，因此和线性表一样，可以对它进行插入、删除等操作。（　　）

（8）使用三元组表存储稀疏矩阵的元素，有时并不能节省存储空间。（　　）

（9）将数组称为随机存取结构是因为可以随时对数组进行存取访问。（　　）

（10）空格串是包含一个或多个空格的字符串。（　　　）

4．问答题

（1）三维数组 $A[1:10,-2:6,2:8]$ 的每个元素的长度为 4 个字节,该数组要占用多少个字节? 如果数组元素以行优先的顺序存储,假设第一个元素的首地址是 100,试求元素 $A[5,0,7]$ 的存储地址。

（2）二维数组 $A[0:8,1:10]$ 的元素是 6 个字符组成的字符串,试回答以下问题。

① 存放 A 至少需要多少个字节?

② A 的第 8 列和第 5 行共需要占用多少字节?

③ 若 A 按行优先顺序存储,则元素 $A[8,5]$ 的起始地址与当 A 按列优先顺序存储时的哪个元素的起始地址相同?

（3）设有三维数组 $A[c_1:d_1,c_2:d_2,c_3:d_3]$,其中 $c_i:d_i$ 是第 i 维的界偶,如果该数组按行优先存储,每个元素占 L 个单元,并且 $A[c_1,c_2,c_3]$ 的地址为 a_0,试推导 $A[i_1,i_2,i_3]$ 的存储地址。

（4）假设有 $n\times n$ 阶矩阵,n 为奇数,只有主对角线和次对角线上的元素为非零元素,表示为:

$$A=\begin{bmatrix} a_{11} & 0 & \cdots & 0 & a_{1n} \\ 0 & a_{22} & \cdots & a_{2,n-1} & 0 \\ \vdots & \vdots & \ddots & \vdots & \vdots \\ 0 & \cdots & a_{\frac{n+1}{2},\frac{n+1}{2}} & \cdots & 0 \\ 0 & a_{n-1,2} & \cdots & a_{n-1,n-1} & 0 \\ a_{n1} & \cdots & \cdots & 0 & a_{nn} \end{bmatrix}$$

如果用一维数组 B 按行优先次序存储 A 中的非零元素,则:

① 求 A 中非零元素的行下标和列下标的关系;

② 给出 A 中非零元素 a_{ij} 的下标 (i,j) 与 B 中元素的下标 k 的关系。

5．算法设计题

（1）5×5 阶的蛇形矩阵为 $\begin{bmatrix} 1 & 2 & 6 & 7 & 15 \\ 3 & 5 & 8 & 14 & 16 \\ 4 & 9 & 13 & 17 & 22 \\ 10 & 12 & 18 & 21 & 23 \\ 11 & 19 & 20 & 24 & 25 \end{bmatrix}$,设计算法生成 $n\times n$ 阶的蛇形矩阵。

（2）对于一个整型二维数组 $r[n][n]$,试编写算法,通过行变换使其按每行元素的平均值递增排序。

第5章

树和二叉树

树状结构是一种典型的非线性逻辑结构,常用的树状结构包括树和二叉树。树状结构中数据元素之间为一对多的关系,也可以表示成层状关系。树状结构在现实生活中的应用十分广泛,例如族谱、计算机中的文件组织、部门结构等。

树和二叉树同属于树状结构。二叉树的子树若不为空,则严格区分左右。二叉树的物理结构包括顺序存储结构、二叉链表、三叉链表。其中,二叉链表的使用最为广泛。二叉树的操作主要有初始化、销毁、前序遍历、中序遍历、后序遍历和层次遍历等。

5.1 树的逻辑结构

5.1.1 树的基本术语

1. 树的定义

在树中一般把数据元素称为**结点**(node)。

树(tree)是 $n(n \geqslant 0)$ 个结点组成的有限集合。当 $n = 0$ 时,称为**空树**。当 $n > 0$ 时为非空树,需同时满足以下条件:

(1) 有且仅有一个特定的称为**根**(root)的结点;

(2) 当 $n > 1$ 时,除了根结点之外,其余的结点可以划分成 $m(m \geqslant 1)$ 个互不相交的有限集合 $T_1, T_2, \cdots, T_m$,其中每个集合又是一棵树,并且称为根结点的**子树**(subtree)。

树是采用递归方式定义的。如图 5-1 所示,图 5-1(a)是一棵树,图 5-1(b)不是树,因为除了根之外的其余结点不能划分成互不相交的集合。

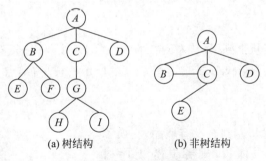

(a) 树结构　　　　　(b) 非树结构

图 5-1　树结构和非树结构示例

2. 基本术语

1) 结点的度、树的度

结点所具有的子树的棵数,称为结点的度(degree)。树中最大的结点的度称为树的度。例如图 5-1(a)所示的树,结点 B 的度为 2,结点 A 的度为 3,树的度为 3。

2) 叶子结点、分支结点

度为 0 的结点称为叶子结点(leaf node),也称为终端结点;度不为 0 的结点称为分支结点(branch node),也称为非终端结点。图 5-1(a)所示的树中,结点 E、F、H、I、D 为叶子结点,其他结点为分支结点。

3) 孩子结点、双亲结点

某结点子树的根结点称为该结点的孩子结点(children node),该结点是孩子结点的双亲结点(parent node)。图 5-1(a)所示的树中,结点 B、C、D 是结点 A 的孩子结点,结点 A 是结点 B、C、D 的双亲结点。

4) 兄弟结点、党兄弟结点

具有同一个双亲的结点互称为兄弟结点(brother node),双亲互为兄弟的结点为堂兄弟结点。图 5-1(a)所示的树中,结点 B、C、D 为兄弟结点,结点 E 和 G 为堂兄弟结点。

5) 路径、路径长度

如果树的结点序列 $a_1, a_2, \cdots, a_n$ 满足以下关系:结点 a_i 是结点 a_{i+1} 的双亲($1 \leqslant i < n$),即序列中相邻的两个结点,前一个是后一个的双亲,则把序列 $a_1, a_2, \cdots, a_n$ 称为结点 a_1 至结点 a_n 的路径(path)。路径上经过的分支数称为路径长度(path length)。树中任意两个结点之间如果存在路径,则路径是唯一的。图 5-1(a)所示的树中,从结点 A 到结点 I 的路径是 A、C、G、I,路径长度是 3。

6) 祖先、子孙

如果从结点 x 到结点 y 存在路径,则结点 x 是结点 y 的祖先(ancestor),结点 y 是结点 x 的子孙(descendant)。显然,一个结点的子树中所有的结点都是该结点的子孙,该结点是子树中所有结点的祖先。

7) 结点的层数、树的深度(高度)

根结点所在的层为第 1 层,对其余结点,若结点在第 k 层上,则其孩子在第 $k+1$ 层上。树中所有结点的最大的层数为树的深度(depth),也称为树的高度。图 5-1(a)所示的树的深度为 4。

8）结点的层序编号

将树中的结点按照从上到下、从左到右的顺序从 1 开始采用连续的自然数编号，得到的编号称为结点的层序编号（level code）。图 5-1（a）所示的树中，结点 A 的层序编号为 1，结点 E 的层序编号为 5。

9）有序树、无序树

如果一棵树的子树从左到右没有顺序，交换子树的顺序，仍然是同一棵树，则称其为无序树（unordered tree）。如果一棵树的子树从左到右是有顺序的，交换子树的顺序，则和原树不再是同一棵树，则称其为有序树（ordered tree）。例如图 5-2 所示的两棵树，如果两棵树都是无序树，则两棵树是同一棵树。如果都是有序树，则不是同一棵树。"数据结构"课程中讨论的一般都是有序树。

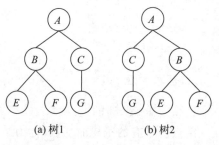

(a) 树1　　　(b) 树2

图 5-2　有序树和无序树示例

10）森林

$m（m \geq 0）$棵互不相交的树构成的集合称为森林（forest）。任何一棵非空树，根结点的子树可以看作一个森林。例如图 5-1（a）所示的树中，根结点 A 的 3 棵子树可以看作一个森林。

5.1.2　树的抽象数据类型定义

树的应用非常广泛，在不同的场合下的抽象数据类型不同，此处只给出最基本的操作。

树的抽象数据类型定义为：

ADT Tree{

　　数据对象：

　　　　$D = \{a_i | a_i \in \text{ElemSet}, i = 1, 2, \cdots, n, n \geq 0\}$

　　数据关系：

　　　　结点之间具有一对多的关系，根结点无双亲，叶子结点无孩子，其他结点只有一个双亲和多个孩子；

　　基本运算：

　　　　InitTree：初始化空树；

　　　　DestroyTree：销毁树；

　　　　PreOrder：先序遍历树；

　　　　PostOrder：后序遍历树；

　　　　LevelOrder：层序遍历树；

　　};

5.1.3 树的遍历

树的遍历指的是从根结点出发,将所有结点访问一次且仅访问一次。访问指的是对结点进行的某种抽象操作,此处简化为对结点数据的输出。树的遍历实际上是在非线性结构的基础上得到线性序列,因此访问次序尤其重要。按照访问次序,树的遍历分为前序遍历、后序遍历和层序遍历。

1. 前序遍历

树的前序遍历操作为:若树为空,则空操作返回,否则

(1) 访问根结点;

(2) 按照从左到右的顺序前序遍历根结点的每一棵子树。

例如图 5-1(a)所示的树,其前序遍历序列为 $A\,B\,E\,F\,C\,G\,H\,I\,D$,前序遍历序列中根在最前面,任意一个结点肯定出现在其子树结点的前面。

2. 后序遍历

树的后序遍历操作为:若树为空,则空操作返回,否则

(1) 按照从左到右的顺序后序遍历根结点的每一棵子树;

(2) 访问根结点。

例如图 5-1(a)所示的树,其后序遍历序列为 $E\,F\,B\,H\,I\,G\,C\,D\,A$,后序遍历序列中根在最后面,任意一个结点肯定出现在其子树结点的后面。

3. 层序遍历

树的层序遍历操作定义为按照结点从上到下、从左到右的次序访问结点,或者按照结点的层序编号访问结点。例如图 5-1(a)所示的树,其层序遍历序列为 $A\,B\,C\,D\,E\,F\,G\,H\,I$。

5.2 树的存储结构

树的存储结构需要存储结点的信息以及结点之间的逻辑关系,即结点之间的双亲与孩子的逻辑关系。

5.2.1 双亲表示法

树中的每个结点都有且仅有一个双亲结点,使用一维数组来表示树,数组的每一个元素是一个 PNode,对应树的结点,PNode 结点包括数据域 data 以及结点的双亲在一维数组

下标	data	parent
0	A	-1
1	B	0
2	C	0
3	D	0
4	E	1
5	F	1
6	G	2
7	H	6
8	I	6

图 5-3　树的双亲
表示法

中的下标 parent。结点在一维数组中按层序编号排序。PNode 定义如下。

```
template < class ElemType >
struct PNode{
    ElemType data;
    int parent;
};
```

例如图 5-1(a)所示的树,其对应的双亲表示法如图 5-3 所示。

在树的双亲表示法中,求已知结点的双亲非常方便,但是求结点的孩子则需要遍历一维数组。

5.2.2　孩子链表表示法

因为树中每个结点的孩子数目不确定,因此可以将每个结点所有的孩子使用单链表表示,将 n 个结点的孩子链表的头指针存储到一维数组中,n 个结点的数据域也存储到一维数组中,此一维数组称为表头数组,表头数组的每个元素为表头结点。则孩子结点和表头结点的结构如图 5-4 所示。

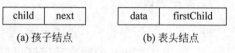

(a) 孩子结点　　　　　(b) 表头结点

图 5-4　孩子链表表示法的结点结构

孩子结点和表头结点的结构定义如下。

```
struct CNode{
    int child;             /* 孩子结点在表头数组中的下标 */
    CNode * next;          /* 双亲的下一个孩子 */
};
template < class ElemType >
struct HNode{
    ElemType data;         /* 数据域,存储结点的数据信息 */
    CNode * firstChild;    /* 表头结点的第一个孩子 */
};
```

例如图 5-1(a)所示的树,其孩子链表表示法如图 5-5 所示。

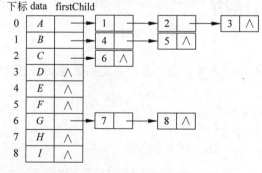

图 5-5　树的孩子链表表示法

5.2.3　孩子兄弟表示法

树的孩子兄弟表示法又称为二叉链表表示法,链表中的每个结点除了数据域外,还包括两个指针域,分别指向结点的第一个孩子和右兄弟,链表的结点结构如图5-6所示。

firstChild	data	rightSib

图 5-6　孩子兄弟表示法的
结点结构

其中,data 为数据域,用于存储该结点的数据信息;firstChild 为指向第一个孩子结点的指针;rightSib 为指向右兄弟的指针。结点定义如下。

```
template < class ElemType >
struct CSNode{
    ElemType data;
    CSNode < ElemType > * firstChild, * rightSib;
};
```

图 5-1(a)所示的树的孩子兄弟表示法如图5-7所示。

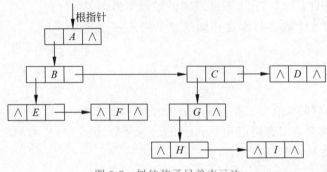

图 5-7　树的孩子兄弟表示法

5.3　二叉树的逻辑结构

二叉树(binary tree)是另一种重要的树状结构,因其结构相对简单,因此具有更广泛的应用。一般可以将树的问题转化成二叉树的问题进行处理。

5.3.1　二叉树的定义

二叉树采用递归方式定义。二叉树是 $n(n \geq 0)$ 个结点的有限集合。当 $n=0$ 时为空二叉树。当 $n>0$ 时,有且仅有一个称为根的结点;除了根结点之外,其余的结点可以分为互不相交的两部分,这两部分又分别是一棵二叉树,并且称为根的左子树和右子树。

二叉树和树是两种不同的树状结构。二叉树的度最大为 2，当二叉树中某个结点只有一棵子树时，须严格区分是左子树还是右子树。二叉树的基本形态有五种，如图 5-8 所示。

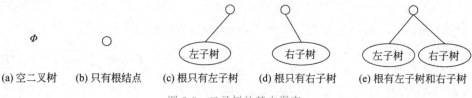

(a) 空二叉树　　(b) 只有根结点　　(c) 根只有左子树　　(d) 根只有右子树　　(e) 根有左子树和右子树

图 5-8　二叉树的基本形态

斜树、满二叉树、完全二叉树是几种特殊的二叉树。

1. 斜树

斜树（oblique tree）分为**左斜树**（left oblique tree）和**右斜树**（right oblique tree）。左斜树是所有的分支结点都只有左子树的二叉树，右斜树是所有的分支结点都只有右子树的二叉树，例如，图 5-9(a) 为左斜树，图 5-9(b) 为右斜树。

斜树的每一层只有一个结点，因此斜树的结点个数与其深度相同。但是结点个数与其深度相同的二叉树不一定是斜树。

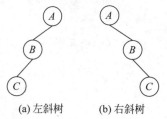

(a) 左斜树　　(b) 右斜树

图 5-9　斜树

2. 满二叉树

如果一棵二叉树的所有分支结点都存在左子树和右子树，并且所有的叶子结点都在同一层上，则此二叉树是**满二叉树**（full binary tree）。例如，图 5-10(a) 为满二叉树，图 5-10(b) 不是满二叉树，因为其叶子结点不在同一层上。

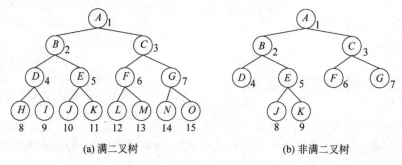

(a) 满二叉树　　　　　　　　　　(b) 非满二叉树

图 5-10　满二叉树和非满二叉树

满二叉树的特点包括：
(1) 所有的叶子结点都在同一层；
(2) 只有度为 0 和度为 2 的结点。

3. 完全二叉树

对具有 n 个结点的二叉树进行层序编号，如果编号为 $i(1 \leqslant i \leqslant n)$ 的结点与同样深度的

满二叉树中编号为 i 的结点的位置完全相同,则这棵二叉树为**完全二叉树**(complete binary tree)。例如,图 5-11(a)为完全二叉树,图 5-11(b)不是完全二叉树,因为 6 号结点的位置和满二叉树中的 6 号结点的位置不同。

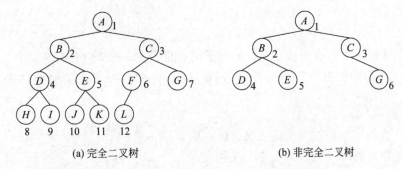

(a) 完全二叉树　　　　　　　　　　(b) 非完全二叉树

图 5-11　完全二叉树和非完全二叉树

显然,满二叉树一定是完全二叉树,但完全二叉树不一定是满二叉树。

完全二叉树的特点包括:

(1) 叶子结点只能出现在最下两层,并且最后一层的叶子集中出现在左侧位置。

(2) 最多有一个度为 1 的结点,而且该结点只有左孩子,没有右孩子。

完全二叉树也可以看作在满二叉树的最后一层从右至左连续去掉若干个结点。

5.3.2　二叉树的性质

性质 1　二叉树的第 $i(i>0)$ 层上最多有 2^{i-1} 个结点。

证明:可以采用数学归纳法证明。

当 $i=1$ 时,只有一个根结点,$2^{i-1}=2^0=1$,结论成立。

假设当 $i=k$ 时结论成立,即第 k 层上最多有 2^{k-1} 个结点,当第 k 层的每个结点都有左右两个孩子时,第 $k+1$ 层的结点数最多,即 $2^{k-1}\times2=2^k$,则当 $i=k+1$ 时,结论也成立。因此,结论成立。

性质 2　深度为 $k(k>0)$ 的二叉树中,最多有 2^k-1 个结点,最少有 k 个结点。

证明:由性质 1 可知,二叉树的第 i 层上最多有 2^{i-1} 个结点,则深度为 k 的二叉树,只要每一层的结点数最多,则二叉树的结点总数最多。

$$\sum_{i=1}^{k}2^{i-1}=2^k-1$$

深度为 k 的二叉树每层至少有一个结点,因此最少有 k 个结点。

性质 3　在一棵非空的二叉树中,如果叶子结点的个数为 n_0,度为 2 的结点的个数为 n_2,则 $n_0=n_2+1$。

证明:假设二叉树的结点总数为 n,度为 1 的结点总数为 n_1,因为二叉树中所有结点的度都小于等于 2,因此

$$n=n_0+n_1+n_2 \tag{5-1}$$

假设二叉树的分支总数为 B,树状结构的分支总数等于各个结点的度数之和,因此

$$B = 0 \times n_0 + n_1 \times 1 + n_2 \times 2 = n_1 + 2n_2 \qquad (5\text{-}2)$$

又因为在非空的树状结构中，结点个数总是比分支个数多一个，即

$$n = B + 1$$

由式(5-1)和式(5-2)可得：

$$n_0 = n_2 + 1$$

例 5-1 具有 n 个结点的满二叉树的叶子结点和度为 2 的结点各有多少个？

因为满二叉树中没有度为 1 的结点，因此 $n_0 + n_2 = n$，根据二叉树的性质可知 $n_0 = n_2 + 1$，因此 $n_0 = \dfrac{n+1}{2}$，$n_2 = \dfrac{n-1}{2}$。

性质 4 具有 n 个结点的完全二叉树的深度为 $\lfloor \mathrm{lb}n \rfloor + 1$。

证明：假设具有 n 个结点的完全二叉树的深度为 k，完全二叉树的最后一层的结点个数最少是 1 个，最多是满二叉树的状态，如图 5-12 所示。

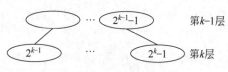

图 5-12 深度为 k 的完全二叉树的结点数范围

由图 5-12 可知下式成立：

$$2^{k-1} \leqslant n < 2^k$$

对不等式取对数：

$$k - 1 \leqslant \mathrm{lb}n < k$$

即

$$\mathrm{lb}n < k < \mathrm{lb}n + 1$$

由于 k 取正整数，所以 $k = \lfloor \mathrm{lb}n \rfloor + 1$。

性质 5 对一棵具有 n 个结点的完全二叉树从 1 开始进行层序编号，则对于任意的编号为 $i(1 \leqslant i \leqslant n)$ 的结点(简称为结点 i)，有：

(1) 如果 $i > 1$，则结点 i 的双亲的编号为 $\lfloor i/2 \rfloor$，否则 i 是根结点，无双亲。

(2) 如果 $2i \leqslant n$，则结点 i 的左孩子的编号为 $2i$，否则结点 i 无左孩子。

(3) 如果 $2i + 1 \leqslant n$，则结点 i 的右孩子的编号为 $2i + 1$，否则结点 i 无右孩子。

证明：此性质可使用数学归纳法证明，感兴趣的读者可自行完成。

5.3.3 二叉树的抽象数据类型定义

相对于树来说，二叉树的应用更广泛，在不同的场合下的抽象数据类型定义不同，此处只给出二叉树最基本的操作。抽象数据类型定义为：

ADT BiTree{

    数据对象：

        $D = \{a_i \mid a_i \in \mathrm{ElemSet}, i = 1, 2, \cdots, n, n \geqslant 0\}$

    数据关系：

        结点之间具有一对多的关系，根结点无双亲，叶子结点无孩子，其他结点只有一个双亲，最多有左、右两个孩子；

    基本运算：

InitBiTree：初始化二叉树；

DestroyBiTree：销毁二叉树；

PreOrder：先序遍历二叉树；

InOrder：中序遍历二叉树；

PostOrder：后序遍历二叉树；

LevelOrder：层序遍历二叉树；

};

5.3.4 二叉树的遍历

遍历是二叉树最基本的操作。二叉树的遍历指的是从根结点出发,将所有的结点访问一次并且仅访问一次。一棵二叉树可以划分为根、左子树、右子树三个部分。根据访问次序的不同可以将二叉树的遍历分为前序遍历、中序遍历、后序遍历和层序遍历。

1. 前序遍历

前序遍历二叉树的操作定义为：若二叉树为空,则空操作返回；否则

(1) 访问根结点。

(2) 前序访问根结点的左子树。

(3) 前序访问根结点的右子树。

显然,二叉树的前序遍历是一个递归的过程。例如图 5-13 所示的二叉树,其前序遍历序列为 $A\ B\ D\ G\ E\ C\ F$。任何一棵非空的二叉树的前序遍历序列的第一个结点是根结点。

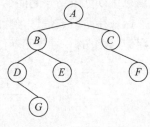

图 5-13 一棵二叉树

2. 中序遍历

中序遍历二叉树的操作定义为：若二叉树为空,则空操作返回；否则

(1) 中序遍历根结点的左子树。

(2) 访问根结点。

(3) 中序遍历根结点的右子树。

图 5-13 所示的二叉树的中序遍历序列为 $D\ G\ B\ E\ A\ C\ F$。

3. 后序遍历

后序遍历二叉树的操作定义为：若二叉树为空,则空操作返回；否则

(1) 后序遍历根结点的左子树。

(2) 后序遍历根结点的右子树。

(3) 访问根结点。

图 5-13 所示的二叉树的后序遍历序列为 $G\ D\ E\ B\ F\ C\ A$。任何一棵非空的二叉树的后序遍历序列的最后一个结点是根结点。

可见,在二叉树的前序、中序、后序遍历序列中叶子结点 G、E、F 的相对次序不变。

4. 层序遍历

层序遍历是从根结点开始,按照从上到下、从左到右的顺序遍历二叉树的结点,或者按照结点的层序编号遍历。图 5-13 所示的二叉树的层序遍历序列为 $A\ B\ C\ D\ E\ F\ G$。

5.4 二叉树的存储结构及实现

二叉树的存储结构同样需要存储两方面的内容,即二叉树的结点的数据信息以及各结点之间的逻辑关系。二叉树的存储结构包括顺序存储结构、二叉链表、三叉链表,其中二叉链表是最常用的存储结构,一般的二叉树的操作通常以二叉链表结构存储二叉树。

5.4.1 顺序存储结构

顺序存储结构指的是使用一维数组存储二叉树的结点。由于完全二叉树的结点的层序编号可以反映结点之间的逻辑关系,因此可以使用和完全二叉树的结点编号相对应的数组下标来存储结点信息,例如图 5-11(a)所示的完全二叉树可以使用图 5-14 所示的一维数组存储(数组的 0 号单元不使用)。

1	2	3	4	5	6	7	8	9	10	11	12
A	B	C	D	E	F	G	H	I	J	K	L

图 5-14 完全二叉树的顺序存储结构

对于一棵非完全二叉树,如果要使用顺序存储结构存储,则必须首先使用空结点将其补充成完全二叉树的形式,然后按照补充以后的结点的层序编号存储。例如图 5-15 所示的非完全二叉树补充成完全二叉树以后的形态,其对应的顺序存储结构如图 5-16 所示。

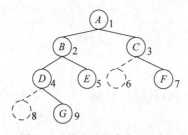

图 5-15 补充后的完全二叉树

1	2	3	4	5	6	7	8	9
A	B	C	D	E	∧	F	∧	G

图 5-16 二叉树的顺序存储结构

显然,补充的空结点会造成空间的浪费,浪费空间最严重的情况是右斜树。对于深度为 k 的右斜树,补充成完全二叉树的形态以后的结点数为 2^k-1 个,因此其顺序存储结构中的空数据单元的个数为 2^k-1-k 个。

5.4.2　二叉链表

二叉树一般采用二叉链表存储。对于二叉树的每一个结点,都分配一个二叉链表结点,结点包括数据域 data、左指针域 lchild、右指针域 rchild,其中,data 用来保存结点的数据信息,lchild 域指向结点的左孩子,rchild 域指向结点的右孩子。结点结构如图 5-17 所示。

图 5-13 所示的二叉树的二叉链表存储结构如图 5-18 所示。

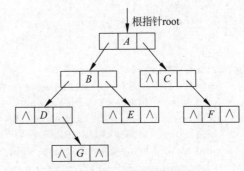

lchild	data	rchild

图 5-17　二叉链表的结点结构　　　　　　　图 5-18　二叉链表存储结构

由图 5-18 可见,当二叉树的结点个数为 n 时,共分配 $2n$ 个指针,被占用的指针为 $n-1$ 个,还存在 $n+1$ 个空指针。

使用 C++语言描述二叉链表结点的结构定义如下。

```
template < class ElemType >
struct BiNode{
    ElemType data;
    BiNode < ElemType > * lchild, * rchild;
};
```

使用 C++语言中的类模板描述二叉链表如下。

```
template < class ElemType >
class BiTree{
public:
    /* 构造函数,建立一棵二叉树 */
    BiTree() {
        root = Creat(root);
    }
    /* 析构函数,释放各结点 */
    ~BiTree() {
        Release(root);
    }
    /* 前序遍历二叉树 */
    void PreOrder() {
        PreOrder(root);
    }
```

```
        /* 中序遍历二叉树 */
        void InOrder() {
            InOrder(root);
        }
        /* 后序遍历二叉树 */
        void PostOrder() {
            PostOrder(root);
        }
        /* 层序遍历二叉树 */
        void LevelOrder() {
            LevelOrder(root);
        };
private:
        BiNode < ElemType > * root;                          /* 指向根结点的头指针 */
        BiNode < ElemType > * Creat(BiNode < ElemType > * bt);   /* 构造函数调用 */
        void Release(BiNode < ElemType > * bt);              /* 析构函数调用 */
        void PreOrder(BiNode < ElemType > * bt);             /* 前序遍历函数调用 */
        void InOrder(BiNode < ElemType > * bt);              /* 中序遍历函数调用 */
        void PostOrder(BiNode < ElemType > * bt);            /* 后序遍历函数调用 */
        void LevelOrder(BiNode < ElemType > * bt);           /* 层序遍历函数调用 */
};
```

以上 BiTree 类模板中，为了避免外部对象直接访问其私有成员 root 指针，在公有的无参数方法中又调用了私有的带参数方法。

1. 前序遍历

前序遍历算法使用 C++语言描述如下。

```
template < class ElemType >
void BiTree < ElemType >::PreOrder(BiNode < ElemType > * bt) {
    if(bt == NULL)                                  /* 递归调用的边界条件 */
        return;
    else {
        cout << bt -> data <<" ";                   /* 访问根结点 */
        PreOrder(bt -> lchild);                     /* 前序递归遍历左子树 */
        PreOrder(bt -> rchild);                     /* 前序递归遍历右子树 */
    }
}
```

2. 中序遍历

中序遍历算法使用 C++语言描述如下。

```
template < class ElemType >
void BiTree < ElemType >::InOrder(BiNode < ElemType > * bt) {
    if(bt == NULL)
        return;                                     /* 递归调用的边界条件 */
    else {
```

```
        InOrder(bt - > lchild);                    /* 中序递归遍历左子树 */
        cout << bt - > data <<" ";                  /* 访问根结点 */
        InOrder(bt - > rchild);                    /* 中序递归遍历右子树 */
    }
}
```

3. 后序遍历

后序遍历算法使用 C++语言描述如下。

```
template < class ElemType >
void BiTree < ElemType >::PostOrder(BiNode < ElemType > * bt) {
    if(bt == NULL)
        return;                                    /* 递归调用的边界条件 */
    else {
        PostOrder(bt - > lchild);                  /* 后序递归遍历左子树 */
        PostOrder(bt - > rchild);                  /* 后序递归遍历右子树 */
        cout << bt - > data <<" ";                  /* 访问根结点 */
    }
}
```

可见,二叉树递归的前序、中序、后序遍历的算法非常类似,区别主要在于访问二叉树的根、左子树、右子树的顺序不同。

4. 层序遍历

对二叉树进行层序遍历时,需要使用队列来保存结点指针,以便于寻找其左右孩子结点。使用伪代码描述二叉树的层序遍历算法如下。

---

1. 顺序队列 Q 初始化;
2. 如果二叉树不为空,则将根指针入队;
3. 当顺序队列 Q 不为空时循环:
   2.1 q = 队列 Q 的队头元素出队;
   2.2 访问 q 的数据域;
   2.3 若 q 存在左孩子,则将其左指针入队;
   2.4 若 q 存在右孩子,则将其右指针入队;

使用 C++语言描述层序遍历算法如下。

```
template < class ElemType >
void BiTree < ElemType >::LevelOrder(BiNode < ElemType > * bt) {
    const int MaxSize = 100;
    /* 采用顺序队列,假设不会发生溢出 */
    int front = - 1, rear = - 1;
    BiNode < ElemType > * Q[MaxSize], * q;
    if(bt == NULL)
```

```
        return;
    else {
        Q[rear++] = bt;                             /* bt 入队 */
        /* 队列非空时循环 */
        while(front != rear) {
            q = Q[front++];                         /* 队头出队 */
            cout << q -> data <<" ";                /* 访问队头 */
            if(q -> lchild != NULL)                 /* 如果队头有左孩子,则左孩子入队 */
                Q[rear++] = q -> lchild;
            if(q -> rchild != NULL)                 /* 如果队头有右孩子,则右孩子入队 */
                Q[rear++] = q -> rchild;
        }
    }
}
```

5. 构造函数

要对二叉树进行遍历,必须首先在内存中创建一棵由二叉链表存储的二叉树。二叉树的一个遍历序列不能唯一地确定二叉树,例如前序遍历序列、中序遍历序列或者后序遍历序列。由二叉树得到扩展的二叉树,再由扩展的二叉树的前序遍历序列则可以唯一地确定二叉树。所谓扩展的二叉树指的是在原二叉树的末端添加虚结点,使原二叉树的所有结点的度都变为 2。扩展的结点的数据可使用不会出现在正常结点的数据表示,例如 ' # '。例如,图 5-19(a)为原二叉树,图 5-19(b)为扩展二叉树。扩展二叉树的前序遍历序列为 A B # # C D # # #。

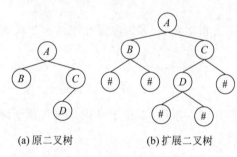

(a) 原二叉树 　　　　　　(b) 扩展二叉树

图 5-19　二叉树和扩展二叉树

使用扩展的二叉树的前序序列创建二叉链表是递归的过程。假设二叉树的结点数据类型为 char。首先输入根结点对应的字符,如果输入的是 ' # ',则二叉树为空二叉树,bt=NULL;否则创建根结点,并为根结点的数据域赋值。然后递归地创建根结点的左子树和根结点的右子树。算法描述如下。

```
template < class ElemType >
BiNode < ElemType > * BiTree < ElemType >::Creat(BiNode < ElemType > * bt) {
    char ch;
    cout <<"请输入创建一棵二叉树的结点数据: "<< endl;
    cin >> ch;
    /* ' # '代表空二叉树 */
    if(ch == ' # ')
        return NULL;
    else {
        bt = new BiNode < ElemType >;               /* 生成新结点 */
        bt -> data = ch;
        bt -> lchild = Creat(bt -> lchild);         /* 递归创建左子树 */
        bt -> rchild = Creat(bt -> rchild);         /* 递归创建右子树 */
```

```
    }
    return bt;
}
```

6. 析构函数

可利用二叉树的后序遍历释放二叉链表的各结点。算法描述如下。

```
template < class ElemType >
void BiTree < ElemType > ::Release(BiNode < ElemType > * bt) {
    / * 按照后序遍历的顺序释放二叉树 * /
    if(bt != NULL) {
        Release(bt -> lchild);          / * 释放左子树 * /
        Release(bt -> rchild);          / * 释放右子树 * /
        delete bt;                      / * 删除根结点 * /
    }
}
```

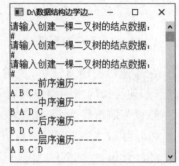

创建二叉链表及实现二叉树各种遍历的详细代码可参照 ch05\BiTree 目录下的文件。当创建的二叉树为图 5-19(a)时，扩展的前序遍历序列为 $AB##CD###$ 时(此处序列中没有空格)，运行结果如图 5-20 所示。

图 5-20 二叉链表实现的运行结果

5.4.3 三叉链表

在二叉链表中，可以从已知结点很方便地访问结点的左孩子或者右孩子，但是访问双亲结点不方便，需要通过二叉树的遍历完成。可在二叉链表结点的基础上再增加一个指向双亲结点的指针，即为三叉链表，三叉链表结点的结构定义描述如下。

```
template < class ElemType >
struct TriNode{
    ElemType data;
    TriNode < ElemType > * lchild, * rchild, * parent;
};
```

图 5-13 所示的二叉树的三叉链表存储结构如图 5-21 所示。

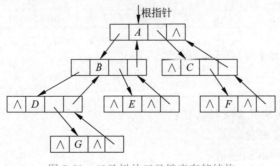

图 5-21 二叉树的三叉链表存储结构

5.5 二叉树的应用

5.5.1 非递归遍历二叉树

二叉树的递归遍历算法虽然简单,可读性好,但是递归的程序一般执行效率不高。因此,可采用非递归的方法遍历二叉树。

1. 前序非递归遍历算法

在非递归遍历算法中,关键的问题是当访问完当前结点,再访问完当前结点的左子树以后,如何再访问当前结点的右子树,因此,需要使用栈保存指向访问过的结点的指针。

假设当前指针为 bt,则按照 bt 是否为空可分为两种情况。

(1) 当 bt != NULL 时,访问 bt-> data,bt 入栈。

(2) 当 bt == NULL 时,需要判断栈的情况。如果栈为空,则遍历结束。如果栈不为空,说明当前栈顶指针的左子树为空或者栈顶指针的左子树已经访问完,栈顶出栈,继续访问其右子树。

例如图 5-19(a)所示的二叉树的前序非递归遍历的执行过程如表 5-1 所示。

表 5-1　前序非递归遍历的执行过程

步　　骤	指针 bt	访 问 结 点	栈 S	说　　明
1			空	初始化空栈 S
2	A	A	A	访问 A,A 入栈,找 A 的左子树
3	B	B	$A B$	访问 B,B 入栈,找 B 的左子树
4	NULL		A	B 出栈,找 B 的右子树
5	NULL		空	A 出栈,找 A 的右子树
6	C	C	C	访问 C,C 入栈,找 C 的左子树
7	D	D	$C D$	访问 D,D 入栈,找 D 的左子树
8	NULL		C	D 出栈,找 D 的右子树
9	NULL		空	C 出栈,找 C 的右子树
10	NULL		空	bt=NULL 且栈为空,遍历结束

使用伪代码描述前序非递归遍历算法如下。

1. 栈 S 初始化;
2. 在 bt 不为空或栈 S 不为空时循环:
　 2.1 当 bt 不为空时循环:
　　　 2.1.1 输出 bt-> data;

2.1.2 bt 入栈 S；

2.1.3 继续遍历 bt 的左子树；

2.2 如果栈 S 不为空：

2.2.1 栈 S 栈顶出栈并赋值给 bt；

2.2.2 遍历 bt 的右子树；

使用 C++ 语言描述的前序遍历非递归算法如下。

```cpp
void BiTree::PreOrder(BiNode * bt) {
    SeqStack < BiNode * > S;
    while(bt != NULL || S.Empty() != 1) {
        while(bt != NULL) {
            cout << bt -> data <<" ";
            S.Push(bt);
            bt = bt -> lchild;
        }
        if(S.Empty() != 1) {
            bt = S.Pop();
            bt = bt -> rchild;
        }
    }
}
```

此算法中使用了第 3 章的类模板 SeqStack。

2. 中序非递归遍历算法

中序非递归遍历二叉树与前序非递归遍历二叉树非常类似，区别仅在于当 bt 不为空时，在前序非递归遍历中，先访问结点，然后再入栈；而在中序非递归遍历算法中，当 bt 不为空时，先入栈，当栈顶的指针出栈时才进行访问，即：

(1) 当 bt != NULL 时，bt 入栈。

(2) 当 bt == NULL 时，如果栈为空，则遍历结束。如果栈不为空，则说明当前栈顶指针的左子树为空或者栈顶指针的左子树已经访问完，栈顶出栈，访问，并继续访问其右子树。

使用 C++ 语言描述中序非递归遍历算法如下。

```cpp
void BiTree::InOrder(BiNode * bt) {
    SeqStack < BiNode * > S;
    while(bt != NULL || S.Empty() != 1) {
        while(bt != NULL) {
            S.Push(bt);
            bt = bt -> lchild;
        }
        if(S.Empty() != 1) {
            bt = S.Pop();
            cout << bt -> data <<" ";
            bt = bt -> rchild;
        }
    }
}
```

3. 后序非递归遍历算法

后序非递归遍历算法和前序及中序非递归算法不同。在后序非递归遍历算法中，对于当前的非空指针 bt，只有从 bt 的右子树返回以后，才能对 bt 进行访问。

对于非空栈里的栈顶指针 ptr，在遍历的过程中会遇到两次当前指针 bt=NULL。第一次 bt=NULL 时，表示栈顶指针 ptr 的左子树为空，或者栈顶指针 ptr 的左子树已经访问完，即从 ptr 的左子树返回。第二次 bt=NULL 时，表示栈顶指针 ptr 的右子树为空，或者栈顶指针 ptr 的右子树已经访问完，即从 ptr 的右子树返回。显然，只有当栈顶指针 ptr 第二次遇到空指针 bt 时，即从 ptr 的右子树返回时，才能使 ptr 出栈，并访问其数据域。

为了方便区分从左子树还是从右子树返回，需要对入栈的元素类型进行调整，除了 BiNode 类型的指针以外，另加标志域 flag，定义如下。

```
template < class ElemType >
struct Element{
    BiNode < ElemType > * ptr;
    int flag;
};
```

对于当前指针 bt，存在以下情况：

（1）若 bt 不为空，则 bt 及 flag 为 1 入栈，继续访问 bt 的左子树。

（2）若 bt 为空，则判断栈的情况。若栈为空，则遍历结束；若栈不空，则判断栈顶的 flag，如果栈顶的 flag 为 1，说明从栈顶的左子树返回，将栈顶的 flag 改为 2，继续访问栈顶的右子树；如果栈顶的 flag 为 2，则说明从栈顶的右子树返回，栈顶出栈并访问。图 5-19(a) 所示的二叉树的后序非递归遍历的执行过程如表 5-2 所示，结点字符后的数字为其 flag 值。

表 5-2 后序非递归遍历的执行过程

步　　骤	指针 bt	访问结点	栈 S	说　　明
1			空	初始化空栈 S
2	A		A1	将 A 带标志 1 入栈，找 A 的左子树
3	B		A1B1	将 B 带标志 1 入栈，找 B 的左子树
4	NULL		A1 B2	将 B 的标志改为 2，找 B 的右子树
5	NULL	B	A1	B 出栈，访问 B
6	NULL		A2	将 A 的标志改为 2，找 A 的右子树
7	C		A2 C1	将 C 带标志 1 入栈，找 C 的左子树
8	D		A2 C1 D1	将 D 带标志 1 入栈，找 D 的左子树
9	NULL		A2 C1 D2	将 D 的标志改为 2，找 D 的右子树
10	NULL	D	A2 C1	D 出栈，访问 D
11	NULL		A2 C2	将 C 的标志改为 2，找 C 的右子树
12	NULL	C	A2	C 出栈，访问 C
13	NULL	A	空	A 出栈，访问 A

使用伪代码描述后序非递归遍历算法如下。

---

1. 栈 S 初始化；
2. 在 bt 不为空或栈 S 不为空时循环：
 2.1 当 bt 不为空时循环：
  2.1.1 bt 及 flag＝1 入栈 S；
  2.1.2 继续遍历 bt 的左子树；
 2.2 在栈 S 不为空且栈顶的 flag ＝＝ 2 时循环：
  2.2.1 栈 S 栈顶出栈并赋值给 bt；
  2.2.2 访问 bt；
 2.3 若栈 S 不为空，则将栈顶的 flag 改为 2，并继续访问其右子树；

使用 C++语言描述算法如下。

```cpp
void BiTree::PostOrder(BiNode * bt) {
    SeqStack < Element > S;
    Element e;
    /* bt 不为空或者栈不为空 */
    while(bt != NULL || S.Empty() == 0) {
        while(bt != NULL) {
            e.ptr = bt;
            e.flag = 1;
            S.Push(e);
            bt = bt->lchild;
        }
        /* 栈不为空并且栈顶的 flag 为 2 时,出栈并访问 */
        while((S.Empty() == 0)&&(S.GetTop()).flag == 2) {
            e = S.Pop();
            cout << e.ptr->data <<" ";
        }
        /* 栈不为空,并且栈顶的 flag 为 1 时,将栈顶的 flag 更改为 2,并访问其右孩子 */
        if(S.Empty() == 0) {
            e = S.Pop();
            bt = e.ptr->rchild;
            e.flag = 2;
            S.Push(e);
        }
    }
}
```

二叉树非递归遍历的详细代码可参照 ch05\BiTreeNoReCur 目录下的文件，二叉树为图 5-19(a)所示的二叉树，非递归遍历的结果与递归遍历的结果相同。

5.5.2　二叉树遍历的应用

二叉树的一些常见应用是以二叉树的遍历为基础的，例如求二叉树的深度、求二叉树的结点个数、求二叉树的叶子结点个数、输出二叉树的叶子结点等，此类应用一般使用递归算法解决。

1. 求二叉树的深度

当二叉树为空时,深度为 0；当二叉树不为空时,二叉树的深度为其根的左右子树的深度中较大的值再加 1。算法描述如下。

```
template < class ElemType >
int BiTree < ElemType >::Depth(BiNode < ElemType > * bt) {
    if(bt == NULL)
        return 0;
    else {
        int dep1 = Depth(bt -> lchild);
        int dep2 = Depth(bt -> rchild);
        return (dep1 > dep2) ? (dep1 + 1) : (dep2 + 1);
    }
}
```

2. 求二叉树的结点个数

求二叉树的结点个数时,可以利用二叉树的遍历,在遍历的过程中对结点进行计数。算法描述如下。

```
/ * countNode 为全局变量,初始化为 0 * /
template < class ElemType >
void BiTree < ElemType >::Count(BiNode < ElemType > * bt) {
    if(bt != NULL) {
        Count(bt -> lchild);
        countNode++;
        Count(bt -> rchild);
    }
}
```

3. 求二叉树的叶子结点个数

求二叉树的叶子结点个数与求二叉树的结点总数类似,只有结点为叶子时才计数。算法描述如下。

```
/ * countLeaf 为全局变量,初始化为 0 * /
template < class ElemType >
void BiTree < ElemType >::CountLeaf(BiNode < ElemType > * bt) {
    if(bt != NULL) {
        if(bt -> lchild == NULL && bt -> rchild == NULL)
            countLeaf++;
        CountLeaf(bt -> lchild);
        CountLeaf(bt -> rchild);
    }
}
```

4. 输出二叉树的叶子结点

算法描述如下。

```
template < class ElemType >
void BiTree < ElemType >::PrintLeaf(BiNode < ElemType > * bt) {
    if(bt != NULL) {
        if(bt -> lchild == NULL && bt -> rchild == NULL) {
            cout << bt -> data <<" ";
        }
        PrintLeaf(bt -> lchild);
        PrintLeaf(bt -> rchild);
    }
}
```

二叉树的常见应用的详细代码可参照 ch05\
BiTreeApp 目录下的文件, 当构造如图 5-13 所示的二
叉树时, 二叉树的扩展前序序列为 $ABD\sharp G\sharp\sharp E\sharp\sharp$
$C\sharp F\sharp\sharp$ 时, 运行结果如图 5-22 所示。

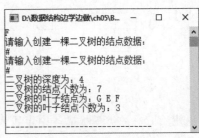

图 5-22　二叉树应用的运行结果

5.5.3　线索二叉树的构造和应用

在对二叉树进行各种操作时, 有可能需要访问已知结点在某种遍历序列下的前驱结点
或后继结点。含有 n 个结点的二叉树的二叉链表存储结构中仍然存在 $n+1$ 个空指针, 可
以利用这些空指针为访问结点的前驱或后继提供便利。如果结点没有左孩子, 则左指针可
以指向前驱结点; 如果结点没有右孩子, 则右指针可以指向后继结点。

指向前驱或后继的指针称为**线索**(thread), 将空指针更改为指向前驱或后继的过程称
为**线索化**, 加上线索的二叉树称为**线索二叉树**(thread binary tree), 加上线索的二叉链表称
为**线索链表**(thread linked list)。

为了进一步区分指针是指向孩子还是指向前驱或后继, 需要改造二叉链表的结点结
构, 在原有的基础上增加两个标志域 ltag 和 rtag, 结构如图 5-23 所示。

图 5-23　线索链表的结点结构

其中, 当 ltag＝0 时, lchild 指向左孩子; 当 ltag＝1 时, lchild 指向前驱。当 rtag＝0 时,
rchild 指向右孩子; 当 rtag＝1 时, rchild 指向后继。线索链表中的结点使用 C++语言描述如下。

```
template < class ElemType >
struct ThrBiNode{
    ElemType data;
    int ltag, rtag;
    ThrNode < ElemType > * lchild, * rchild;
};
```

由于二叉树的遍历序列有四种，因此线索链表也有四种，分别是前序线索二叉链表、中序线索二叉链表、后序线索二叉链表以及层序线索二叉链表。例如图 5-13 所示的二叉树，其中序线索二叉链表如图 5-24 所示。

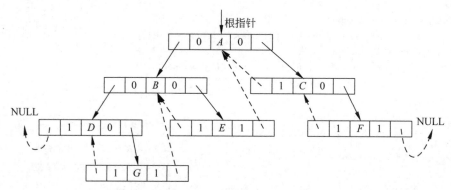

图 5-24　中序线索二叉链表

使用 C++ 的类模板描述中序线索二叉链表如下。

```
template < class ElemType >
class InThrBiTree{
public:
    InThrBiTree();                    /* 构造函数,建立一棵中序线索二叉树 */
    ThrBiNode < ElemType > * Next(ThrBiNode < ElemType > * p); /* 在中序线索二叉树上查找 p 的后继 */
    void InOrder();                   /* 在中序线索二叉树上中序遍历 */
private:
    ThrBiNode < ElemType > * root;     /* 指向根结点的头指针 */
    ThrBiNode < ElemType > * pre;      /* 当前根结点的前驱结点 */
    ThrBiNode < ElemType > * Creat(ThrBiNode < ElemType > * bt); /* 构造函数调用 */
    void ThrBiTree(ThrBiNode < ElemType > * bt);  /* 递归的中序线索化 */
};
```

因为在二叉链表线索化的过程中要访问当前结点的前驱结点，因此为线索二叉树添加私有属性 pre 指针。

1. 构造初始的线索二叉链表

构造初始的线索二叉链表与构造初始的二叉链表相似，区别主要在于结点的左右标志域 ltag 和 rtag 赋初值为 0。算法描述如下。

```
template < class ElemType >
ThrBiNode < ElemType > * InThrBiTree < ElemType >::Creat(ThrBiNode < ElemType > * bt) {
    char ch;
    cout <<"请输入创建一棵二叉树的结点数据: "<< endl;
    cin >> ch;
    /* '#'代表空二叉树 */
    if(ch == '#')
        return NULL;
    else {
```

```
        bt = new ThrBiNode<ElemType>;  /*生成新结点*/
        bt->data = ch;
        bt->ltag = 0;                          /*初始化标志域*/
        bt->rtag = 0;
        bt->lchild = Creat(bt->lchild); /*递归创建左子树*/
        bt->rchild = Creat(bt->rchild); /*递归创建右子树*/
    }
    return bt;
}
```

2. 中序线索化

中序线索化只能在遍历的过程中完成,因为只有在遍历的过程中,才能获取当前结点的前驱和后继信息。因为遍历是递归的过程,因此中序线索化也是递归的过程。对于当前的非空结点 bt,需要进行以下操作:

(1) 如果 bt 没有左孩子,则将其 ltag 改为 1,将 lchild 改为指向其前驱结点;

(2) 如果 bt 没有右孩子,则将其 rtag 改为 1;

(3) 如果结点 pre 的右标志为 1,则将 pre 的 rchild 指向 bt;

(4) 将 pre 更新为当前结点 bt。

使用伪代码描述中序线索化二叉链表的算法如下。

---

1. 如果二叉链表为空,则空操作返回;

2. 对 bt 的左子树建立线索;

   2.1 如果 bt 没有左孩子,则 bt-> ltag=1,bt-> lchild=pre;

   2.2 如果 bt 没有右孩子,则 bt-> rtag=1;

   2.3 如果 pre-> rtag=1,则 pre-> rchild=bt;

   2.4 pre=bt;

3. 对 bt 的右子树建立线索;

使用 C++语言描述算法如下。

```cpp
template<class ElemType>
void InThrBiTree<ElemType>::ThrBiTree(ThrBiNode<ElemType> * bt) {
    if(bt == NULL)
        return;
    ThrBiTree(bt->lchild);              /*对左子树建立线索*/
    if(bt->lchild == NULL) {            /*设置 bt 的前驱线索*/
        bt->ltag = 1;
        bt->lchild = pre;
    }
    if(bt->rchild == NULL) {            /*修改 bt 的右标志域*/
        bt->rtag = 1;
    }
    if(pre != NULL && pre->rtag == 1) { /*设置 pre 的后继线索*/
```

```
        pre -> rchild = bt;
    }
    pre = bt;                          /* 更新 pre */
    ThrBiTree(bt -> rchild);           /* 对右子树建立线索 */
}
```

3. 构造函数

类模板 InThrBiTree 的构造函数首先创建初始的线索二叉链表，因为遍历序列的第一个结点没有前驱，因此将 pre 初始化为 NULL，然后调用中序线索化二叉树的方法。算法描述如下。

```
template < class ElemType >
InThrBiTree < ElemType > ::InThrBiTree() {
    /* 创建未线索化的二叉树 */
    root = Creat(root);
    /* 为 pre 赋初值 */
    pre = NULL;
    /* 中序线索化二叉树 */
    ThrBiTree(root);
}
```

4. 在中序线索二叉链表上求已知结点的后继

如果已经创建好中序线索二叉链表，则在其上求中序遍历的后继相对容易。对于已知结点 p，如果 p-> rtag＝1，则说明 p 没有右孩子，p->rchild 即为其后继。如果 p->rtag＝0，则说明 p 存在右孩子，p-> rchild 为其右孩子，p 的中序遍历的后继应为中序遍历 p 的右子树的第一个结点，即 p 的右子树最左下的结点。算法描述如下。

```
template < class ElemType >
ThrBiNode < ElemType > * InThrBiTree < ElemType > ::Next(ThrBiNode < ElemType > * p) {
    ThrBiNode < ElemType > * q;
    if(p -> rtag == 1)                 /* p 无右孩子，rchild 为线索，指向 p 的后继 */
        q = p -> rchild;
    else {                             /* p 有右孩子，后继为 p 的右子树最左下的结点 */
        q = p -> rchild;
        while(q -> ltag == 0)
            q = q -> lchild;
    }
    return q;
}
```

5. 在中序线索二叉链表上中序遍历

在非空的中序线索二叉链表上进行中序遍历只需要找到第一个结点，然后在当前结点存在后继时，循环寻找下一个结点即可。中序遍历的第一个结点为二叉链表的最左下的结点。算法描述如下。

```cpp
template<class ElemType>
void InThrBiTree<ElemType>::InOrder() {
    ThrBiNode<ElemType> * p;
    if(root == NULL)
        return;
    p = root;
    while(p->ltag == 0)                 /* 查找最左下结点 */
        p = p->lchild;
    cout << p->data <<" ";
    while(p->rchild != NULL) {          /* 查找下一个结点 */
        p = Next(p);
        cout << p->data <<" ";
    }
    cout << endl;
}
```

实现线索二叉链表的详细代码可参照 ch05\
InThrBiTree 目录下的文件,当构造如图 5-13 所示的
二叉树时,二叉树的扩展前序序列为 $ABD \# G \# \#$
$E \# \# C \# F \# \#$ 时,运行结果如图 5-25 所示。

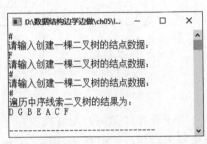

图 5-25 线索二叉链表的运行结果

5.5.4 赫夫曼树和赫夫曼编码

1. 赫夫曼树的定义

赫夫曼树(Huffman tree)也称为最优二叉树,应用非常广泛。

(1) **叶子结点的权值**:为二叉树的叶子赋予一个有意义的数值量。

(2) **二叉树的带权路径长度**(weighted path length,WPL):假设二叉树具有 n 个带有
权值的叶子结点,第 $i(1 \leqslant i \leqslant n)$ 个叶子结点的权值为 w_i,从根结点到第 i 个叶子结点的路
径长度为 l_i,则二叉树的带权路径长度为:

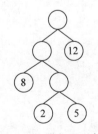

$$WPL = \sum_{i=1}^{n} w_i l_i$$

例如图 5-26 所示的二叉树,其 $WPL = 8 \times 2 + 2 \times 3 + 5 \times 3 + 12 \times 1 = 49$。

(3) **赫夫曼树**:给定一组具有确定权值的叶子结点,构造出
各种不同的二叉树中带权路径长度最短的二叉树称为赫夫曼树。

赫夫曼树中只有度为 0 和度为 2 的结点。另外,在赫夫曼树中
通常权值越大的叶子结点离根越近,权值越小的叶子结点离根越远。

图 5-26 带权二叉树

2. 赫夫曼树的构造

给定一组权值构造赫夫曼树的算法称为赫夫曼算法,其基本思想为:

（1）初始化：由给定的 n 个权值 $\{w_1,w_2,\cdots,w_n\}$ 构造 n 棵只包含一个根结点的二叉树，记为 $F=\{T_1,T_2,\cdots,T_n\}$，第 i 棵二叉树根结点的权值为 w_i。

（2）筛选与合并：在 F 中选择两棵根结点权值最小的二叉树，分别作为左、右子树构造一棵新的二叉树，新二叉树的根结点的权值为左、右子树根结点权值的和。

（3）删除与加入：在 F 中删除作为左、右子树的二叉树，加入新构造的二叉树。

（4）重复（2）和（3），直到 F 中只剩下一棵二叉树时，这棵二叉树即为赫夫曼树。

例 5-2 给定权值 $W=\{2,5,8,12\}$，图 5-27 给出了构造赫夫曼树的过程。

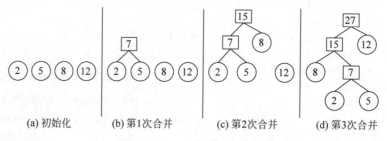

(a) 初始化　　(b) 第1次合并　　(c) 第2次合并　　(d) 第3次合并

图 5-27　赫夫曼树的构造过程

由于合并二叉树时没有规定左子树或右子树，另外，有可能存在重复的权值，因此赫夫曼树是不唯一的。但是一旦确定了权值，赫夫曼树的带权路径长度是唯一的。由赫夫曼树的构造过程可知，总是由左、右子树确定根结点，因此使用三叉链表的静态链表的形式存储二叉树以实现赫夫曼算法。定义结点结构如下。

```
struct Element{
    int weight;                      /* 结点的权值 */
    int lchild, rchild, parent;      /* 结点的左孩子、右孩子、双亲在一维数组中的下标 */
}
```

给定权值数组 $w[]$ 及数组长度 n，构造赫夫曼树的算法描述如下。

```
void HuffmanTree(element huffTree[], int w[], int n) {
    int i, j, k;
    int m1, m2;
    /* 结点初始化 */
    for(i = 0; i < 2 * n - 1; i++) {
        huffTree[i].parent = -1;
        huffTree[i].lchild = -1;
        huffTree[i].rchild = -1;
    }
    /* 构造初始的 n 棵二叉树 */
    for(i = 0; i < n; i++) {
        huffTree[i].weight = w[i];
    }
    for(k = n; k < 2 * n - 1; k++) {
        /* 取两棵根结点权值最小的赫夫曼树 */
        /* m1 确定初值 */
        for(j = 0; j < k; j++) {
            if(huffTree[j].parent == -1) {
```

```
            m1 = j;
            break;
        }
    }
    /* m2 确定初值 */
    for(j = 0; j < k; j++) {
        if(huffTree[j].parent == -1 && j != m1) {
            m2 = j;
            break;
        }
    }
    if(huffTree[m2].weight < huffTree[m1].weight) {
        int temp = m1;
        m1 = m2;
        m2 = temp;
    }
    /* 确定根结点权值最小的两棵二叉树的下标 */
    for(j = 0; j < k; j++) {
        if(huffTree[j].parent == -1 && j != m1 && j != m2) {
            if(huffTree[j].weight < huffTree[m1].weight) {
                m2 = m1;
                m1 = j;
            }
            else if(huffTree[j].weight < huffTree[m2].weight) {
                m1 = j;
            }
        }
    }
    /* 将选中的两棵二叉树合并,并将根结点信息存于下标 k 处 */
    huffTree[m1].parent = k;
    huffTree[m2].parent = k;
    huffTree[k].lchild = m1;
    huffTree[k].rchild = m2;
    huffTree[k].weight = huffTree[m1].weight + huffTree[m2].weight;
    }
}
```

　　构造赫夫曼树的详细代码可参照 ch05\
Huffman 目录下的文件,当叶子结点的权值为 2、
5、8、12 时,运行结果如图 5-28 所示。

3. 赫夫曼编码

　　如果一组编码中任意一个编码都不是其他
编码的前缀,则称这组编码为**前缀编码**(prefix
code)。前缀编码保证了解码的唯一性。等长编
码指的是一组编码的长度都相等,不等长编码指

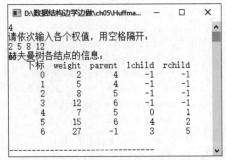

图 5-28　构造赫夫曼树的运行结果

的是一组编码的长度不完全相等。为了使编码总长度最短,对于不等长编码,应该使出现
频次高的编码长度尽可能短,而出现频次低的编码长度可以适当加长。**赫夫曼编码**

（Huffman code）是最经济的前缀编码。利用字符出现的频次作为叶子结点的权值构造赫夫曼树，赫夫曼树中规定左分支为 0，右分支为 1，从根结点到叶子的路径组成的 0 和 1 序列即为叶子结点对应字符的赫夫曼编码。

例 5-3 假设对于一组字符 $\{A,B,C,D,E,F\}$，使用的频次分别是 $\{45,13,12,16,9,5\}$，则构造的一棵赫夫曼树如图 5-29（a）所示，其对应的赫夫曼编码如图 5-29（b）所示。

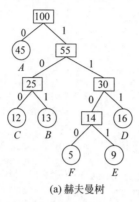

字符	频次	编码
A	45	0
B	13	101
C	12	100
D	16	111
E	9	1101
F	5	1100

(a) 赫夫曼树　　　　(b) 赫夫曼编码

图 5-29　赫夫曼树和赫夫曼编码

因为赫夫曼树不唯一，所以赫夫曼编码也不唯一。

5.5.5　求二叉树的最小深度

二叉树的最小深度指的是从根结点到最近的叶子结点的距离。当二叉树为空时，返回 0；当二叉树的左子树为空时，返回右子树的最小深度加 1；当二叉树的右子树为空时，返回左子树的最小深度加 1；当二叉树的左右子树都不为空时，返回左右子树最小深度较小的值加 1。使用 C++ 语言描述算法如下。

```
template<class ElemType>
int BiTree<ElemType>::SmallestDepth(BiNode<ElemType> * bt) {
    if(bt == NULL)
        return 0;
    if(bt->lchild == NULL)
        return SmallestDepth(bt->rchild) + 1;
    if(bt->rchild == NULL)
        return SmallestDepth(bt->lchild) + 1;
    int m = SmallestDepth(bt->lchild) + 1;
    int n = SmallestDepth(bt->rchild) + 1;
    return m < n ? m : n;
}
```

求二叉树最小深度的详细代码可参照 ch05\BiTreeSmallestDepth 目录下的文件。当构造如图 5-13 所示的二叉树时，二叉树的扩展前序序列为 $ABD\#G\#\#E\#\#C\#F\#\#$ 时，运行结果如图 5-30 所示。

图 5-30　求二叉树最小深度的运行结果

5.5.6 判断二叉树是否是完全二叉树

要判断一棵二叉树是否是满二叉树,可以求二叉树的深度 L,再求二叉树的叶子结点的个数 N,如果满足条件 $N = 2^{L-1}$,则二叉树是满二叉树,否则不是满二叉树。判断满二叉树的详细代码可参照 ch05\JudgeFullBiTree 目录下的文件。

任意一棵二叉树都可以扩充成一棵满二叉树,如果用'♯'表示扩充以后的空结点,在层序遍历一棵非完全二叉树时,非空结点之前会出现空结点;而层序遍历一棵完全二叉树时,在非空结点之前不会再出现空结点,即一旦层序遍历中出现空结点,则之后再不会出现非空结点。如果在遍历二叉树时遇到空结点,整棵二叉树的遍历已经完成,则二叉树是完全二叉树;如果遇到空结点时,整棵二叉树的遍历还没有结束,即又遇到了非空结点,则二叉树不是完全二叉树。判断完全二叉树的算法使用伪代码描述如下。

```
1. 初始化空顺序队列 Q;
2. 如果 bt == NULL,返回 1;
3. bt 入队;
4. 当队列出队的指针 p 不为 NULL 时循环:
     4.1 p-> lchild 入队;
     4.2 p-> rchild 入队;
5. 当队列不为空时循环:
     5.1 p = 出队的指针;
     5.2 如果 p 不为空,则返回 0
6. 返回 1;
```

使用 C++语言描述算法如下。

```cpp
template < class ElemType >
int BiTree< ElemType >::IsCompleteBiTree(BiNode< ElemType > * bt) {
    CirQueue< BiNode< ElemType > *> Q;
    BiNode< ElemType > * p;
    if(bt == NULL) return 1; /*空二叉树*/
    Q.EnQueue(bt);
    /* 当出队的队头指针不为空时,将其左、右指针入队 */
    while((p = Q.DeQueue()) != NULL) {
        Q.EnQueue(p-> lchild);
        Q.EnQueue(p-> rchild);
    }
    /* 当遇到空指针时,判断队列中是否有非空指针 */
    /* 如果有,则不是完全二叉树 */
    /* 没有,则为完全二叉树 */
    while(!Q.Empty()) {
        p = Q.DeQueue();
```

```
        if(p != NULL)
            return 0;
    }
    return 1;
}
```

判断完全二叉树的详细代码可参照 ch05 \
JudgeCompleteBiTree 目录下的文件，当构造的二叉树
如图 5-19(a)所示，输入扩展的前序遍历序列为 $AB\sharp\sharp$
$CD\sharp\sharp\sharp$ 时，运行结果如图 5-31 所示。

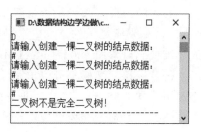

图 5-31　判断完全二叉树的
运行结果 1

当构造的二叉树如图 5-32 所示时，输入的扩展的前
序遍历序列为 $ABD\sharp\sharp E\sharp\sharp C\sharp\sharp$ 时，运行结果如
图 5-33 所示。

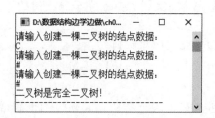

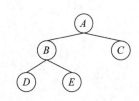

图 5-32　一棵完全二叉树示意图

图 5-33　判断完全二叉树的运行结果 2

5.5.7　判断二叉树的结构是否对称

二叉树结构性对称指的是不考虑结点的数据值，对于二叉树中任意一个非空的结点，
左、右孩子都不存在，或者左、右孩子都存在；如果结点存在子树，则左、右子树的结构也分
别是结构对称的。图 5-34 所示的二叉树结构不对称，图 5-35 所示的二叉树结构对称。

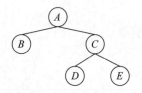
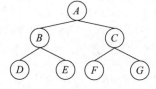

图 5-34　结构不对称的二叉树　　　　　　图 5-35　结构对称的二叉树

如果二叉树为空，则是结构对称的。如果二叉树不为空，则判断其左、右子树是否是结
构对称的。判断一棵非空的二叉树的左、右子树是否结构对称的算法描述如下。

```
template < class ElemType >
int BiTree < ElemType >::IsCheck(BiNode < ElemType > * lchild, BiNode < ElemType > * rchild) {
    if(lchild == NULL && rchild == NULL)
        return 1;
    if(lchild == NULL || rchild == NULL)
        return 0;
```

```
    return IsCheck(lchild  > lchild, rchild - > rchild) && IsCheck(lchild - > rchild, rchild - >
lchild);
}
```

判断一棵二叉树是否结构对称的算法描述如下。

```
template < class ElemType >
int BiTree < ElemType >::IsStructureSymmetric(BiNode < ElemType > * bt) {
    if(bt == NULL)
        return 1;
    return IsCheck(bt - > lchild, bt - > rchild);
}
```

详细代码可参照 ch05\JudgeStructureSymmetirc 目录下的文件,当二叉树如图 5-34 所示,输入的扩展先序序列为 AB ♯ ♯ CD ♯ E ♯ ♯ 时,运行结果如图 5-36 所示;当二叉树如图 5-35 所示,输入的扩展先序序列为 ABD ♯ ♯ E ♯ ♯ CF ♯ ♯ G ♯ ♯ 时,运行结果如图 5-37 所示。

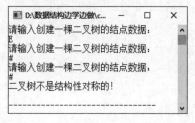

图 5-36 判断二叉树结构性对称
运行结果 1

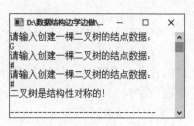

图 5-37 判断二叉树结构性对称
运行结果 2

5.5.8 判断二叉树是否对称

判断二叉树是否关于中轴线对称指的是在考虑结点值的情况下,二叉树的任意一个非空结点,如果结点存在左、右孩子,则左、右孩子的值相同。并且左、右子树也都是关于中轴线对称的。判断二叉树是否对称的算法与判断二叉树是否结构性对称的算法非常类似,区别之处在于结构性对称不需要考虑结点的值,而对称需要考虑结点的值。例如,图 5-38 所示的二叉树不是对称的,因为结点 A 的左、右子树不对称。图 5-39 所示的二叉树是对称的。

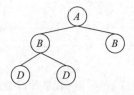

图 5-38 不对称的二叉树

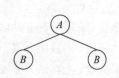

图 5-39 对称的二叉树

判断一棵非空二叉树的左右子树是否对称的算法描述如下。

```cpp
template < class ElemType >
int BiTree< ElemType >::IsCheck(BiNode< ElemType > * lchild, BiNode< ElemType > * rchild)
{
    if(lchild == NULL && rchild == NULL)
        return 1;
    if(lchild == NULL || rchild == NULL)
        return 0;
    /* 此处与判断结构性对称不同 */
    if(lchild -> data != rchild -> data)
        return 0;
    return IsCheck(lchild -> lchild, rchild -> rchild) && IsCheck(lchild -> rchild, rchild ->
lchild);
}
```

判断一棵二叉树是否对称的算法描述如下。

```cpp
template < class ElemType >
int BiTree< ElemType >::IsSymmetric(BiNode< ElemType > * bt) {
    if(bt == NULL)
        return 1;
    return IsCheck(bt -> lchild, bt -> rchild);
}
```

详细代码可参照 ch05\ JudgeSymmetric 目录下的文件，当二叉树如图 5-38 所示，扩展的先序遍历序列为 $ABD\sharp\sharp D\sharp\sharp B\sharp\sharp$ 时，运行结果如图 5-40 所示。当二叉树如图 5-39 所示，扩展的先序遍历序列为 $AB\sharp\sharp B\sharp$ 时，运行结果如图 5-41 所示。

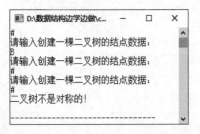

图 5-40　判断二叉树对称性的运行结果 1

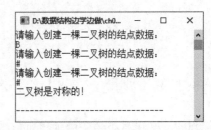

图 5-41　判断二叉树对称性的运行结果 2

5.5.9　求二叉树第 k 层的结点个数和叶子结点个数

求二叉树的第 k 层的结点个数可以采用递归的方法。
假设指向根结点的指针为 bt，算法描述如下。

1. 如果 bt 为空，或者层数 k<1，则为空二叉树或者参数不合要求，返回 0；
2. 如果 bt 不为空，并且此时层数 k=1，则返回 1；
3. 如果 bt 不为空，并且此时层数 k>1，则返回 bt 左子树第 k−1 层的结点数和 bt 右子树第 k−1 层结点数的和；

使用 C++语言描述算法如下。

```
template <class ElemType>
int BiTree <ElemType>::GetNodesNumberOfKthLevel(BiNode <ElemType> * bt, int k) {
    if(bt == NULL || k < 1)
        return 0;
    if(k == 1)
        return 1;
    return GetNodesNumberOfKthLevel(bt -> lchild, k - 1) + GetNodesNumberOfKthLevel(bt ->
rchild, k - 1);
}
```

类似地，求二叉树的第 k 层的叶子结点个数也可以采用递归的方法。

假设指向根结点的指针为 bt，算法描述如下。

1. 如果 bt 为空，或者层数 k<1，则为空二叉树或者参数不合要求，返回 0；
2. 如果 bt 不为空，并且此时层数 k＝1，则需要判断 bt 是否为叶子结点：

    2.1 如果 bt 的左右子树均为空，则返回 1；

    2.2 如果 bt 的左右子树之一不为空，则返回 0；

3. 如果 bt 不为空，并且此时层数 k＞1，则返回 bt 左子树第 k—1 层的叶子结点数和 bt 右子树第 k—1 层叶子结点数的和；

使用 C++语言描述算法如下。

```
template <class ElemType>
int BiTree <ElemType>::GetLeafNodesNumberOfKthLevel(BiNode <ElemType> * bt, int k) {
    if(bt == NULL || k < 1)
        return 0;
    if(bt != NULL) {
        /* 判断 bt 是否是叶子 */
        if(k == 1) {
            if(bt -> lchild == NULL && bt -> rchild == NULL)
                return 1;
            else
                return 0;
        }
        /* 递归求左、右子树中的叶子数的和 */
        if(k > 1) {
            return GetLeafNodesNumberOfKthLevel(bt -> lchild, k - 1) +
GetLeafNodesNumberOfKthLevel(bt -> rchild, k - 1);
        }
    }
}
```

求二叉树第 k 层结点数以及叶子结点数的详细代码可参照 ch05\ GetNodesNumberOfKthLevel 目录下的文件，当二叉树如图 5-13 所示，扩展的先序序列为 $ABD\#G\#\#E\#\#C\#F\#\#$，$k＝3$ 时，运行结果如图 5-42 所示。

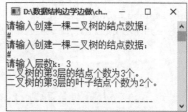

图 5-42　求二叉树第 k 层结点个数和
叶子结点个数的运行结果

5.5.10　打印二叉树第 k 层的结点和叶子结点

打印二叉树第 k 层的结点和叶子结点与求二叉树第 k 层的结点个数和叶子结点个数类似。假设指向根结点的指针为 bt，打印第 k 层的结点的算法使用伪代码描述如下。

1. 如果 bt 为空，或者层数 k<1，则为空二叉树或者参数不合要求，空操作返回；
2. 如果 bt 不为空，并且此时层数 k＝1，则输出 bt 的数据域；
3. 如果 bt 不为空，并且此时层数 k＞1，则：
    3.1 打印 bt 左子树第 k−1 层的结点；
    3.2 打印 bt 右子树第 k−1 层的结点；

使用 C++语言描述算法如下。

```
template < class ElemType >
void BiTree< ElemType >::PrintNodesOfKthLevel(BiNode< ElemType > * bt, int k) {
    if(bt == NULL || k < 1)
        return;
    if(k == 1)
        cout << bt -> data <<" ";
    PrintNodesOfKthLevel(bt -> lchild, k - 1);
    PrintNodesOfKthLevel(bt -> rchild, k - 1);
}
```

打印第 k 层的叶子结点的算法使用伪代码描述如下。

1. 如果 bt 为空，或者层数 k<1，则为空二叉树或者参数不合要求，空操作返回；
2. 如果 bt 不为空，并且此时层数 k＝1，则判断 bt 是否为叶子结点：
    2.1 如果 bt 的左右子树均为空，则输出 bt 的数据域；
3. 如果 bt 不为空，并且此时层数 k＞1，则：
    3.1 打印 bt 左子树第 k−1 层的叶子结点；
    3.2 打印 bt 右子树第 k−1 层的叶子结点；

使用 C++语言描述算法如下。

```
template < class ElemType >
void BiTree< ElemType >::PrintLeafNodesOfKthLevel(BiNode< ElemType > * bt, int k) {
    if(bt == NULL || k < 1)
        return;
    if(bt != NULL) {
        /* 判断 bt 是否是叶子 */
        if(k == 1) {
            if(bt -> lchild == NULL && bt -> rchild == NULL)
                cout << bt -> data <<" ";
```

```
        }
        else if(k > 1) {
            /*递归打印左子树第k-1层的叶子结点*/
            PrintLeafNodesOfKthLevel(bt->lchild, k - 1);
            /*递归打印右子树第k-1层的叶子结点*/
            PrintLeafNodesOfKthLevel(bt->rchild, k - 1);
        }
    }
}
```

打印二叉树第 k 层结点以及叶子结点的详细代码可参照 ch05\PrintLeafNodesOfKthLevel 目录下的文件,当二叉树如图 5-13 所示,扩展的先序序列为 $ABD\#G\#\#E\#\#C\#F\#\#$,$k=3$ 时,运行结果如图 5-43 所示。

图 5-43　打印二叉树第 k 层结点个数和叶子结点个数的运行结果

5.5.11　求二叉树最大的结点距离

如果把二叉树看成图,父子结点之间的连线看作是双向的,则两个结点之间的距离定义为两个结点之间的边的条数。二叉树中结点之间的最大距离也称为二叉树的最长路径。图 5-44 所示的二叉树结点 H 和 I 的距离为 6,此距离是二叉树结点的最大的距离,也是二叉树中最长路径的长度。

在图 5-45 中,二叉树的最远的两个结点 D 和 C 之间的距离是 3。在图 5-46 中,二叉树的最远的两个结点 E 和 H 之间的距离是 5。不同之处在于图 5-45 中,二叉树的最长路径经过根结点,而图 5-46 中的二叉树的最长路径不经过根结点。

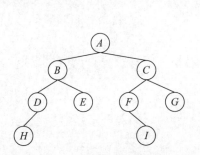

图 5-44　二叉树中相距最远的两个结点 A 和 B

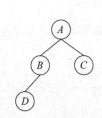

图 5-45　最长路径经过根结点

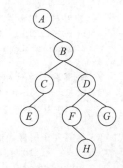

图 5-46　二叉树的最长路径不结过根结点的情况

从以上例子中可以看出,相距最远的两个结点,或者是两个叶子结点,或者是一个叶子结点到根结点。如果最长路径经过根结点,则距离最远的结点都是左、右子树中距离根结点最远的叶子结点,如图 5-44 和图 5-45 所示。如果路径不经过根结点,则肯定是根的左子树中的最大的结点距离或者是根的右子树的最大的结点距离,如图 5-46 所示,结点 E 和结点 H 之间的路径不经过根结点,同时也是根结点右子树中最大的结点距离。

可以采用递归的方法求解二叉树中最大的结点距离。由于需要记录任意一个非空结点的左子树和右子树的最大结点距离，因此将二叉链表存储的结点信息再扩充两个信息域，即 maxLeft 和 maxRight，其中 maxLeft 表示左子树的最大结点距离，maxRight 表示右子树的最大结点距离。扩展以后的二叉链表结点结构描述如下。

```cpp
template < class ElemType >
struct BiNode{
    ElemType data;
    BiNode < ElemType > * lchild, * rchild;
    int maxLeft;                    /* 左子树最大的结点距离 */
    int maxRight;                   /* 右子树最大的结点距离 */
};
```

求二叉树结点的最大距离的算法描述如下。

```cpp
/* 全局变量,记录二叉树的最大的结点距离 */
int maxLen = 0;
template < class ElemType >
void BiTree < ElemType >::GetMaxPathLength(BiNode < ElemType > * bt) {
    /* 二叉树为空,空操作返回 */
    if(bt == NULL) {
        return;
    }
    /* 二叉树左子树为空,则左子树的最大结点距离为 0 */
    if(bt -> lchild == NULL) {
        bt -> maxLeft = 0;
    }
    /* 二叉树右子树为空,则右子树的最大结点距离为 0 */
    if(bt -> rchild == NULL) {
        bt -> maxRight = 0;
    }
    /* 如果左子树不为空,则递归寻找左子树的最大结点距离 */
    if(bt -> lchild != NULL) {
        GetMaxPathLength(bt -> lchild);
    }
    /* 如果右子树不为空,则递归寻找右子树的最大结点距离 */
    if(bt -> rchild != NULL) {
        GetMaxPathLength(bt -> rchild);
    }
    /* 计算左子树最大结点距离 */
    if(bt -> lchild != NULL) {
        int temp = 0;
        int ll = bt -> lchild -> maxLeft;
        int lr = bt -> lchild -> maxRight;
        temp = ll > lr ? ll : lr;
        bt -> maxLeft = temp + 1;
    }
    /* 计算右子树最大结点距离 */
    if(bt -> rchild != NULL) {
        int temp = 0;
        int rl = bt -> rchild -> maxLeft;
        int rr = bt -> rchild -> maxRight;
```

```
    temp = rl > rr ? rl : rr;
    bt - > maxRight = temp + 1;
}
/ * 更新最大结点距离 * /
if(bt - > maxLeft + bt - > maxRight > maxLen) {
    maxLen = bt - > maxLeft + bt - > maxRight;
}
}
```

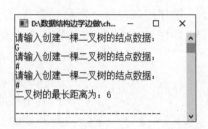

图 5-47　求二叉树最大结点距离的
　　　　　运行结果 1

详细代码可参照 ch05\GetMaxPathLength 目录下的文件,当输入的扩展的二叉树的前序序列为 $ABDH$ ＃＃＃E＃＃CF＃I＃＃G＃＃时,对应的二叉树如图 5-44 所示,运行结果如图 5-47 所示。

当输入的扩展的二叉树的前序序列为 ABD＃＃C＃＃时,对应的二叉树如图 5-45 所示,运行结果如图 5-48 所示。

当输入的扩展的二叉树的前序序列为 A＃BCE＃＃＃DF＃H＃＃G＃＃时,对应的二叉树如图 5-46 所示,运行结果如图 5-49 所示。

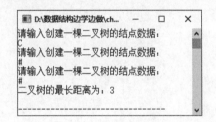

图 5-48　求二叉树最大结点距离的运行结果 2

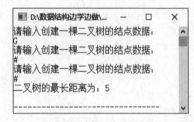

图 5-49　求二叉树最大结点距离的运行结果 3

5.5.12　由前序序列和中序序列构造二叉树

任何一棵非空二叉树的某种遍历序列都是唯一的,那么反过来呢? 二叉树的一种普通的遍历序列可以唯一地确定二叉树吗? 显然不能。由前文的内容可知,扩展的前序序列可以唯一地确定二叉树,但是普通的前序遍历序列不能唯一地确定二叉树。同理,普通的中序遍历序列、后序遍历序列、层序遍历序列都不能唯一地确定二叉树。

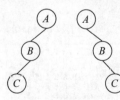

那么两种序列可以唯一地确定二叉树吗? 例如前序序列为 $A B C$,后序序列为 $C B A$ 时,如图 5-50 所示的两棵二叉树都满足以上条件,因此由二叉树的前序序列和后序序列也不能唯一地确定二叉树。

由二叉树的前序序列和中序序列可以唯一地确定二叉树,方法如下。

图 5-50　两棵二叉树

(1)前序序列的第一个结点为根;

(2)在中序序列中找到根的位置,根把中序序列分为左、右两个部分,根之前的序列为左子树的中序序列，根之后的序列为右子树的中序序列；

（3）在前序序列中寻找左子树的前序序列以及右子树的前序序列；

（4）由左子树的前序序列和中序序列确定左子树；

（5）由右子树的前序序列和中序序列确定右子树。

例 5-4 二叉树的前序序列为 $A\,B\,D\,C\,E\,F$，中序序列为 $D\,B\,A\,E\,C\,F$，确定二叉树。

前序序列的第一个结点为 A，即为二叉树的根。中序序列中 A 之前的 $D\,B$ 为左子树的中序序列，A 之后的 $E\,C\,F$ 为右子树的中序序列。前序序列中 $B\,D$ 为左子树的前序序列，$C\,E\,F$ 为右子树的前序序列。

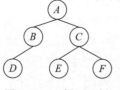

使用左子树的前序序列（$B\,D$）和中序序列（$D\,B$）确定左子树，使用右子树的前序序列（$C\,E\,F$）和中序序列（$E\,C\,F$）确定右子树。最后确定的二叉树的结构如图 5-51 所示。

图 5-51 一棵二叉树示意图

利用前序序列和中序序列构造二叉树的算法使用 C++语言描述如下。

```cpp
template < class ElemType >
BiNode < ElemType > * BiTree < ElemType >::Rebuild(ElemType * preOrder, ElemType * inOrder, int n) {
    if(n == 0)
        return NULL;
    /* 获得前序遍历的第一个结点 */
    ElemType c = preOrder[0];
    /* 创建根结点 */
    BiNode < ElemType > * node = new BiNode < ElemType >;
    node -> data = c;
    node -> lchild = NULL;
    node -> rchild = NULL;
    int i;
    /* 在中序遍历序列中寻找根结点的位置 */
    for(i = 0; i < n && inOrder[i] != c; i++)
        ;
    /* 左子树结点个数 */
    int lenLeft = i;
    /* 右子树结点个数 */
    int lenRight = n - i - 1;
    /* 左子树不为空,递归重建左子树 */
    if(lenLeft > 0)
        node -> lchild = Rebuild(&preOrder[1], &inOrder[0], lenLeft);
    /* 右子树不为空,递归重建右子树 */
    if(lenRight > 0)
        node -> rchild = Rebuild(&preOrder[lenLeft + 1], &inOrder[lenLeft + 1], lenRight);
    return node;
}
```

详细代码可参照 ch05 \ RebuildBiTreeFrom-PreIn 目录下的文件，当遍历序列如例 5-3 所示时，重建的二叉树如图 5-51 所示。为了验证结果，对二叉树进行了各种遍历，运行结果如图 5-52 所示。

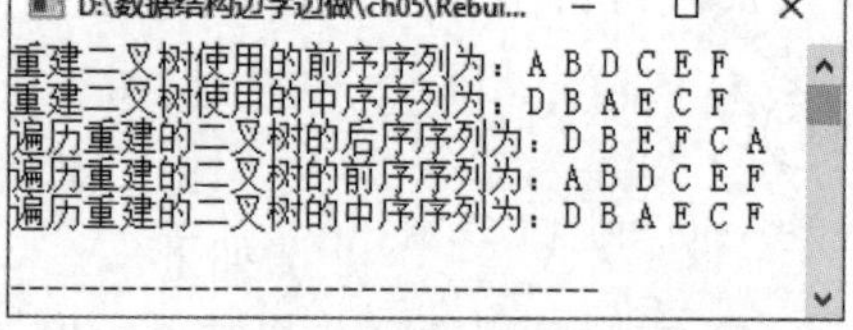

```
■ D:\数据结构边学边做\ch05\Rebui...   —    □    ×
重建二叉树使用的前序序列为：A B D C E F
重建二叉树使用的中序序列为：D B A E C F
遍历重建的二叉树的后序序列为：D B E F C A
遍历重建的二叉树的前序序列为：A B D C E F
遍历重建的二叉树的中序序列为：D B A E C F
```

图 5-52 利用前序序列和中序序列重建二叉树的运行结果

5.5.13　由后序序列和中序序列构造二叉树

利用二叉树的后序序列和中序序列也可以唯一地确定二叉树,方法与利用前序序列和中序序列确定二叉树类似。二叉树的后序序列的最后一个结点为根结点。使用C++语言描述算法如下。

```
template < class ElemType >
BiNode < ElemType > *  BiTree < ElemType >::Rebuild(ElemType * postOrder, ElemType * inOrder,
int n) {
    if(n == 0)
        return NULL;
    /* 获得后序遍历的最后一个结点 */
    ElemType c = postOrder[n-1];
    /* 创建根结点 */
    BiNode < ElemType > * node = new BiNode < ElemType >;
    node->data = c;
    node->lchild = NULL;
    node->rchild = NULL;
    int i;
    /* 在中序遍历序列中寻找根结点的位置 */
    for(i = 0; i < n && inOrder[i] != c; i++)
        ;
    /* 左子树结点个数 */
    int lenLeft = i;
    /* 右子树结点个数 */
    int lenRight = n - i - 1;
    /* 左子树不为空,重建左子树 */
    if(lenLeft > 0)
        node->lchild = Rebuild(&postOrder[0], &inOrder[0], lenLeft);
    /* 右子树不为空,重建右子树 */
    if(lenRight > 0)
        node->rchild = Rebuild(&postOrder[lenLeft], &inOrder[lenLeft+1], lenRight);
    return node;
}
```

详细代码可参照 ch05\ RebuildBiTreeFrom-PostIn 目录下的文件,当遍历序列如例 5-3 所示时,重建的二叉树如图 5-51 所示。为了验证结果,对二叉树进行了遍历,运行结果如图 5-53 所示。

图 5-53　利用后序序列和中序序列重建
二叉树的运行结果

5.5.14　求二叉树的镜像

将一棵二叉树的所有结点的左、右子树调换位置,就成了二叉树的镜像。图 5-54 所示的两棵二叉树互为镜像。

可以利用递归的方法求二叉树的镜像,使用 C++ 语言描述算法如下。

```
void BiTree<ElemType>::GetMirror(BiNode<ElemType> * bt) {
    /* 二叉树为空,空操作返回 */
    if(bt == NULL)
        return;
    /* 二叉树的左、右子树都为空,空操作返回 */
    if(bt->lchild == NULL && bt->rchild == NULL)
        return;
    /* 交换左、右子树 */
    BiNode<ElemType> * tmp;
    tmp = bt->lchild;
    bt->lchild = bt->rchild;
    bt->rchild = tmp;
    /* 递归处理左子树 */
    GetMirror(bt->lchild);
    /* 递归处理右子树 */
    GetMirror(bt->rchild);
}
```

求二叉树镜像的详细代码可参照 ch05\GetBiTreeMirror 目录下的文件,当原二叉树如图 5-54(a)所示,其对应的扩展的先序遍历序列为 $AB\sharp D\sharp\sharp C\sharp\sharp$ 时,运行结果如图 5-55 所示。

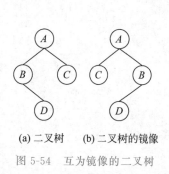

(a) 二叉树　　(b) 二叉树的镜像

图 5-54　互为镜像的二叉树

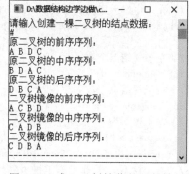

图 5-55　求二叉树镜像的运行结果

5.5.15　判断两棵二叉树是否等价

如果两棵二叉树结构相同并且相同位置上的结点的数据域也分别相同,则称两棵二叉树等价。图 5-56 所示的两棵二叉树为等价二叉树,图 5-57 所示的二叉树不是等价二叉树。

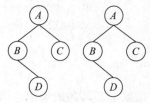

图 5-56　等价的两棵二叉树

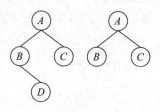

图 5-57　不等价的两棵二叉树

判断两棵二叉树是否等价的算法使用伪代码描述如下。

1. 如果两棵二叉树都为空,则返回 true;
2. 如果两棵二叉树一棵为空,另一棵非空,则返回 false;
3. 如果两棵二叉树都不为空,但根结点的数据域不相等,则返回 false;
4. 否则,递归判断两棵二叉树的左右子树是否等价。

使用 C++语言描述算法如下。

```cpp
template<class ElemType>
int IsEqualBiTrees(BiNode<ElemType> * T1, BiNode<ElemType> * T2) {
    /*两棵二叉树都为空,返回 1 */
    if(T1 == NULL && T2 == NULL)
        return 1;
    /*两棵二叉树一棵为空,一棵不为空,返回 0 */
    if(T1 == NULL || T2 == NULL)
        return 0;
    /*两棵二叉树都不为空,并且根结点数据域不相等,返回 0 */
    if(T1 -> data != T2 -> data)
        return 0;
    /*递归判断左子树和右子树是否等价*/
    return IsEqualBiTrees(T1 -> lchild, T2 -> lchild) && IsEqualBiTrees(T1 -> rchild, T2 -> rchild);
}
```

详细代码可参照 ch05\JudgeEqualBiTrees 目录下的文件,当两棵二叉树如图 5-56 所示时,运行结果如图 5-58 所示。当两棵二叉树如图 5-57 所示时,运行结果如图 5-59 所示。

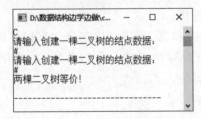

图 5-58　判断两棵二叉树是否等价的
运行结果 1

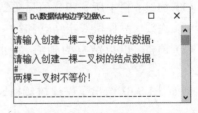

图 5-59　判断两棵二叉树是否等价的
运行结果 2

5.6　树、森林与二叉树的转换

树的孩子兄弟表示法和二叉树的二叉链表表示法类似,即树的孩子兄弟表示法和二叉树的二叉链表表示法在物理结构上是相同的。如图 5-60 所示,图 5-60(a)中树的存储结构

（见图 5-60（b））和图 5-60（c）中二叉树的存储结构（见图 5-60（d））在内存中对应同一种状态。即给定一棵树,存在一棵唯一的二叉树与之对应。

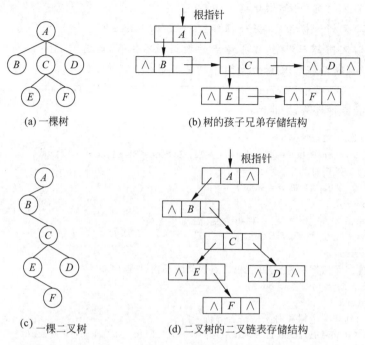

图 5-60　树与二叉树的对应关系

1. 树转换成二叉树

将一棵树转换成二叉的方法为:

（1）加线:树中所有相邻的兄弟结点之间加一条连线;

（2）去线:只保留双亲结点和第一个孩子之间的连线,删去它去其他孩子之间的连线;

（3）调整:以根结点为轴心,将水平方向的连线顺时针旋转一定的角度,使之层次分明。

例如,图 5-61 给出了一棵树转换成二叉树的过程。

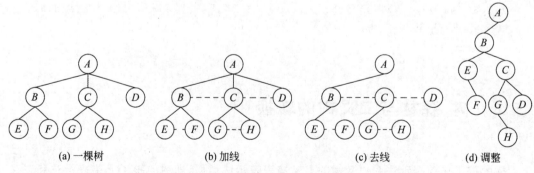

图 5-61　树转换成二叉树的过程

由树转换而来的二叉树,其根结点的右子树一定为空。因为二叉树的结点的右孩子在树中对应着其右兄弟,而树中根结点无右兄弟,因此二叉树的根结点的右子树一定为空。

根据树与二叉树的转换以及树和二叉树的遍历可知:树的前序遍历等价于二叉树的前序遍历;树的后序遍历等价于二叉树的中序遍历。

2. 森林转换成二叉树

森林转换成二叉树的方法为:

(1) 将森林中的每一棵树分别转换成二叉树;

(2) 将二叉树的根结点之间连线;

(3) 以根结点为轴心,将水平方向的连线顺时针旋转一定的角度,使之层次分明。

例如,图 5-62 给出了森林转换成二叉树的过程。

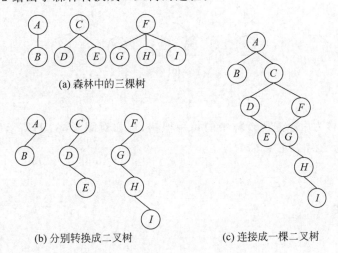

(a) 森林中的三棵树

(b) 分别转换成二叉树　　　(c) 连接成一棵二叉树

图 5-62　森林转化成二叉树的过程

3. 二叉树转换成森林或树

二叉树也可以转换成森林或树。如果二叉树的根结点无右子树,则二叉树转换成树。如果二叉树的根结点有右子树,则二叉树转换成森林。转换方法为:

(1) 加线:若结点 x 是其双亲结点 y 的左孩子,则把结点 x 的右孩子、右孩子的右孩子、……,都与结点 x 用线相连;

(2) 去线:删除原二叉树中所有双亲结点与其右孩子的连线;

(3) 调整:调整使树或森林层次分明。

例如,图 5-63 为二叉树转换成森林的过程。

4. 森林的遍历

森林的遍历包括前序遍历和后序遍历。

前序遍历森林为前序遍历森林中的每一棵树,例如对图 5-63(d)所示的森林进行前序遍历,前序序列为 $A\,B\,C\,D\,E\,F\,G\,H\,I$。

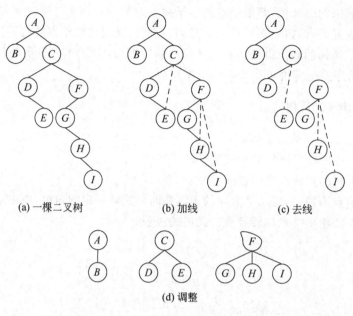

(a) 一棵二叉树　　　　　(b) 加线　　　　　(c) 去线

(d) 调整

图 5-63　二叉树转换成森林的过程

后序遍历森林为后序遍历森林中的每一棵树，例如对图 5-63(d)所示的森林进行后序遍历，后序序列为 $BADECGHIF$。

5.7 小结

- 树状结构是应用非常广泛的非线性结构。其中，二叉树是最常用的树状结构。二叉树最常用的操作是各种遍历，包括前序遍历、中序遍历、后序遍历、层序遍历。
- 可以使用递归的算法或者非递归的算法进行遍历。除此之外，还可以在遍历的基础上进行例如求结点个数、求叶子结点个数、求二叉树的深度等操作。
- 为了充分地利用二叉链表中的空指针，可以将二叉链表进行线索化。可以方便地实现遍历中序线索二叉树。
- 判断各种特殊的二叉树也是一类重要的操作，例如完全二叉树的判断、满二叉树的判断等。
- 构造赫夫曼树是二叉树的重要应用。
- 可以根据二叉树前序遍历序列和中序遍历序列构造二叉树，也可以根据后序遍历序列和中序遍历序列构造二叉树。
- 一些扩展的操作也比较常见，例如求二叉树的最小深度、求二叉树的最大结点距离、求二叉树第 k 层的结点和叶子结点、判断两棵二叉树是否等价等操作。

习题

1. 选择题

(1) 假设树 T 的度为 4,其中度为 1、2、3、4 的结点个数分别为 4、2、1、1,则 T 中的叶子结点的个数为(　　)。

　　A. 5　　　　　　　B. 6　　　　　　　C. 7　　　　　　　D. 8

(2) 若一棵二叉树中具有 10 个度为 2 的结点,5 个度为 1 的结点,则度为 0 的结点个数为(　　)。

　　A. 9　　　　　　　B. 11　　　　　　　C. 15　　　　　　　D. 无法确定

(3) 已知一棵二叉树的前序遍历序列为 $ABCDEF$,中序遍历序列为 $CBAEDF$,则后序遍历序列为(　　)。

　　A. $CBEFDA$　　　　　　　　　　B. $FEDCBA$

　　C. $CBEDFA$　　　　　　　　　　D. 没有正确答案

(4) 二叉树的前序序列和后序列序列正好相反,则该二叉树一定是(　　)的二叉树。

　　A. 空或只有一个结点　　　　　　B. 深度等于其结点数

　　C. 任一结点无左孩子　　　　　　D. 任一结点无右孩子

(5) 深度为 h 的满 m 叉树的第 k 层有(　　)个结点。

　　A. m^{k-1}　　　　B. $m^{k}-1$　　　　C. m^{h-1}　　　　D. $m^{h}-1$

(6) 深度为 k 的完全二叉树最多有(　　)个结点。

　　A. $2^{k-2}+1$　　　　B. 2^{k-1}　　　　C. $2^{k}-1$　　　　D. $2^{k-1}-1$

(7) 在二叉树的先序遍历序列、中序遍历序列和后序遍历序列中,所有叶子结点的相对顺序(　　)。

　　A. 都不相同　　　　　　　　　　B. 完全相同

　　C. 先序和中序相同,而与后序不同　　D. 中序和后序相同,而与先序不同

(8) 设给定权值的总数有 n 个,其赫夫曼树的结点总数为(　　)。

　　A. 不确定　　　　B. $2n$　　　　C. $2n+1$　　　　D. $2n-1$

(9) 一棵具有 124 个叶子结点的完全二叉树,最多有(　　)个结点。

　　A. 247　　　　　　B. 248　　　　　　C. 249　　　　　　D. 250

(10) 一个具有 1025 个结点的二叉树的深度为(　　)。

　　A. 11　　　　　　B. 10　　　　　　C. 11~1025　　　　D. 10~1024

(11) 一棵二叉树的深度为 h,所有结点的度为 0 或 2,则这棵二叉树至少有(　　)个结点。

　　A. $2h$　　　　B. $2h-1$　　　　C. $2h+1$　　　　D. $h+1$

(12) 下列存储形式中,(　　)不是树的存储结构。

　　A. 双亲表示法　　　　　　　　　B. 孩子链表表示法

C. 孩子兄弟表示法   D. 顺序存储表示法

（13）引入线索二叉树的目的是（　　）。

    A. 加快查找结点的前驱或后继的速度

    B. 能在二叉树中方便地进行插入或删除

    C. 方便地找到双亲

    D. 使二叉树的遍历结果唯一

（14）一棵赫夫曼树共有 215 个结点，对其进行赫夫曼编码，共能得到（　　）个不同的码字。

    A. 107   B. 108   C. 214   D. 215

（15）以下编码中，（　　）不是前缀编码。

    A. 00,01,10,11   B. 0,1,00,11

    C. 0,10,110,111   D. 1,01,000,001

（16）为 5 个使用频率不等的字符设计赫夫曼编码，不可能的方案是（　　）。

    A. 000,001,010,011,1   B. 0000,0001,001,01,1

    C. 000,001,01,10,11   D. 00,100,101,110,111

2. 填空题

（1）具有 n 个结点的二叉树，采用二叉链表存储时共有（　　）个空指针。

（2）利用树的孩子兄弟表示法，可以将树转换成（　　）。

（3）具有 n 个结点的满二叉树，其叶子结点个数为（　　）。

（4）具有 n 个结点的完全二叉树的深度为（　　）。

（5）深度为 k 的二叉树中，所含叶子的个数最多为（　　）。

（6）结点数为 101 的完全二叉树中，叶子结点的个数为（　　）。

（7）设 F 是由 T_1、T_2、T_3 三棵树组成的森林，与 F 对应的二叉树为 B，已知 T_1、T_2、T_3 的结点数分别为 n_1、n_2 和 n_3，则二叉树 B 的右子树中有（　　）个结点。

（8）已知一棵度为 3 的树有 2 个度为 1 的结点，3 个度为 2 的结点，4 个度为 3 的结点。则该树中有（　　）个叶子结点。

（9）在二叉链表中，指针 p 所指的结点为叶子的条件是（　　）。

（10）已知一棵二叉树的后序序列是 $FEGHDCB$，中序序列是 $FEBGCHD$，则它的前序序列是（　　）。

（11）树的先序遍历等价于二叉树的（　　）遍历，树的后序遍历等价于二叉树的（　　）遍历。

3. 判断题

（1）二叉树的遍历实际上是将非线性结构线性化的过程。（　　）

（2）完全二叉树一定存在度为 1 的结点。（　　）

（3）二叉树是树的特例。（　　）

（4）完全二叉树中的结点若没有左孩子，则它必为叶子。（　　）

（5）二叉树是度为 2 的树。（　　）

（6）线索二叉树中不存在空指针。（　　）

（7）可以根据前序遍历序列和后序遍历序列唯一地确定二叉树。（　　）

（8）树状结构中的数据元素之间存在一对多的逻辑关系。（　　）

（9）树和二叉树是两种不同的树状结构。（　　）

（10）顺序存储结构只适合于存储完全二叉树。（　　）

4. 问答题

（1）已知一棵满 m 叉树，设根在第 1 层，并从 1 开始自上向下分层给各个结点编号，试回答以下问题。

① 第 i 层有多少结点？

② 深度为 h 的满 m 叉树有多少个结点？

③ 编号为 k 的结点的双亲结点的编号是多少？

④ 编号为 k 的结点的第 1 个孩子的结点编号是多少？

⑤ 编号为 k 的结点在第几层？

（2）已知一棵度为 m 的树中有 n_1 个度为 1 的结点，n_2 个度为 2 的结点，……，n_m 个度为 m 的结点，求树中共有多少个叶子结点？

（3）已知一棵二叉树的前序遍历序列为 $A\ B\ E\ C\ D\ F\ G\ H\ I\ J$，中序遍历序列为 $E\ B\ C$ $D\ A\ F\ H\ I\ G\ J$，画出这棵二叉树并写出它的后序遍历序列。

（4）已知某系统在通信联络中只可能出现 8 种字符：a、b、c、d、e、f、g、h，其概率分别为 $0.05,0.29,0.07,0.08,0.14,0.23,0.03,0.11$，试构造赫夫曼树并求其 WPL，并完成 8 种字符的赫夫曼编码。

（5）给定权值 $\{8,12,4,5,26,16,9\}$，构造赫夫曼树，并计算其带权路径长度。

5. 算法设计题

（1）设计算法求以 root 为根指针的二叉树的最大元素的值。

（2）假设二叉树采用二叉链表存储，结点类型为 char，'#' 为无效字符，设计算法求前序遍历的第 k 个结点的值。

（3）假设二叉树采用二叉链表存储，设计算法求指定结点 p 的双亲结点。

第6章

图

线性结构中数据元素之间的逻辑关系是一对一的,每个数据元素最多有一个前驱和一个后继。树状结构中数据元素之间的逻辑关系是一对多的,每个结点最多有一个双亲,但可以有多个孩子。图结构是一种更复杂的非线性结构,任意两个顶点之间都可能有关系。图的应用非常广泛,比较典型的应用包括最小生成树、最短路径、拓扑排序、关键路径等问题。

6.1 图的逻辑结构

6.1.1 基本术语

在图中一般将数据元素称为顶点。

1. 图、无向边、有向边、弧头、弧尾

图(graph)是由顶点的非空集合 V 和顶点之间的边的集合 E 组成,通常表示为:

$$G = (V, E)$$

其中,G 是一个图,V 是顶点的非空集合,E 是图 G 中顶点之间的边的集合。若其顶点 v_i 和顶点 v_j 之间的边没有方向,则称这条边为无向边,记为 (v_i, v_j)。若从顶点 v_i 到顶点 v_j 之间的边有方向,则称这条边为有向边或弧,记为 $<v_i, v_j>$,v_i 称为弧尾,v_j 称为弧头。

2. 无向图、有向图

如果图中任意两个顶点之间的边都是无向边,则图称为无向图(undirected graph)。如果图中任意两个顶点之间的边都是有向边，则图称为有向图（directed graph）。例如，图 6-1(a) 为无向图，图 6-1(b) 为有向图。

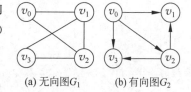

(a) 无向图G_1 (b) 有向图G_2

图 6-1　无向图和有向图示例

3. 简单图

如果图中不存在顶点到自身的边，并且同一条边不重复出现，则图为简单图（simple graph）。数据结构中讨论的图都是简单图。

4. 邻接、依附

在无向图中，如果存在边(v_i, v_j)，则顶点 v_i 和顶点 v_j 互称为邻接点（adjacent），边 (v_i, v_j) 依附（adhere）于顶点 v_i 和顶点 v_j。

在有向图中，如果存在边$<v_i, v_j>$，则顶点 v_i 邻接到顶点 v_j，顶点 v_j 邻接自顶点 v_i，顶点 v_j 是顶点 v_i 的邻接点。

5. 无向完全图、有向完全图

如果无向图任意两个顶点之间都存在边，则该图为无向完全图（undirected complete graph）。包含 n 个顶点的无向完全图的边数为$\dfrac{n(n-1)}{2}$条。

如果有向图任意两个顶点之间都存在方向相反的两条有向边，则该图为有向完全图（directed complete graph）。包含 n 个顶点的有向完全图的边数为$n(n-1)$条。

完全图是顶点个数一定时边最多的情况。

6. 稠密图、稀疏图

称边很多的图为稠密图（dense graph），边很少的图为稀疏图（sparse graph）。稠密图和稀疏图是相对而言的。

7. 顶点的度

在无向图中，顶点 v_i 的度（degree）指的是依附于该顶点的边的条数，记为 $\mathrm{TD}(v_i)$。因为一条无向边对应着顶点的两个度，因此无向图中各个顶点的度数之和为边数的 2 倍，即在具有 n 个顶点 e 条边的无向图中满足：

$$\sum_{i=0}^{n-1} \mathrm{TD}(v_i) = 2e$$

8. 顶点的出度、入度

在有向图中，顶点 v_i 的出度（out-degree）是以该顶点为弧尾的弧的条数，记为 $\mathrm{OD}(v_i)$；顶点 v_i 的入度（in-degree）为以该顶点为弧头的弧的条数，记为 $\mathrm{ID}(v_i)$。因为一条弧对应着一个出度和一个入度，因此有向图中各个顶点的出度之和等于各个顶点的入度之和，也等于弧的条数，即在具有 n 个顶点 e 条边的有向图中满足：

$$\sum_{i=0}^{n-1} OD(v_i) = \sum_{i=0}^{n-1} ID(v_i) = e$$

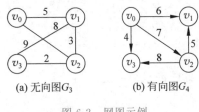

(a) 无向图G_3 (b) 有向图G_4

图 6-2 网图示例

9. 权值、网

权值（weight）指对图中的边赋予的有意义的数值。例如，交通图中边的权值表示距离、工程进度图中边的权值表示活动持续的时间等。边上带有权值的图称为网或网图（network graph）。网图分为有向网和无向网。例如，图 6-2(a)为无向网，图 6-2(b)为有向网。

10. 路径、路径长度、回路

在无向图 $G=(V,E)$ 中，顶点 v_p 到顶点 v_q 的路径（path）是一个顶点序列 $v_p=v_{i0}$, $v_{i1},\cdots,v_{im}=v_q$，其中，序列中任意两个相邻的顶点对应的无向边存在，即 $(v_{i,j-1},v_{ij})\in E(1\leqslant j\leqslant m)$；在有向图 $G=(V,E)$ 中，则 $<v_{i,j-1},v_{ij}>\in E(1\leqslant j\leqslant m)$。路径长度（path length）指的是路径上边的条数。第一个顶点和最后一个顶点相同的路径称为回路（circuit）或环（ring）。

11. 简单路径、简单回路

顶点不重复出现的路径为简单路径（simple path）；只有第一个顶点和最后一个顶点相同，其他顶点都不重复出现的路径称为简单回路（simple circuit）。

12. 子图

对于图 $G=(V,E)$ 和 $G'=(V',E')$，如果 $V'\subseteq V$ 并且 $E'\subseteq E$，则称图 G' 是图 G 的子图（subgrpah）。例如，图 6-3 给出了无向图和有向图的子图。显然，一个图可以有多个子图。

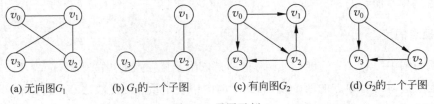

(a) 无向图G_1 (b) G_1的一个子图   (c) 有向图G_2 (d) G_2的一个子图

图 6-3 子图示例

13. 连通图、连通分量

在无向图中，如果任意两个顶点之间都存在路径，则该图为连通图（connected graph）。例如，图 6-4(a)为连通图，图 6-4(b)为非连通图。非连通图的极大连通子图称为连通分量（connected component）。极大指的是包括所有连通的顶点以及依附于这些顶点的所有边。例如，图 6-4(c)和图 6-4(d)为图 6-4(b)的两个连通分量。

若使包含 n 个顶点的图连通，至少需要 $n-1$ 条边，并且不包含回路。连通图的连通分量为自身。

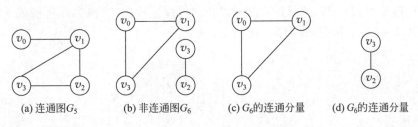

(a) 连通图G_5　　(b) 非连通图G_6　　(c) G_6的连通分量　　(d) G_6的连通分量

图 6-4　连通图、非连通图、连通分量

14. 强连通图、强连通分量

在有向图中,对任意不同的两个顶点 v_i 和 v_j,如果从顶点 v_i 到顶点 v_j,以及从顶点 v_j 到顶点 v_i 都存在路径,则该有向图为强连通图(strongly connected graph)。例如,图 6-5(a)为强连通图,图 6-5(b)为非强连通图。非强连通图的极大强连通子图为强连通分量(strongly connected component)。极大的含义与连通分量中极大的含义类似,即已包括了所有强连通的顶点以及依附于这些顶点的所有边。

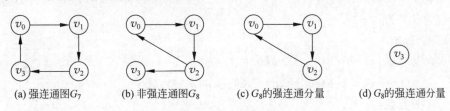

(a) 强连通图G_7　　(b) 非强连通图G_8　　(c) G_8的强连通分量　　(d) G_8的强连通分量

图 6-5　强连通图、非强连通图及强连通分量

若使有向图的 n 个顶点强连通,则至少需要 n 条边,并顺次构成封闭的环,如图 6-5(a)所示。强连通图的强连通分量为自身。

15. 生成树、生成森林

具有 n 个顶点的连通图 G 的生成树(spanning tree)是包含 G 中全部顶点的一个极小连通子图。极小的含义是能使 n 个顶点连通所需的边最少,即 $n-1$ 条不包含回路的边。例如,图 6-6(a)为连通图,图 6-6(b)和图 6-6(c)为其生成树。连通图的生成树可能不唯一。

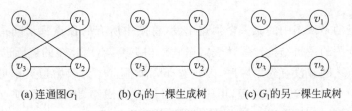

(a) 连通图G_1　　(b) G_1的一棵生成树　　(c) G_1的另一棵生成树

图 6-6　连通图的生成树

具有 n 个顶点的有向图 G 的生成树是包含 G 中全部顶点的子图,并且子图只有一个顶点入度为 0,其他所有顶点的入度为 1,如图 6-7 所示。

在非连通图中，每一个连通分量都可以找到一棵生成树，这些生成树构成了非连通图的生成森林（spanning forest），如图 6-8 所示。

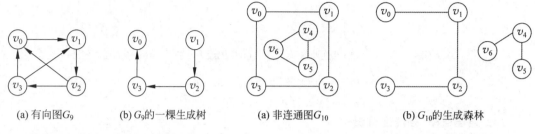

| (a) 有向图 G_9 | (b) G_9 的一棵生成树 | (a) 非连通图 G_{10} | (b) G_{10} 的生成森林 |

图 6-7　有向图及其生成树　　　　　　图 6-8　非连通图及其生成森林

6.1.2　图的抽象数据类型定义

图的基本操作和具体应用联系密切，图的应用不同，其基本操作的差别较大。图的抽象数据类型定义为：

ADT Graph{

　　数据对象：

　　　　$D = \{v_i \mid v_i \in \mathrm{ElemSet}, i = 1, 2, \cdots, n, n > 0\}$

　　数据关系：

　　　　顶点之间存在多对多的逻辑关系；

　　基本运算：

　　　　InitGraph：初始化图；

　　　　DestroyGraph：销毁图；

　　　　DFSTraverse：图的深度优先遍历；

　　　　BFSTraverse：图的广度优先遍历；

}

6.1.3　图的遍历

图的遍历指的是从图中的某一个顶点出发，将图中所有的顶点都访问一次并且仅访问一次。但是由于图的逻辑结构比线性表或树状结构更复杂，因此图的遍历也较复杂。

图中的顶点之间并没有先后顺序，因此选择哪个顶点作为起始顶点都可以。图的遍历的实质为寻找顶点的邻接点的过程，由于图中可能存在回路，因此有的顶点可能会被重复访问，为了避免这种情况，为图中每个顶点设置访问标志，避免重复访问。从图中某一个顶点出发时，不一定能通过寻找邻接点的方法访问到所有顶点，因此对于没有访问的顶点，只需要再从此顶点开始进行遍历即可。图中某个顶点的邻接点可能有多个，那么怎么选择邻接点呢？根据选择邻接点的策略，可将图的遍历分为深度优先遍历和广度优先遍历。

1. 深度优先遍历

图的深度优先遍历类似于树的先序遍历。

从图中顶点 v 出发进行深度优先遍历的操作为：

（1）访问顶点 v；

（2）从顶点 v 的未被访问过的邻接点中选择一个顶点 w，从 w 出发进行深度优先遍历；

（3）重复上述两步，直到图中和顶点 v 有路径相连的顶点都被访问到。

使用伪代码描述从顶点 v 出发的深度优先遍历算法如下。

```
1. 访问顶点 v；visited[v]＝1；
2. 对顶点 v 的所有邻接点 w 循环：
   2.1 如果 visited[w]＝0，则从 w 开始递归进行深度优先遍历；
```

在深度优先遍历中，当某个顶点 v 被访问以后，在访问它的某一个邻接点 w 之前，为了将来返回到顶点 v 时寻找此顶点的其他邻接点，因此需要将顶点 v 入栈。图 6-9 给出了从顶点 v_0 出发对图进行深度优先遍历的过程，其中实线箭头为调用深一层递归，虚线箭头为递归返回。图 6-10 为遍历过程中栈的变化。

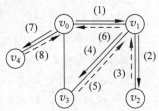

图 6-9　无向图的深度优先遍历的过程

各个步骤的解释如下。

首先从顶点 v_0 出发，访问 v_0，v_0 入栈；

（1）访问 v_0 的邻接点 v_1，v_1 入栈；

（2）访问 v_1 的邻接点 v_2，v_2 入栈；

（3）v_2 的邻接点都已被访问，v_2 出栈，回溯到 v_1；

（4）访问 v_1 的邻接点 v_3，v_3 入栈；

（5）v_3 的邻接点都已被访问，v_3 出栈，回溯到 v_1；

（6）v_1 的邻接点都已被访问，v_1 出栈，回溯到 v_0；

（7）访问 v_0 的邻接点 v_4，v_4 入栈；

（8）v_4 的邻接点都已被访问，v_4 出栈，回溯到 v_0；

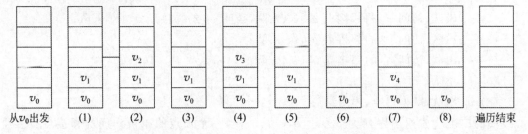

图 6-10　深度优先遍历过程中栈的变化

最后，v_0 的邻接点都已被访问，v_0 出栈，栈为空，遍历结束。

因此，深度优先遍历序列为 v_0,v_1,v_2,v_3,v_4。在深度优先遍历中，当一个顶点的未被访问过的邻接点有多个时，有多个选择，因此图的深度优先遍历序列一般不唯一。

2. 广度优先遍历

图的广度优先遍历类似于树的层序遍历。

从图中顶点 v 出发进行广度优先遍历的操作为：

（1）访问顶点 v；

（2）依次访问顶点 v 的所有没有被访问过的邻接点 $w_1,w_2,\cdots,w_k$；

（3）分别从 $w_1,w_2,\cdots,w_k$ 出发依次访问它们没有被访问过的邻接点，直到图中和顶点 v 有路径相连的顶点都被访问到。

广度优先遍历中"先被访问过的顶点"的邻接点先于"后被访问的顶点"的邻接点被访问，因此可借助队列实现。使用伪代码描述从顶点 v 出发进行广度优先遍历的算法如下。

---

1. 初始化顺序队列 Q；

2. 访问顶点 v，visited[v]＝1，顶点 v 入队列 Q；

3. 在队列不为空时循环：

    3.1 v ＝队列 Q 的队头出队；

    3.2 对顶点 v 的所有的邻接点 w 循环：

        3.2.1 如果 w 没有被访问过，则访问 w，visited[w]＝1，顶点 w 入队；

例如图 6-11 所示的有向图，图 6-12 为其广度优先遍历过程中队列的变化。

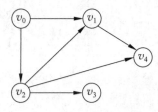

图 6-11　有向图示例

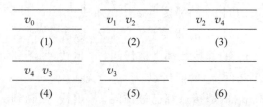

图 6-12　广度优先遍历过程中队列的变化

各个步骤的解释如下。

（1）访问 v_0，v_0 入队；

（2）v_0 出队，访问 v_0 的邻接点 v_1，v_1 入队，访问 v_0 的邻接点 v_2，v_2 入队；

（3）v_1 出队，访问 v_1 的邻接点 v_4，v_4 入队；

（4）v_2 出队，访问 v_2 的邻接点 v_3，v_3 入队；

（5）v_4 出队；

（6）v_3 出队，队列为空，遍历结束。

图的广度优先遍历序列为 v_0,v_1,v_2,v_4,v_3，当一个顶点的未被访问的邻接点有多个时，有多种选择，因此图的广度优先遍历序列一般也不唯一。

6.2 图的存储结构

图中顶点之间的逻辑关系是多对多的,即任何两个顶点之间都可能有边相连。图的存储需要解决两个问题:首先是顶点信息的存储;其次是顶点之间逻辑关系的存储。由于顶点之间多对多的逻辑关系无法通过顺序存储结构的下标来体现,因此图无法使用顺序存储结构存储。图的存储结构包括邻接矩阵、邻接表、十字链表以及邻接多重表,其中邻接矩阵和邻接表较为常用。

6.2.1 邻接矩阵

图的邻接矩阵(adjacency matrix)存储方法也称为数组表示法,其基本思想是使用一维数组存储顶点信息,使用二维数组存储图中各个顶点之间的逻辑关系,即边的信息。

已知图 $G=(V,E)$,顶点个数为 n,则邻接矩阵为 $n \times n$ 的方阵,元素定义为:

$$\text{arc}[i][j] = \begin{cases} 1 & (v_i, v_j) \in E \text{ 或} <v_i, v_j> \in E \\ 0 & \text{其他} \end{cases}$$

无向图及其邻接矩阵示例如图 6-13 所示。

无向图的邻接矩阵的主对角线为零并且是对称矩阵。

在无向图的邻接矩阵中判断顶点 v_i 和顶点 v_j 之间是否有边,只需要判断 $\text{arc}[i][j]$ 或 $\text{arc}[j][i]$ 是否为 1。求顶点 v_i 的邻接点只需要判断矩阵的第 i 行非零元素对应的列,或者第 i 列非零元素对应的行。例如,图 6-13 中 v_3 的邻接点为 v_1, v_2。有向图及其邻接矩阵示例如图 6-14 所示。

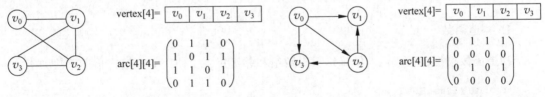

图 6-13 无向图及其邻接矩阵示例   图 6-14 有向图及其邻接矩阵示例

有向图的邻接矩阵主对角线为零,不一定对称。

在有向图的邻接矩阵中判断顶点 v_i 和顶点 v_j 之间是否有边,只需要判断 $\text{arc}[i][j]$ 是否为 1。求顶点 v_i 的邻接点只需要判断矩阵的第 i 行非零元素对应的列。例如,图 6-14 中的 v_i 的邻接点为 v_1, v_3。

已知网图 $G=(V,E)$,顶点个数为 n,则邻接矩阵为 $n \times n$ 的方阵,元素定义为:

$$\text{arc}[i][j] = \begin{cases} w_{ij} & (v_i, v_j) \in E \text{ 或} <v_i, v_j> \in E \\ 0 & i=j \\ \infty & \text{其他} \end{cases}$$

其中，w_{ij} 为边 (v_i,v_j) 或 $<v_i,v_j>$ 的权值；∞ 为计算机可以识别的大于所有边权值的最大值。例如，有向网的邻接矩阵示例如图 6-15 所示。

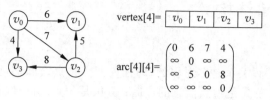

$$vertex[4]= \boxed{v_0 \mid v_1 \mid v_2 \mid v_3}$$

$$arc[4][4]= \begin{pmatrix} 0 & 6 & 7 & 4 \\ \infty & 0 & \infty & \infty \\ \infty & 5 & 0 & 8 \\ \infty & \infty & \infty & 0 \end{pmatrix}$$

图 6-15　有向网的邻接矩阵示例

图的邻接矩阵可以使用 C++ 语言的类模板描述。使用邻接矩阵存储无向图的类模板定义如下。

```
const int MaxSize = 10;                     /* 图中最大顶点个数 */
int visited[MaxSize] = {0};
/* 无向图采用邻接矩阵存储 */
template < class ElemType >
class MGraph{
public:
    MGraph(ElemType a[ ], int n, int e);    /* 构造函数,建立具有 n 个顶点 e 条边的无向图 */
    ～MGraph();                              /* 析构函数 */
    void DFSTraverse(int v);                /* 从顶点 v 开始深度优先遍历图 */
    void BFSTraverse(int v);                /* 从顶点 v 开始广度优先遍历图 */
    void DFS();                             /* 深度优先遍历图 */
    void BFS();                             /* 广度优先遍历图 */
private:
    ElemType vertex[MaxSize];               /* 存放图中顶点的数组 */
    int arc[MaxSize][MaxSize];              /* 存放图中边的数组 */
    int vertexNum, arcNum;                  /* 图的顶点数和边数 */
};
```

1. 构造函数

构造函数根据参数或输入值确定顶点数组和邻接矩阵。使用 C++ 语言描述算法如下。

```
template < class ElemType >
MGraph< ElemType >::MGraph(ElemType a[ ], int n, int e) {
    int i, j, k;
    vertexNum = n;
    arcNum = e;
    /* 用数组 a 给顶点数组赋值 */
    for(i = 0; i < vertexNum; i++) {
        vertex[i] = a[i];
    }
    /* 邻接矩阵初始化 */
    for(i = 0; i < vertexNum; i++)
        for(j = 0; j < vertexNum; j++)
            arc[i][j] = 0;
```

```
/* 依次输入 arcNum 条边 */
for(k = 0; k < arcNum; k++) {
    cin >> i >> j;
    arc[i][j] = 1;
    arc[j][i] = 1;
}
}
```

该算法的时间复杂度为 $O(n^2)$。

2. 深度优先遍历

从顶点 v 出发进行深度优先遍历的算法描述如下。

```
template < class ElemType >
void MGraph < ElemType >::DFSTraverse(int v) {
    cout << vertex[v]<<" ";
    visited[v] = 1;
    for (j = 0; j < vertexNum; j++)
        if (arc[v][j] == 1 && visited[j] == 0)
            DFSTraverse(j);
}
```

深度优先遍历图的算法描述如下。

```
template < class ElemType >
void MGraph < ElemType >::DFS() {
    int i;
    /* 访问标志赋初值 */
    for(i = 0; i < vertexNum; i++)
        visited[i] = 0;
    for(i = 0; i < vertexNum; i++)
        if(visited[i] == 0)
            DFSTraverse(i);
}
```

3. 广度优先遍历

从顶点 v 出发进行广度优先遍历的算法描述如下。

```
template < class ElemType >
void MGraph < ElemType >::BFSTraverse(int v) {
    /* 顺序队列,假设不会发生上溢 */
    int Q[MaxSize];
    int front = -1, rear = -1;  /* 初始化队列 */
    /* 访问顶点 v 并将 v 的访问标志设为 1 */
    cout << vertex[v]<<" ";
    visited[v] = 1;
    /* v 入队 */
    Q[++rear] = v;
```

```
    /* 当队列非空时循环 */
    while(front != rear) {
        /* 队头出队 */
        v = Q[++front];
        /* 访问队头所有没有访问过的邻接点,并入队 */
        for(int j = 0; j < vertexNum; j++)
            if(arc[v][j] == 1 && visited[j] == 0) {
                cout << vertex[j]<<" ";
                visited[j] = 1;
                Q[++rear] = j;
            }
    }
}
```

广度优先遍历图的算法描述如下。

```
template < class ElemType >
void MGraph< ElemType >::BFS() {
    int i;
    /* 访问标志赋初值 */
    for(i = 0; i < vertexNum; i++)
        visited[i] = 0;
    for(i = 0; i < vertexNum; i++)
        if(visited[i] == 0)
            BFSTraverse(i);
}
```

图的遍历的实质是寻找邻接点,n 个顶点寻找邻接点的时间复杂度为 $O(n^2)$,因此图的深度优先遍历和广度优先遍历算法的时间复杂度都为 $O(n^2)$。

使用邻接矩阵存储无向图并实现深度和广度优先遍历算法的详细代码可参照 ch06\MGraph 目录下的文件。当无向图如图 6-16 所示时,运行结果如图 6-17 所示。

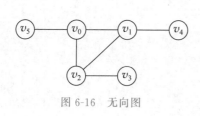

图 6-16　无向图

图 6-17　邻接矩阵存储无向图实现
遍历的运行结果

6.2.2　邻接表

使用邻接矩阵存储图的空间复杂度为 $O(n^2)$,只和图的顶点数有关,和图的边数无关。因此邻接矩阵比较适合存储稠密图,可使用邻接表存储稀疏图。

邻接表(adjacency list)是图的另一种存储结构,类似于树的孩子链表存储结构。邻接表将所有依附于顶点 v_i 的边使用边结点保存,并连接成一个单链表,称为顶点 v_i 的边表。

顶点存储单链表的头指针。所有顶点的头指针保存到一维数组中。存储顶点数据信息以及边表的头指针的结点为顶点表结点。顶点表结点和边表结点结构如图 6-18 所示。

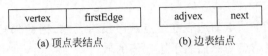

(a) 顶点表结点   (b) 边表结点

图 6-18 顶点表结点和边表结点结构

其中,vertex 为顶点的数据信息;firstEdge 为边表单链表的头指针,指向第一个边表结点;adjvex 为边的另一个顶点在顶点表中的下标;next 指向边表的下一个结点。

使用 C++ 语言描述结点定义如下。

```
/* 边表结点 */
struct ArcNode{
    int adjvex;
    ArcNode * next;
};
/* 顶点表结点 */
template < class ElemType >
struct VertexNode{
    ElemType vertex;
    ArcNode * firstEdge;
};
```

图 6-19 给出了无向图及其邻接表示例。

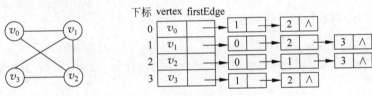

图 6-19 无向图及其邻接表示例

在无向图的邻接表中,如果要判断顶点 v_i 和顶点 v_j 是否有边,需要遍历顶点 v_i 的边表,判断顶点 v_j 是否出现在边表结点中;也可以遍历顶点 v_j 的边表,判断顶点 v_i 是否出现在边表结点中。要求顶点 v_i 的度或邻接点,需要遍历顶点 v_i 的边表,边表结点中的 adjvex 对应的顶点都是其邻接点,边表中出现的结点的个数即为其度数。由于无向图本身的特性,无向图中的一条边与邻接表中的两个边结点对应。

有向图的邻接表为出边表,即边表结点是以顶点为弧尾的边。有向图及其邻接表示例如图 6-20 所示。

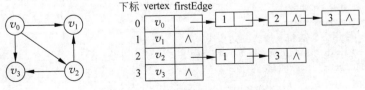

图 6-20 有向图及其邻接表示例

在有向图的邻接表中，如果要判断边$<v_i, v_j>$是否存在，需要遍历顶点v_i的边表。如果要求顶点v_i的出度或邻接点，也需要遍历顶点v_i的边表。但是要求顶点v_i的入度，则需要遍历邻接表的所有边表结点。

由于对邻接表中某个顶点的边表的结点顺序没有要求，因此邻接表一般不唯一。网图的邻接表可以在顶点表结点中添加表示边权值的域。

可以使用C++语言的类模板描述用于存储有向图的邻接表。

```cpp
const int MaxSize = 10;                          /*图的最大顶点个数*/
int visited[MaxSize] = {0};                      /*顶点的访问标志数组*/
template < class ElemType >
class ALGraph{
public:
    ALGraph(ElemType a[], int n, int e);         /*构造函数,建立有n个顶点e条边的有向图*/
    ~ALGraph();                                   /*析构函数*/
    void DFSTraverse(int v);                      /*从顶点v开始深度优先遍历图*/
    void BFSTraverse(int v);                      /*从顶点v开始广度优先遍历图*/
    void DFS();                                    /*深度优先遍历图*/
    void BFS();                                    /*广度优先遍历图*/
private:
    VertexNode < ElemType > adjList[MaxSize];     /*存放顶点表的数组*/
    int vertexNum, arcNum;                        /*图的顶点数和边数*/
};
```

1. 构造函数

邻接表的构造函数使用C++描述如下。

```cpp
template < class ElemType >
ALGraph < ElemType >::ALGraph(ElemType a[], int n, int e) {
    ArcNode * s;
    int i, j, k;
    vertexNum = n;
    arcNum = e;
    /*初始化顶点表*/
    for(i = 0; i < vertexNum; i++) {
        adjList[i].vertex = a[i];
        adjList[i].firstEdge = NULL;
    }
    /*依次输入边*/
    for (k = 0; k < arcNum; k++) {
        cout <<"请输入第"<< k + 1 <<"条边的两个顶点的序号: ";
        cin >> i >> j;
        /*生成新的边表结点s*/
        s = new ArcNode;
        s -> adjvex = j;
        /*使用头插法将s插入到边表中*/
        s -> next = adjList[i].firstEdge;
        adjList[i].firstEdge = s;
    }
}
```

该算法的时间复杂度为 $O(n+e)$。

2. 深度优先遍历

以邻接表存储有向图，从顶点 v 出发进行深度优先遍历的算法描述如下。

```
template < class ElemType >
void ALGraph < ElemType >::DFSTraverse( int v) {
    /* 访问顶点 v */
    cout << adjList[ v]. vertex <<" ";
    /* 将顶点 v 设置为已访问 */
    visited[ v] = 1;
    /* 寻找 v 的没有被访问过的邻接点,并递归调用深度优先遍历算法 */
    /* p 指向顶点 v 边表中第一个结点 */
    p = adjList[ v]. firstEdge;
    while( p != NULL) {
        j = p-> adjvex;
        if( visited[ j] == 0)
            DFSTraverse( j);
        p = p-> next; /* p 后移 */
    }
}
```

3. 广度优先遍历

以邻接表存储有向图，从顶点 v 出发进行广度优先遍历的算法描述如下。

```
template < class ElemType >
void ALGraph < ElemType >::BFSTraverse( int v) {
    /* 初始化队列, 假设队列采用顺序存储且不会发生上溢 */
    front = - 1, rear = - 1;
    int Q[ MaxSize];
    /* 访问顶点 v */
    cout << adjList[ v]. vertex <<" ";
    visited[ v] = 1;
    /* 顶点入队 */
    Q[ ++rear] = v;
    /* 队列非空时循环 */
    while ( front != rear) {
        /* 队头出队 */
        v = Q[ ++front];
        /* 访问 v 的所有没有访问过的邻接点 */
        p = adjList[ v]. firstEdge;
        while( p != NULL) {
            int j = p-> adjvex;
            if( visited[ j] == 0) {
                cout << adjList[ j]. vertex <<" ";
                visited[ j] = 1;
                Q[ ++rear] = j;
```

```
        }
        p = p->next;
    }
}
```

图的深度优先遍历和广度优先遍历算法的本质是对每个顶点查找邻接点,访问顶点表和所有边表结点的时间复杂度为 $O(n+e)$,因此图的深度优先遍历和广度优先遍历的时间复杂度都为 $O(n+e)$。

4. 析构函数

邻接表的析构函数将所有的边结点释放,算法描述如下。

```
template<class ElemType>
ALGraph<ElemType>::~ALGraph() {
    for(i = 0; i < vertexNum; i++) {
        p = adjList[i].firstEdge;
        while(p != NULL) {
            adjList[i].firstEdge = p->next;
            delete p;
            p = adjList[i].firstEdge;
        }
    }
}
```

使用邻接表存储有向图并实现遍历的详细代码可参照 ch06\ALGraph 目录下的文件,当有向图如图 6-21 所示时,运行结果如图 6-22 所示。

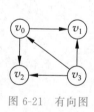

图 6-21　有向图

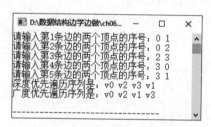

图 6-22　有向图遍历的运行结果

6.2.3　十字链表

有向图的邻接表是出边表,即顶点的边表是以顶点为弧尾的有向边。在有向图的邻接表中求顶点的入度时需要遍历邻接表的所有边表结点。有向图的逆邻接表是入边表,即顶点的边表是以顶点为弧头的有向边。图 6-23 所示为有向图及其逆邻接表。

显然,在逆邻接表中求顶点的入度只需要遍历顶点的边表,但是求顶点的出度需要遍历邻接表的所有边表结点。十字链表(orthogonal list)是有向图的另一种存储结构,相当于将邻接表和逆邻接表合并,其顶点表结点和边表结点结构如图 6-24 所示。

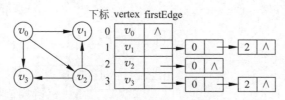

图 6-23 有向图及其逆邻接表

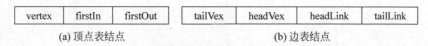

vertex	firstIn	firstOut		tailVex	headVex	headLink	tailLink

(a) 顶点表结点   (b) 边表结点

图 6-24 十字链表的顶点表结点和边表结点结构

其中,vertex 为顶点的数据域;firstIn 为入边表的头指针,指向第一个入边结点;firstOut 为出边表的头指针,指向第一个出边结点;tailVex 为弧尾在顶点表中的下标;headVex 为弧头在顶点表中的下标;headLink 为指向下一个与当前边结点具有相同的弧头的边结点;tailLink 指向下一个与当前边结点具有相同的弧尾的边结点。例如,图 6-25 所示的有向图,其十字链表示例如图 6-26 所示。

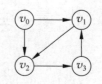

图 6-25 有向图示例

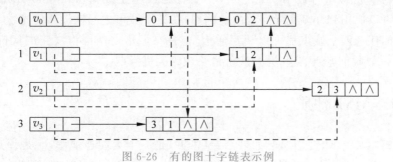

图 6-26 有的图十字链表示例

6.2.4 邻接多重表

无向图的一条边会在邻接表的边表结点中出现两次,这会给邻接表的操作带来不便。邻接多重表(adjacency multi－list)是用来存储无向图的另一种存储结构,在邻接多重表中,每一条无向边只对应一个边结点。邻接多重表的顶点表结点和边表结点结构如图 6-27 所示。

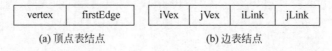

vertex	firstEdge		iVex	jVex	iLink	jLink

(a) 顶点表结点   (b) 边表结点

图 6-27 邻接多重表的顶点表结点和边表结点结构

其中,vertex 为顶点的数据域;firstEdge 为边表的头指针,指向边表的第一个结点;iVex 为边依附的一个顶点在顶点表中的下标;jVex 为边依附的另一个顶点在顶点表中的下标;iLink 指向依附于 iVex 的下一条边;jLink 指向依附于 jVex 的下一条边。图 6-28 为无向图的邻接多重表存储示例。

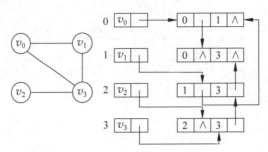

图 6-28　无向图的邻接多重表示例

6.3　最小生成树

假设 $G=(V,E)$ 为无向连通网，其生成树上的各边权值之和为生成树的代价。生成树中权值最小的生成树称为最小权重生成树，简称为**最小生成树**（minimal spanning tree）。最小生成树可以应用到许多实际问题中。例如，在 n 个城市之间铺设通信光缆，目标是使 n 个城市之中的任意两个城市都可以相互通信，但是在城市之间铺设线路的代价不同，因此如何选择使 n 个城市连通的边，并且代价最小成为关键问题。

6.3.1　MST 性质

最小生成树具有 MST 性质：如果 $G=(V,E)$ 是一个无向连通图，U 是顶点集 V 的一个非空子集。若 (u,v) 是一条具有最小权值的边，其中 $u\in U,v\in V-U$，则必存在一棵包含边 (u,v) 的最小生成树。

证明：可使用反证法证明。

假设连通网 $G=(V,E)$ 的任何一棵最小生成树都不包含边 (u,v)，设 T 是连通网的一棵最小生成树，当把边 (u,v) 加入 T 中时，由生成树的定义可知，T 中必存在包含边 (u,v) 的回路。由于 T 是生成树，则在 T 上必存在另一条边 (u',v')，其中 $u'\in U,v'\in V-U,U\subset V$，并且 u 和 u' 之间、v 和 v' 之间均有路径相通。在 T 中删除边 (u',v')，便可消除回路，同时得到另一棵生成树 T'。因为边 (u,v) 的代价小于或等于边 (u',v')，因此 T' 的代价小于或等于 T 的代价，则 T' 是包含边 (u,v) 的一棵最小生成树，与假设矛盾，性质得证。

6.3.2　Prim 算法

1. 基本思想

Prim 算法的基本思想为：假设 $G=(V,E)$ 为无向连通网，令 $T=(U,\text{TE})$ 为 G 的最小生成树。T 的初始状态为 $U=\{v_0\}$，$v_0 \in V$，TE=\{ \}。重复执行以下操作：在所有 $u \in U$，$v \in V-U$ 的边中寻找一条代价最小的边 (u,v) 并入集合 TE，同时 v 并入 U，直至 $U=V$ 为止。此时 T 即为所求得的最小生成树，TE 中必包含 $n-1$ 条边。

2. 候选最短边集

Prim 算法的关键是如何选择顶点分别在 U 和 $V-U$ 中的最短边。连通网采用邻接矩阵存储。根据 MST 性质，对于 $V-U$ 里的每个顶点，只保留该顶点到 U 中某个顶点的最短边，即候选最短边集。

设置辅助的候选边集数组 shortEdge[n]，存储候选的最短边集，数组的每个元素包含 int 类型的 adjvex 和 lowcost 两个域，分别表示候选最短边的邻接点的下标和权值。例如，$v_i \in V-U$，$v_k \in U$，如果最短边 (v_i, v_k) 的权值为 w，则记为 shortEdge[i] · adjvex $=k$，shortEdge[i] · lowcost $=w$，即还未在最小生成树中的顶点 v_i 到最小生成树的顶点集 U 里的所有顶点的最短边为 (v_i, v_k)，此边为下一步被选中的进入最小生成树的边。

初始状态时，$U=\{v_0\}$，shortEdge[0] · lowcost $=0$，表示顶点 v_0 已经在集合 U 中。数组元素 shortEdge[i] · adjvex $=0$，shortEdge[0] · lowcost $=$ arc[0][i]（arc[0][i] 为边 (v_0, v_i) 的权值），因为 U 中只有一个顶点 v_0，因此 $V-U$ 里的顶点 v_i 到 U 里的最短边的一个顶点必定是 v_0。

在 $V-U$ 里的顶点对应的 shortEdge[ ] 中选择最小的 lowcost，如果 shortEdge[k] · lowcost 最小，则将顶点 v_k 并入集合 U 中，并更新 shortEdge 的内容。

shortEdge[k] · lowcost $=0$，因为 v_k 已经在集合 U 中。

对于仍在 $V-U$ 里的顶点 v_j，如果 arc[j][k] < shortEdge[j] · lowcost，则 shortEdge[j] · adjvex $=k$，shortEdge[j] · lowcost $=$ arc[j][k]，即因为顶点 v_k 并入集合 U，产生了 U 中到顶点 v_j 更近的顶点 v_k。

3. 示例

例 6-1 连通网如图 6-29 所示，使用 Prim 算法求解最小生成树的过程如下所示。

（1）最小生成树的初态只包含一个顶点，如图 6-30 所示。

$$U=\{v_0\}$$
$$V-U=\{v_1, v_2, v_3, v_4, v_5\}$$
$$\text{cost}=\{(v_0,v_1)4, (v_0,v_2)\infty, (v_0,v_3), \infty, (v_0,v_4)5, (v_0,v_5)2\}$$

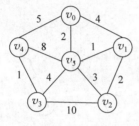

图 6-29 连通网

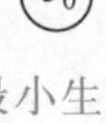

v_0

图 6-30 最小生成树的初态

（2）将边$(v_0,v_5)2$加入最小生成树，如图 6-31 所示，更新 U,V,cost。

$$U=\{v_0,v_5\}$$
$$V-U=\{v_1,v_2,v_3,v_4\}$$
$$\text{cost}=\{(v_5,v_1)1,(v_5,v_2)3,(v_5,v_3)4,(v_0,v_4)5\}$$

（3）将边$(v_5,v_1)1$加入最小生成树，如图 6-32 所示，更新 U,V,cost。

$$U=\{v_0,v_5,v_1\}$$
$$V-U=\{v_2,v_3,v_4\}$$
$$\text{cost}=\{(v_1,v_2)2,(v_5,v_3)4,(v_0,v_4)5\}$$

（4）将边$(v_1,v_2)2$加入最小生成树，如图 6-33 所示，更新 U,V,cost。

$$U=\{v_0,v_5,v_1,v_2\}$$
$$V-U=\{v_3,v_4\}$$
$$\text{cost}=\{(v_5,v_3)4,(v_0,v_4)5\}$$

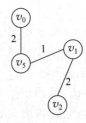

图 6-31　加入边$(v_0,v_5)2$　　　图 6-32　加入边$(v_5,v_1)1$　　　图 6-33　加入边$(v_1,v_2)2$

（5）将边$(v_5,v_3)4$加入最小生成树，如图 6-34 所示，更新 U,V,cost。

$$U=\{v_0,v_5,v_1,v_2,v_3\}$$
$$V-U=\{v_4\}$$
$$\text{cost}=\{(v_3,v_4)1\}$$

（6）将边$(v_3,v_4)1$加入最小生成树，如图 6-35 所示，更新 U,V,cost。

$$U=\{v_0,v_5,v_1,v_2,v_3,v_4\}$$
$$V-U=\{\ \}$$
$$\text{cost}=\{\ \}$$

图 6-35 即为求得的最小生成树。

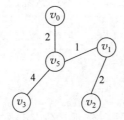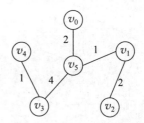

图 6-34　加入边$(v_5,v_3)4$　　　　　　图 6-35　加入边$(v_3,v_4)1$

4. 算法描述

(1) 使用伪代码描述 Prim 算法如下。

---
1. 初始化候选边集数组 shortEdge[n];
2. 将顶点 v0 加入集合 U 中;
3. 重复执行 n−1 次以下操作:
    2.1 在 V−U 中的顶点对应的 shortEdge[] 中选择最短边(vi,vk),邻接点记为 k;
    2.2 将顶点 vk 加入集合 U 中,将边(vi,vk)加入边集 TE;
    2.3 调整 V−U 中顶点对应的 shortEdge[];

---

(2) 使用 C++ 语言描述算法如下。

```cpp
template < class ElemType >
void MGraph< ElemType >::Prim() {
    element shortEdge[MaxSize];
    int k, i, j;
    /* 初始化辅助数组 shortEdge */
    for(i = 1; i < vertexNum; i++) {
        shortEdge[i].lowcost = arc[0][i];
        shortEdge[i].adjvex = 0;
    }
    /* 顶点 0 加入集合 U */
    shortEdge[0].lowcost = 0;
    cout <<"Prim算法求解的最小生成树包括的边为: "<< endl;
    for(i = 1; i < vertexNum; i++) {
        /* 寻找最短边的邻接点 k */
        /* k 设初值 */
        for(j = 1; j < vertexNum; j++) {
            if(shortEdge[j].lowcost != 0) {
                k = j;
                break;
            }
        }
        /* 选取 k */
        for(j = 1; j < vertexNum; j++) {
            if(shortEdge[j].lowcost != 0 && shortEdge[j].lowcost < shortEdge[k].lowcost)
                k = j;
        }
    cout <<"("<< vertex[k]<<", "<< vertex[shortEdge[k].adjvex]<<"), "<< shortEdge[k].lowcost <<
endl;
        /* 顶点 k 加入集合 U 中 */
        shortEdge[k].lowcost = 0;
        /* 调整数组 shortEdge */
        for(j = 1; j < vertexNum; j++) {
            if(arc[k][j] < shortEdge[j].lowcost) {
```

```
            shortEdge[j].lowcost = arc[k][j];
            shortEdge[j].adjvex = k;
        }
    }
}
```

Prim 算法的时间复杂度为 $O(n^2)$，更适合求稠密连通网的最小生成树。详细实现可参照 ch06\Prim 目录下的文件，当连通网如图 6-29 所示时，运行结果如图 6-36 所示。

图 6-36　Prim 算法的运行结果

6.3.3　Kruscal 算法

1. 基本思想

假设连通网 $G=(V,E)$，G 的最小生成树为 $T=(U,\text{TE})$，初始状态时，$U=V$，$\text{TE}=\{\ \}$，即 T 中各个顶点自成一个连通分量。将 E 中的边按照权值从小到大排序，依次判断每一条边。如果边的两个顶点位于 T 的两个不同的连通分量上，则将此边加入 TE 中，把两个连通分量连接成一个。如果边的两个顶点位于 T 中的一个连通分量上，则舍弃此边。如此重复，直到 T 中的连通分量成为一个，此时 T 即为所求得的最小生成树。Kruscal 算法的基本思想使用伪代码描述如下。

---

1. 初始化最小生成树 T，U＝V；TE＝{ }；
2. 在 T 中连通分量个数 >1 时循环：
 2.1 在连通网的边集 E 中寻找最短边(u,v)；
 2.2 如果(u,v)位于 T 中不同的连通分量上，则：
   2.2.1 将(u,v)加入 TE；
 2.3 在 E 中标记边(u,v)，使之不参加后续最短边的选取；

例 6-2　对于图 6-29 所示的连通网，使用 Kruscal 算法求解生成树的过程如图 6-37 所示。

2. 边集数组

实现 Kruscal 算法的最关键之处在于如何判断边的两个顶点是否处于同一个连通分量

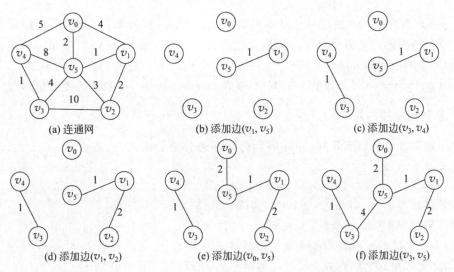

图 6-37　使用 Krucscal 算法求解最小生成树的过程

上。为了便于判断,使用边集数组存储无向图,使用类模板描述边集数组的定义如下。

```
const int MaxSize = 10;                      /* 图中最大顶点个数 */
const int MaxEdge = 100;                     /* 图中最大边数 */

struct EdgeType{
    int from, to;                            /* 边对应的两个顶点 */
    int weight;                              /* 边上的权值 */
};
/* 无向连通网采用边集数组存储 */
template < class ElemType >
class EdgeGraph{
public:
    EdgeGraph(ElemType a[ ], int n, int e);  /* 构造函数 */
    void Sort();                             /* 边集数组从小到大排序 */
    void Print();                            /* 输出边集数组 */
    void Kruscal();                          /* Kruscal 算法 */
private:
    ElemType vertex[MaxSize];                /* 存放图中顶点的数组 */
    EdgeType edge[MaxEdge];                  /* 存放图中边的数组 */
    int vertexNum, edgeNum;                  /* 图的顶点数和边数 */
};
```

　　例如,对于图 6-37(a)所示的连通网,其边集数组存储结构如图 6-38 所示。

　　为了判断两个顶点是否位于同一个连通分量上,引入数组 parent[n],用以表示各个顶点的双亲结点的下标。parent[i]表示顶点 v_i 的双亲的下标。初始时每个顶点都自成一个连通分量,因此 parent[ ]={-1},即每个顶点都是各自所在连通分量的根结点。对于边(u,v),如果顶点 u 所在的连通分量的根结点

vertex[6]=

	v_0	v_1	v_2	v_3	v_4	v_5

index	0	1	2	3	4	5	6	7	8	9
from	1	3	0	1	2	0	3	0	4	2
to	5	4	5	2	5	1	5	4	5	3
weight	1	1	2	2	3	4	4	5	8	10

图 6-38　无向网的边集数组示意图

下标为 vex1，顶点 v 所在的连通分量的根结点下标为 vex2，如果 vex1≠vex2，则顶点 u 和顶点 v 肯定在不同的连通分量上。如果要把边 (u,v) 加入最小生成树，使 parent[vex2]＝vex1，即可将两个连通分量合并成一个。寻找某个顶点 v 所在连通分量的根结点，只需要沿着数组 $v＝$parent[v]不断查找 v 的双亲，直到 parent[v]＝－1，v 即为连通分量的根结点。

3. 伪代码描述的算法

使用边集数组存储无向网，num 表示合并连通分量的次数，共需合并 $n-1$ 次，伪代码描述算法如下。

---

1. 初始化辅助数组 parent[n]；num＝0；
2. 对边集数组中的每一条边(u,v)循环：
    2.1 寻找顶点 u 所在的连通分量的根结点 vex1；
    2.2 寻找顶点 v 所在的连通分量的根结点 vex2；
    2.3 如果 vex1 ！＝ vex2，则：
        2.3.1 合并连通分量，使 parent[vex2]＝vex1；
        2.3.2 num++；
        2.3.3 if num＝n－1 return；

---

4. C++语言描述的算法

（1）寻找顶点所在连通分量的根结点的算法。

```cpp
int FindRoot(int parent[], int v) {
    int t = v;
    while(parent[t] > - 1)
        t = parent[t];
    return t;
}
```

（2）Kruscal 算法。

```cpp
template < class ElemType >
void EdgeGraph< ElemType >::Kruscal() {
    int parent[MaxSize];
    int i, num;
    /* 初始化 parent[]数组 */
    for(i = 0; i < vertexNum; i++)
        parent[i] = - 1;
    /* 记录合并连通分量的次数 */
    num = 0;
    int vex1, vex2;
    cout <<"Kruscal 算法求解的最小生成树中包括的边为: "<< endl;
    /* 按权值从小到大处理已排好序的边集数组的每一条边 */
    for(i = 0; i < edgeNum; i++) {
        /* 寻找两个顶点所在连通分量的根 */
        vex1 = FindRoot(parent, edge[i].from);
```

```
vex2 = FindRoot(parent, edge[i].to);
/* 边的两个顶点不在同一个连通分量 */
if(vex1 != vex2) {
    /* 输出边 */
    cout <<"("<< edge[i].from <<","<< edge[i].to <<"),"<< edge[i].weight << endl;
    /* 合并连通分量 */
    parent[vex2] = vex1;
    num++;
    /* 已合并 n-1 次,结束 */
    if(num == vertexNum-1)
        return;
    }
}
}
```

Kruscal 算法的时间复杂度为 $O(elbe)$,因此更适合于求稀疏连通网的最小生成树。实现 Kruscal 算法的详细代码可参照 ch06\Kruscal 目录下的文件,当连通网如图 6-37(a)所示时,运行结果如图 6-39 所示。

图 6-39 使用 Kruscal 算法求最小生成树的运行结果

6.4 最短路径问题

在非网图中,路径长度指路径上边的条数。在网图中,路径长度指的是路径上边的权值之和。最短路径问题具有广泛的应用,例如在计算机网络中由服务器向各客户机传送信息、交通图中某个顶点到其他顶点的最短路径、选址问题等。路径中的第一个顶点称为**源点**(source),最后一个顶点称为**终点**(destination)。最短路径问题分为两类:单源点最短路径和每一对顶点之间的最短路径。单源点最短路径问题可以使用 Dijkstra 算法求解,每一对顶点之间的最短路径问题既可以采用 Dijkstra 算法求解,也可以采用 Floyd 算法求解。

6.4.1 Dijkstra 算法

1. 基本思想

单源点最短路径问题描述为:给定带权有向图 $G=(V,E)$ 和源点 $v \in V$,求从 v 到 G 中其他各顶点的最短路径。Dijkstra 算法是求解单源点最短路径问题的贪心算法，按照路径长度递增的次序求解最短路径。其基本思想为：设集合 S 为已经找到最短路径的顶点，初始状态下，$S=\{v\}$，对 $\forall v_i \in V-S$，v 到 v_i 的有向边为最短路径，长度为有向边上的权值。每求得一条最短路径 $v,\cdots,v_k$，就将 v_k 加入集合 S 中，并且对 $\forall v_i \in V-S$，将 $v,\cdots,v_k,v_i$ 的长度与原来的路径比较，取长度较小者为最短路径，如图 6-40 所示，直到 $S=V$，即源点 v 到其他顶点的最短路径都被求出。

2. 存储结构

有向网采用邻接矩阵存储，另辅设数组 $dist[n]$ 存储源点 v 到其他各顶点的最短路径长度，初值为有向边上的权值，如果不存在边则为 ∞；数组 $path[n]$ 存储源点 v 到其他各顶点的最短路径序列，元素类型为字符串，若 $<v,v_i>$ 存在，则 $path[i]="vv_i"$，否则为空串；数组 $s[n]$ 存放已经求出最短路径的顶点，初始状态时 $s[0]=v$，只有一个顶点 v；num 记录数组 $s[n]$ 中包含的顶点个数，初值为 1。

3. 示例

例 6-3　对于图 6-41 所示的有向网，使用 Dijkstra 算法求解的过程如表 6-1 所示。

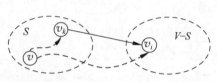

图 6-40　Dijkstra 算法的基本思想示意图

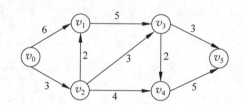

图 6-41　有向网示例

表 6-1　Dijkstra 算法的执行过程

S	v_1	v_2	v_3	v_4	v_5
$\{v_0\}$	6 $v_0\ v_1$	3 $v_0\ v_2$	∞	∞	∞
$\{v_0\ v_2\}$	5 $v_0\ v_2\ v_1$		6 $v_0\ v_2\ v_3$	7 $v_0\ v_2\ v_4$	∞
$\{v_0\ v_2\ v_1\}$			6 $v_0\ v_2\ v_3$	7 $v_0\ v_2\ v_4$	∞
$\{v_0\ v_2\ v_1\ v_3\}$				7 $v_0\ v_2\ v_4$	9 $v_0\ v_2\ v_3\ v_5$
$\{v_0\ v_2\ v_1\ v_3\ v_4\}$					9 $v_0\ v_2\ v_3\ v_5$
$\{v_0\ v_2\ v_1\ v_3\ v_4\ v_5\}$					

表中加下画线的路径为求得的最短路径。

4. 算法

Dijkstra 算法的伪代码描述如下。

1. 初始化数组 dist[n],path[n],s[n],num;
2. 当 num ＜ n 时循环:
   2.1 在 dist[n] 中求最小值,下标为 k;
   2.2 输出 dist[k] 和 path[k],k 加入 s,num++;
   2.3 对不在 s[n] 中的每个顶点 i 循环:
      2.3.1 如果 dist[i] ＞ dist[k]＋arc[k][i] 则
         2.3.1.1 dist[i]＝dist[k]＋arc[k][i];
         2.3.1.2 path[i]＝path[k]＋vertex[i];
   2.4 dist[k]＝0;

使用 C++ 语言描述算法如下。

```cpp
template < class ElemType >
void MGraph < ElemType >::Dijkstra(int v) {
    int dist[MaxSize];              /* 存储路径长度 */
    string path[MaxSize];          /* 存储路径 */
    int s[MaxSize];                /* 已经求出最短路径的顶点 */
    int num;                       /* 已经求出最短路径的顶点个数 */
    int i, j, k;
    /* 初始化 */
    for(i = 0; i < vertexNum; i++) {
        dist[i] = arc[v][i];
        if(dist[i] != INF)
            path[i] = vertex[v] + " " + vertex[i];
        else
            path[i] = "";
    }
    /* 顶点 v 加入集合 s */
    s[0] = v;
    num = 1;
    while(num < vertexNum) {
        /* 从非零的 dist[] 中选取最小值 */
        /* 找第一个非零的 dist */
        for(j = 0; j < vertexNum; j++) {
            if(dist[j] != 0)
                break;
        }
        /* 假设第一个非零的 dsit[] 最小 */
        k = j;
        for(i = k + 1; i < vertexNum; i++)
            if((dist[i] != 0) && (dist[i] < dist[k]))
                k = i;
```

```
/* v 到 k 的最短路径求出,输出 */
cout << path[k]<<" : "<< dist[k]<< endl;
/* k 加入 s */
s[num++] = k;
/* 以 k 作为中间顶点,更新 dist[]和 path[] */
for(i = 0;i < vertexNum; i++)
    if(dist[i] > dist[k] + arc[k][i]) {
        dist[i] = dist[k] + arc[k][i];
        path[i] = path[k] + " " + vertex[i];
    }
/* 避免 dist[k]参与后续的比较 */
dist[k] = 0;
    }
}
```

Dijkstra 算法的时间复杂度为 $O(n^2)$,详细代码可参照 ch06\Dijkstra 目录下的文件,当有向网如图 6-41 所示时,Dijkstra 算法的运行结果如图 6-42 所示。

图 6-42　Dijkstra 算法的运行结果

6.4.2　Floyd 算法

每一对顶点之间的最短路径问题描述为:给定有向网 $G=(V,E)$,对于任意两个不同的顶点 v_i 和 v_j,求顶点 v_i 到顶点 v_j 的最短路径。求解每一对顶点之间的最短路径问题可以 G 中的每个顶点作为源点,调用 Dijkstra 算法,显然需要调用 n 次,时间复杂度为 $O(n^3)$。Floyd 算法也可以求解每一对顶点之间的最短路径问题,时间复杂度虽然也是 $O(n^3)$,但是形式上更简单些。Floyd 算法也称为插点法,使用动态规划的思想求解最短路径。

1. 基本思想

已知有向网 $G=(V,E)$,假设从顶点 v_i 到顶点 v_j 的有向边为最短路径,如果没有有向边,则路径长度为∞。分别使用 V 中的顶点作为中间顶点进行 n 次试探:首先使用顶点 v_0 作为中间顶点试探,比较 v_i,v_j 的长度和 v_i,v_0,v_j 的长度,取长度较小者。然后使用顶点 v_1 作为中间顶点试探,比较 $v_i,\cdots,v_j$ 的长度和 $v_i,\cdots,v_1,v_j$ 的长度,取长度较小者。以此类推,直到 V 中的每个顶点都已试探一次,则 $v_i,\cdots,v_j$ 的路径为最短路径。

2. 存储结构

由于最短路径一定是简单路径,即最短路径中不会出现重复的顶点,因此如果路径

$v_i,\cdots,v_j$ 中已经出现顶点 v_k，则不必使用顶点 v_k 作为中间顶点进行试探。

与 Dijkstra 算法类似，使用邻接矩阵存储有向图，使用辅助矩阵 $dist[n][n]$ 存储最短路径长度，使用辅助矩阵 $path[n][n]$ 存储最短路径。初始状态下分别记为 $dist_{-1}[n][n]$ 和 $path_{-1}[n][n]$；试探过顶点 v_0 后，记为 $dist_0[n][n]$ 和 $path_0[n][n]$；试探过顶点 v_1 后，记为 $dist_1[n][n]$ 和 $path_1[n][n]$；以此类推，试探过顶点 v_{n-1} 后记为 $dist_{n-1}[n][n]$ 和 $path_{n-1}[n][n]$，即为最终结果。各辅助矩阵的初值及迭代如下：

$$\begin{cases} dist_{-1}[i][j]=arc[i][j] \\ dist_k[i][j]=\min\{dist_{k-1}[i][j],dist_{k-1}[i][k]+dist_{k-1}[k][j]\}, \quad 0\leqslant k\leqslant n-1 \end{cases}$$

3. 示例

例 6-4　连通网如图 6-43 所示，使用 Floyd 算法求解的过程如图 6-44 所示。

$$dist_{-1}=\begin{pmatrix} 0 & 4 & 11 \\ 6 & 0 & 2 \\ 3 & \infty & 0 \end{pmatrix}$$

$$path_{-1}=$$

	AB	AC
BA		BC
CA		

（a）初始化

$$dist_0=\begin{pmatrix} 0 & 4 & 11 \\ 6 & 0 & 2 \\ 3 & 7 & 0 \end{pmatrix}$$

$$path_0=$$

	AB	AC
BA		BC
CA	CAB	

（b）以 A 为中间顶点试探

$$dist_1=\begin{pmatrix} 0 & 4 & 6 \\ 6 & 0 & 2 \\ 3 & 7 & 0 \end{pmatrix}$$

$$path_1=$$

	AB	ABC
BA		BC
CA	CAB	

（c）以 B 为中间顶点试探

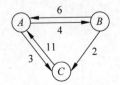

图 6-43　连通网示例

$$dist_2=\begin{pmatrix} 0 & 4 & 6 \\ 5 & 0 & 2 \\ 3 & 7 & 0 \end{pmatrix}$$

$$path_2=$$

	AB	ABC
BCA		BC
CA	CAB	

（d）以 C 为中间顶点试探

图 6-44　使用 Floyd 算法求解过程中各参数的变化

4. 算法

使用 C++ 语言描述的 Floyd 算法如下。

```cpp
template < class ElemType >
void MGraph< ElemType >::Floyd() {
    int dist[MaxSize][MaxSize];
    string path[MaxSize][MaxSize];
    int i, j, k;
    /* dist, path 初始化 */
    for(i = 0; i < vertexNum; i++)
        for(j = 0; j < vertexNum; j++) {
```

```
                dist[i][j] = arc[i][j];
                if(dist[i][j] != INF)
                    path[i][j] = vertex[i] + vertex[j];
                else
                    path[i][j] = "";
            }
        /* 依次使用顶点 k 作为中间顶点试探 */
        for(k = 0; k < vertexNum; k++) {
            for(i = 0; i < vertexNum; i++)
                for(j = 0; j < vertexNum; j++)
                    if(dist[i][j] > dist[i][k] + dist[k][j]) {
                        dist[i][j] = dist[i][k] + dist[k][j];
                        path[i][j] = path[i][k] + vertex[j];
                    }
        }
        /* 输出结果 */
        cout << "最短路径分别为： " << endl;
        for(i = 0; i < vertexNum; i++) {
            for(j = 0; j < vertexNum; j++) {
                if(i != j) {
                    cout << vertex[i] << "-->" << vertex[j] << " : ";
                    cout << dist[i][j] << "(" << path[i][j] << ")" << " ";
                    cout << endl;
                }
            }
        }
    }
```

详细代码可参照 ch06\Floyd 目录下的文件，当有向网如图 6-43 所示时，Floyd 算法求最短路径的运行结果如图 6-45 所示。

图 6-45　Floyd 算法求最短路径的运行结果

6.5　拓扑排序

有向图可以有效地描述工程，一般生产流程、软件工程、教学计划等都可以作为一个工程。通常一个工程由若干个活动构成，活动之间存在先后制约关系，即一些活动完成后另一些活动才能开始。

在一个表示工程的活动中,顶点表示活动,用有向边表示活动之间的优先关系。这种顶点表示活动的网,简称为 AOV 网(activity on vertex network)。

AOV 网中的有向边表示活动之间的制约关系,正常情况下,在 AOV 网中不能存在回路。因为如果存在即意味着某个活动以自身的完成为先决条件,显然不合常理。而判断 AOV 网中是否存在回路,可以使用拓扑排序。

设 $G=(V,E)$ 为有向图,V 中的顶点序列 $v_0,v_1,\cdots,v_{n-1}$ 当且仅当满足下列条件时称为一个拓扑序列(topological order):若从顶点 v_i 到顶点 v_j 有一条路径,则在顶点序列中顶点 v_i 必在顶点 v_j 之前。求一个有向图的拓扑序列的过程称为拓扑排序(topological sort)。有向无环图一定存在拓扑序列,并且拓扑序列一般不唯一。例如,对于图 6-46 所示的有向图,其拓扑序列不唯一,其中两个分别为 $v_0,v_1,v_2,v_3,v_4,v_5,v_6$ 和 $v_1,v_0,v_3,v_2,$ v_4,v_5,v_6,可见拓扑序列中顶点个数和 AOV 网中顶点个数相等。图 6-47 所示的有向图因其存在回路,所以拓扑序列不存在。

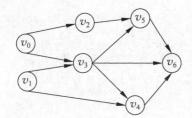

图 6-46　一个不存在回路的 AOV 网

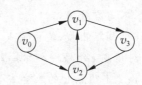

图 6-47　一个存在回路的 AOV 网

1. 基本思想

对 AOV 网进行拓扑排序的基本思想是:

(1) 从 AOV 网中选择一个入度为零的顶点并且输出;

(2) 从 AOV 网中删除该顶点以及所有以该顶点为弧尾的弧;

(3) 重复以上两步,直到所有顶点进入拓扑序列或者图中再也没有入度为零的顶点为止。

如果 AOV 网中的全部顶点都已被输出,则 AOV 网中不存在回路;如果 AOV 网中还有顶点未被输出,则 AOV 网中存在回路,并且回路就存在于还未被输出的顶点中。

2. 存储结构

有向图采用邻接表存储,但是为了便于找到入度为零的顶点,在邻接表原表头结点中再增加表示顶点入度的 in 域,如图 6-48 所示。

in	vertex	firstEdge

图 6-48　拓扑排序中邻接表的表头结点结构

图 6-46 所示的 AOV 网的邻接表存储结构如图 6-49 所示。

为了便于寻找入度为零的顶点,辅设顺序栈 S,用以保存入度为零的顶点。为了判断 AOV 网中是否存在回路,使用累加器 count 对拓扑序列中的顶点个数计数,初值为 0。

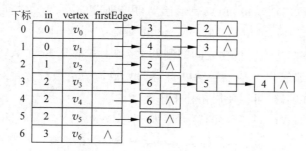

图 6-49　有向网的邻接表存储结构

3. 算法

（1）伪代码。

---

1. 顺序栈 S 初始化；累加器 count 初始化；
2. 扫描顶点表，将初始状态下入度为 0 的顶点入栈；
3. 当栈 S 不为空时循环：
　　3.1 j＝栈顶出栈，输出顶点 j，count++；
　　3.2 对顶点 j 的每一个邻接点 k 循环：
　　　　3.2.1 顶点 k 的入度减 1；
　　　　3.2.2 如果 k 的入度为 0，则 k 入栈；
4. 如果 count＜vertexNum，则 AVO 网中存在回路；

（2）C++语言描述。

```cpp
template < class ElemType >
void ALGraph < ElemType >::TopoSort() {
    int S[MaxSize];                    /* 顺序栈,假设不会产生上溢 */
    int top = -1;
    int count = 0;                     /* 已进入拓扑序列中顶点的个数 */
    /* 将所有初始入度为零的顶点入栈 */
    ArcNode * p;
    for(i = 0; i < vertexNum; i++) {
        if(adjlist[i].in == 0)
            S[++top] = i;
    }
    while(top != -1) {
        j = S[top--];
        cout << adjlist[j].vertex <<" ";
        count++;
        p = adjlist[j].firstEdge;
        while(p != NULL) {
            k = p->adjvex;
            adjlist[k].in--;
```

```
        if(adjlist[k].in == 0)
            S[++top] = k;
        p = p->next;
    }
}
cout << endl;
if(count < vertexNum)
    cout <<"有向图中存在回路,拓扑序列不存在!"<< endl;
else
    cout <<"有向图中不存在回路,拓扑序列存在!"<< endl;;
}
```

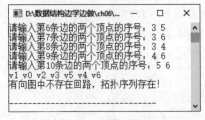

图 6-50　拓扑排序的运行结果

拓扑排序的详细代码可参照 ch06\TopoSort 目录下的文件。当 AOV 网如图 6-46 所示时,拓扑排序的运行结果如图 6-50 所示。

创建邻接表时,如果输入边的顺序不同,则顶点的边表中边结点的顺序也不同,从而会影响拓扑排序的结果。拓扑排序时,扫描顶点表,时间复杂度为 $O(n)$,每一条有向边的弧头对应的顶点入度减 1,时间复杂度为 $O(e)$,每一个顶点入栈一次,出栈一次,时间复杂度为 $O(n)$,因此总的时间复杂度为 $O(n+e)$。

6.6 关键路径

1. 相关概念

在一个表示工程的有向网中,用顶点表示**事件**,用有向边表示**活动**,边上的权值表示**活动的持续时间**,此有向网称为 **AOE 网**(activity on edge network),即活动在边上的网。AOE 网中存在一个唯一的入度为 0 的顶点,称为**源点**,表示工程的开始。存在一个唯一的出度为 0 的顶点,称为**汇点**,表示工程的结束。图 6-51 所示为一个 AOE 网。

AOE 网具有以下性质:

(1)只有所有以某顶点为弧头的活动都完成,顶点表示的事件才能发生;

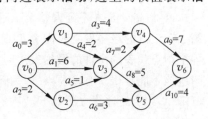

图 6-51　AOE 网示例

(2)只有某顶点表示的事件发生,以此顶点为弧尾的活动才能开始。

以图 6-51 所示的 AOE 网为例,其中,v_0 为源点,v_6 为汇点。活动 a_1,a_4,a_5 都以顶点 v_3 为弧头,因此只有活动 a_1,a_4,a_5 都完成,顶点 v_3 表示的事件才能发生。活动 a_7,a_8 都是以顶点 v_3 为弧尾,因此只有顶点 v_3 表示的事件发生,活动 a_7,a_8 才能开始。

对于 AOE 网最关心的问题为：

（1）完成整个工程需要的最短时间是多少？

（2）加速哪些活动能够使整个工期提前？

AOE 网上的路径长度为路径上各活动的持续时间之和。完成 AOE 网中所有活动的最短时间为从源点到汇点的最大路径长度。从源点到汇点的具有最大路径长度的路径为**关键路径**（critical path）。关键路径上的活动为**关键活动**（critical activity）。要使整个工期提前，必须提高关键活动的效率，或者加快关键活动的进度。

2. 求解关键路径的方法及示例

已知 AOE 网 $G=(V,E)$，要求关键活动，需要分别求所有事件的最早发生时间 $\text{ve}[k]$、所有事件的最迟发生时间 $\text{vl}[k]$、所有活动的最早开始时间 $\text{ae}[i]$、所有活动的最迟开始时间 $\text{al}[i]$。其中最早开始时间和最迟开始时间相等的活动为关键活动。

1）事件的最早开始时间 $\text{ve}[k]$

从源点 v_0 开始按照拓扑排序的顺序求事件的最早开始时间。事件的最早开始时间 $\text{ve}[k]$ 指的是从源点 v_0 到顶点 v_k 的最大路径长度。源点的最早开始时间设定为 0，即 $\text{ve}[0]$，当顶点 v_k 的入度大于 1 时，所有以顶点 v_k 为弧头的活动都完成，顶点 v_k 所代表的事件才能发生，如图 6-52（a）所示。

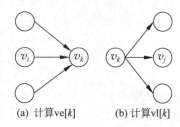

(a) 计算ve[k]　　(b) 计算vl[k]

图 6-52　计算顶点的最早和最迟发生时间示意图

$\text{ve}[k]$ 计算方法如下：

$$\begin{cases} \text{ve}[0]=0 \\ \text{ve}[k]=\max\{\text{ve}[i]+\text{len}<v_i,v_k>\}(<v_i,v_k>\in P[k]) \end{cases}$$

其中，$P[k]$ 指的是所有以顶点 v_k 为弧头的有向边的集合，$\text{len}<v_i,v_k>$ 为有向边 $<v_i,v_k>$ 的权值。

2）事件的最迟发生时间 $\text{vl}[k]$

$\text{vl}[k]$ 指的是在不延误整个工程工期的前提下，顶点 v_k 所代表的事件的最迟发生时间。源点和汇点的最早发生时间和最迟发生时间相等。从汇点开始沿着逆拓扑排序的顺序求各个顶点代表的事件的最迟发生时间。当顶点 v_k 的出度大于 1 时，顶点 v_k 的最迟发生时间应该不能延误所有以顶点 v_k 为弧尾的弧头所对应的事件的最迟发生时间，如图 6-52（b）所示。$\text{vl}[k]$ 的计算方法如下：

$$\begin{cases} \text{vl}[n-1]=\text{ve}[n-1] \\ \text{vl}[k]=\min\{\text{vl}[j]-\text{len}<v_k,v_j>\}(<v_k,v_j>\in S[k]) \end{cases}$$

其中，$S[k]$ 指的是所有以顶点 v_k 为弧尾的有向边的集合，$\text{len}<v_k,v_j>$ 为有向边 $<v_k,v_j>$ 的权值。

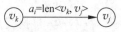

图 6-53　事件和活动的对应示例

3）活动的最早开始时间 $\text{ae}[i]$

如果活动 a_i 对应有向边 $<v_k,v_j>$，如图 6-53 所示，则事件 v_k 发生了，活动 a_i 才能开始。因此活动 a_i 的最早开始时间 $\text{ae}[i]$ 与

事件 v_k 的最早发生时间相等,即

$$ae[i] = ve[k]$$

4）活动的最迟开始时间 $ee[i]$

如果活动 a_i 对应有向边 $<v_k, v_j>$,则活动 a_i 的最迟开始时间应该不延误有向边的弧头对应的事件的最迟发生时间 $vl[j]$,即

$$al[i] = vl[j] - len<v_k, v_j>$$

最早开始时间和最迟开始时间相等的活动为关键活动。

例 6-5　对于图 6-51 对应的 AOE 网,各个事件的最早发生时间和最迟发生时间如图 6-54(a)所示,各个活动的最早开始时间和最迟开始时间如图 6-54(b)所示。

	v_0	v_1	v_2	v_3	v_4	v_5	v_6
$ve[i]$	0	3	2	6	8	11	15
$vl[i]$	0	4	5	6	8	11	15

（a）各事件的最早发生和最迟发生时间

	a_0	a_1	a_2	a_3	a_4	a_5	a_6	a_7	a_8	a_9	a_{10}
$ee[i]$	0	0	0	3	3	2	2	6	6	8	11
$el[i]$	1	0	3	4	4	5	8	6	6	8	11

（b）各活动的最早开始时间和最迟开始时间

图 6-54　AOE 网求关键路径示例

比较各活动的最早和早晚开始时间可知,活动 $a_1, a_7, a_8, a_9, a_{10}$ 为关键活动。

3. 伪代码描述的算法

---

1. 如果 AOE 网存在回路,则不存在关键路径,返回;

2. 将所有事件的最早发生时间初始化为 0;

3. 求所有事件的最早发生时间;

4. 将所有事件的最迟发生时间初始化为汇点代表的事件的最迟发生时间;

5. 求所有事件的最迟发生时间;

6. 求所有活动的最早开始时间和最迟开始时间,并输出最早开始时间和最迟开始时间相等的活动,即为关键活动;

---

4. C++语言描述的算法

1）求顶点 v_i 的第一个邻接点

```cpp
template<class ElemType>
int ALGraph<ElemType>::getFirstNeighbor(int i) {
    ArcNode * p;
    p = adjlist[i].firstEdge;
    if(p == NULL)
```

```
            return - 1;
        else
            return p - > adjvex;
}
```

2）求顶点 v_i 相对于其邻接点 v_j 的下一个邻接点

```
template < class ElemType >
int ALGraph < ElemType >::getNextNeighbor(int i, int j) {
    ArcNode * p;
    p = adjlist[i].firstEdge;
    while(p && p - > adjvex != j)
        p = p - > next;
    if(p == NULL || p - > next == NULL)
        return - 1;
    else
        return p - > next - > adjvex;
}
```

3）求有向边$< v_i , v_j >$的权值

```
template < class ElemType >
int ALGraph < ElemType >::getWeight(int i, int j) {
    ArcNode * p;
    p = adjlist[i].firstEdge;
    while(p && p - > adjvex != j)
        p = p - > next;
    if(p)
        return p - > weight;
    else
        return INF;
}
```

4）求 AOE 网的关键路径

```
template < class ElemType >
void ALGraph < ElemType >::GetCriticalPath() {
    if(!TopoSort()) {
        cout << "有向图中存在回路,拓扑序列不存在,关键路径不存在!" << endl;
        return;
    }
    int ve[MaxSize], vl[MaxSize];
    int ae, al;
    int i, j, w, k;
    / * 初始化事件的最早发生时间 * /
    for(i = 0; i < vertexNum; i++)
        ve[i] = 0;
    / * 求所有事件的最早发生时间 * /
    for(i = 0; i < vertexNum; i++) {
        j = getFirstNeighbor(i);
        while(j != - 1) {
            w = getWeight(i, j);
```

```
            if(ve[i] + w > ve[j])
                ve[j] = ve[i] + w;
            j = getNextNeighbor(i, j);
        }
    }
    /*初始化事件的最迟发生时间*/
    for(i = 0; i < vertexNum; i++)
        vl[i] = ve[vertexNum - 1];
    /*求所有事件的最迟发生时间*/
    for(j = vertexNum - 2; j >= 0; j--) {
        k = getFirstNeighbor(j);
        while(k != -1) {
            w = getWeight(j, k);
            if(vl[k] - w < vl[j]) {
                vl[j] = vl[k] - w;
            }
            k = getNextNeighbor(j, k);
        }
    }
    /*求所有活动的最早开始时间和最迟开始时间*/
    /*输出最早开始时间和最迟开始时间相等的活动*/
    for(i = 0; i < vertexNum; i++) {
        j = getFirstNeighbor(i);
        while(j != -1) {
            ae = ve[i];
            w = getWeight(i, j);
            al = vl[j] - w;
            if(ae == al) {
                cout <<"<"<< adjlist[i].vertex <<","<< adjlist[j].vertex <<"> "<< w << endl;
            }
            j = getNextNeighbor(i, j);
        }
    }
}
```

详细代码可参照 ch06\CriticalPath 目录下的文件,当 AOE 网如图 6-51 所示时,运行结果如图 6-55 所示。

图 6-55 求解关键路径的运行结果

6.7 图的其他应用

6.7.1 七巧板涂色问题

对于图 6-56 所示的七巧板,要求使用至多四种颜色对七巧板涂色,相邻的七巧板颜色不能相同。

　　将每块七巧板表示为图中的一个顶点，相邻的七巧板之间表示成无向图的边，则七巧板可以抽象成如图 6-57 所示的无向图。

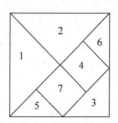

图 6-56　七巧板

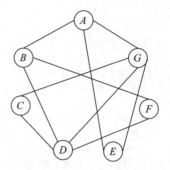

图 6-57　由七巧板抽象的无向图

进行涂色的相关算法如下。

```
/* 七巧板块数 */
const int n = 7;
/* 邻接矩阵,1 表示相邻,0 表示不相邻 */
const int data[n][n] = {
    {0, 1, 0, 0, 1, 0, 1},
    {1, 0, 0, 1, 0, 1, 0},
    {0, 0, 0, 0, 1, 0, 1},
    {0, 1, 1, 0, 0, 1, 1},
    {1, 0, 0, 0, 0, 0, 1},
    {0, 1, 0, 1, 0, 0, 0},
    {1, 0, 1, 1, 1, 0, 0}
};
/* 七巧板的颜色,0 表示没有涂色 */
int color[n] = {0, 0, 0, 0, 0, 0, 0};
/* 记录涂色方案的种数 */
static int total;

/* 输出涂色方案 */
void PrintColor() {
    for(int i = 0; i < n; i++) {
        cout << color[i]<<" ";
    }
    total++;
    cout << endl;
}

/* 判断与周围的七巧板颜色是否相同 */
int ColorSame(int s) {
    int flag = 0;
    for(int i = 0; i < s; i++) {
        /* 判断相邻的七巧板颜色是否相同 */
        if(data[i][s] == 1 && color[i] == color[s])
```

```
            flag = 1;
        }
    return flag;
}


/* 递归查找涂色方案 */
void Painting( int s) {
    /* s = 0~6,如果 s = 7 说明已经涂完 */
    if(s == n)
        PrintColor();
    else {
        /* 1、2、3、4 代表四种颜色 */
        for(int i = 1; i <= 4; i++) {
            color[s] = i;
            /* 如果七巧板 s 和相邻的七巧板颜色不同,则递归涂七巧板 s + 1 */
            if(ColorSame(s) == 0)
                Painting(s + 1);
        }
    }
}
```

输出所有的涂色方案,共有 672 种,如图 6-58 所示。

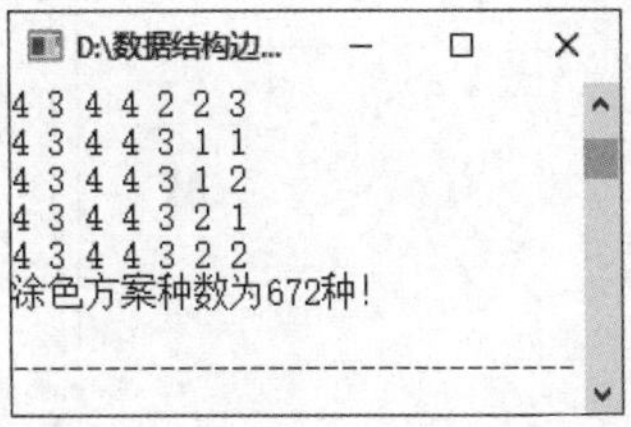

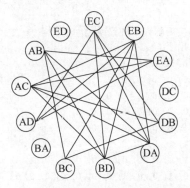

图 6-58　七巧板涂色的运行结果

6.7.2　五岔路口交通灯问题

一般的十字路口只需要设置红、绿两色的交通灯就可以保证正常的通行秩序。如果是五岔路口,为了保证通行有矛盾的车辆之间不发生碰撞,同时保证达到车辆的最大通行量,则交通灯的颜色可能需要多种。例如图 6-59 所示的五岔路口,其中由 E 到 C 是单行道。

在此路口中,共有 13 条可以通行的路线,其中有的可以同时通行,例如 AB 和 EC(AB表示路口 A 到路口 B,EC 表示路口 E 到路口 C,其他类似);有的不能同时通行,例如 EB和 AD,将所有的 13 条通行路线表示为无向图中的顶点,不能同时通行的路线之间加连线,则五岔路口各路线之间的通行情况可抽象成无向图模型,如图 6-60 所示。

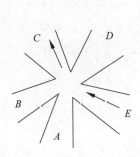

图 6-59　五岔路口示意图

图 6-60　五岔路口通行情况的抽象模型

使用邻接矩阵来存储各个路线之间的关系，相互之间不能同时通行的用 1 表示，可以同时通行的用 0 表示。路线和矩阵的行列值之间的对应关系如表 6-2 所示。

表 6-2　路线和矩阵的行列值之间的对应关系

行列	0	1	2	3	4	5	6	7	8	9	10	11	12
路线	AB	AC	AD	BA	BC	BD	DA	DB	DC	EA	EB	EC	ED

表示交通情况的邻接矩阵可以表示为：

$$M = \begin{pmatrix} 0 & 0 & 0 & 0 & 1 & 1 & 1 & 0 & 0 & 1 & 0 & 0 & 0 \\ 0 & 0 & 0 & 0 & 0 & 1 & 1 & 1 & 0 & 1 & 1 & 0 & 0 \\ 0 & 0 & 0 & 0 & 0 & 0 & 0 & 0 & 0 & 1 & 1 & 1 & 0 \\ 0 & 0 & 0 & 0 & 0 & 0 & 0 & 0 & 0 & 0 & 0 & 0 & 0 \\ 1 & 0 & 0 & 0 & 0 & 0 & 1 & 0 & 0 & 1 & 0 & 0 & 0 \\ 1 & 1 & 0 & 0 & 0 & 0 & 1 & 0 & 0 & 0 & 1 & 1 & 0 \\ 1 & 1 & 0 & 0 & 0 & 1 & 0 & 0 & 0 & 0 & 1 & 1 & 0 \\ 0 & 1 & 0 & 0 & 1 & 0 & 0 & 0 & 0 & 0 & 0 & 1 & 0 \\ 0 & 0 & 0 & 0 & 0 & 0 & 0 & 0 & 0 & 0 & 0 & 0 & 0 \\ 1 & 1 & 1 & 0 & 0 & 0 & 0 & 0 & 0 & 0 & 0 & 0 & 0 \\ 0 & 1 & 1 & 0 & 1 & 1 & 1 & 0 & 0 & 0 & 0 & 0 & 0 \\ 0 & 0 & 1 & 0 & 1 & 1 & 1 & 1 & 0 & 0 & 0 & 0 & 0 \\ 0 & 0 & 0 & 0 & 0 & 0 & 0 & 0 & 0 & 0 & 0 & 0 & 0 \end{pmatrix}$$

则五岔路口交通灯问题变成了和七巧板涂色类似的给图的顶点涂色的问题。由于算法是递归执行的，总的交通灯方案种数太多，在本例中只计算其中的六种方案并输出。用 C++语言描述的递归算法及辅助函数如下所示。

```cpp
/* 路线条数 */
const int n = 13;
/* 路线 */
const string path[n] = {"AB", "AC", "AD", "BA", "BC", "BD", "DA", "DB", "DC", "EA", "EB",
"EC", "ED"};
/* 邻接矩阵表示各路线之间的关系,1 表示路线不能同时通行,0 表示路线可以同时通行 */
const int data[n][n] = {
    {0, 0, 0, 0, 1, 1, 1, 0, 0, 1, 0, 0, 0},
    {0, 0, 0, 0, 0, 1, 1, 1, 0, 1, 1, 0, 0},
    {0, 0, 0, 0, 0, 0, 0, 0, 0, 1, 1, 1, 0},
    {0, 0, 0, 0, 0, 0, 0, 0, 0, 0, 0, 0, 0},
    {1, 0, 0, 0, 0, 0, 1, 0, 0, 1, 0, 0, 0},
    {1, 1, 0, 0, 0, 0, 1, 0, 0, 0, 1, 1, 0},
    {1, 1, 0, 0, 0, 1, 0, 0, 0, 1, 1, 0},
    {0, 1, 0, 0, 1, 0, 0, 0, 0, 0, 1, 0},
    {0, 0, 0, 0, 0, 0, 0, 0, 0, 0, 0, 0, 0},
    {1, 1, 1, 0, 0, 0, 0, 0, 0, 0, 0, 0, 0},
    {0, 1, 1, 0, 1, 1, 1, 1, 0, 0, 0, 0, 0},
```

```
        {0, 0, 1, 0, 0, 1, 1, 1, 0, 0, 0, 0, 0},
        {0, 0, 0, 0, 0, 0, 0, 0, 0, 0, 0, 0, 0},
};
/*路线对应的交通灯颜色,0表示没有对应颜色*/
int color[n] = {0, 0, 0, 0, 0, 0, 0, 0, 0, 0, 0, 0, 0};
/*记录交通灯方案的种数*/
static int total;

/*输出交通灯颜色方案*/
void PrintColor() {
    for(int i = 0; i < n; i++) {
        cout << path[i]<<" ";
            cout << color[i]<<" ";
    }
    total++;
    if(total == 6)
        exit(0);
    cout << endl;
}


/*判断与不能同时通行的路线的颜色是否相同*/
int ColorSame(int s) {
    int flag = 0;
    for(int i = 0; i < s; i++) {
        if(data[i][s] == 1 && color[i] == color[s])
            flag = 1;
    }
    return flag;
}


/*递归查找交通灯方案*/
void Painting(int s) {
    /*s = 0~12,如果s = 13说明已经涂完*/
    if(s == n)
        PrintColor();
    else {
        /*1、2、3、4代表四种颜色*/
        for(int i = 1; i <= 4; i++) {
            color[s] = i;
            /*如果第s条路线的交通灯颜色符合要求,则递归处理第s+1条*/
            if(ColorSame(s) == 0)
                Painting(s + 1);
        }
    }
}
```

详细代码可参照 ch06\TrafficLight 目录下的文件,其中的六种涂色方案如图 6-61 所示。

```
D:\数据结构边学边做\ch06\TrafficLight\TrafficLightMain.exe      —   □   ×
AB 1 AC 1 AD 1 BA 1 BC 2 BD 2 DA 3 DB 3 DC 1 EA 2 EB 4 EC 4 ED 1
AB 1 AC 1 AD 1 BA 1 BC 2 BD 2 DA 3 DB 3 DC 1 EA 2 EB 4 EC 4 ED 2
AB 1 AC 1 AD 1 BA 1 BC 2 BD 2 DA 3 DB 3 DC 1 EA 2 EB 4 EC 4 ED 3
AB 1 AC 1 AD 1 BA 1 BC 2 BD 2 DA 3 DB 3 DC 1 EA 2 EB 4 EC 4 ED 4
AB 1 AC 1 AD 1 BA 1 BC 2 BD 2 DA 3 DB 3 DC 1 EA 3 EB 4 EC 4 ED 1
AB 1 AC 1 AD 1 BA 1 BC 2 BD 2 DA 3 DB 3 DC 1 EA 3 EB 4 EC 4 ED 2
--------------------------------
```

图 6-61　五岔路口交通灯的涂色方案

6.7.3　选址问题

在实际的工作和生活中，经常会遇到选址问题，例如在已有的众多小区中选择新建活动中心的地址。此类问题可以使用 Floyd 算法解决。Floyd 算法已经求解了有向网中每一对顶点之间的最短路径问题，根据一定的规则选择理想的地址即可。本实验中使用的有向网如图 6-62 所示，图中的四个顶点为四个小区，有向边上的权值表示小区之间的距离，现在要在四个小区中选择一个小区新建一所活动中心。

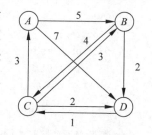

图 6-62　有向网示例

对于图 6-62 所示的有向网，可以使用 Floyd 算法求解每一对顶点之间的最短路径长度，用矩阵表示为 $\mathrm{dist}_3 = \begin{bmatrix} 0 & 5 & 8 & 7 \\ 6 & 0 & 3 & 2 \\ 3 & 3 & 0 & 2 \\ 4 & 4 & 1 & 0 \end{bmatrix}$，然后求其余顶点到每一个

顶点的最短路径的最大值 $\mathrm{maxShortest} = \begin{bmatrix} 8 \\ 6 \\ 3 \\ 4 \end{bmatrix}$，maxShortest 的最小值对应的顶点即 C 为被

选中的顶点。寻址问题算法的伪代码描述如下。

1. 根据邻接矩阵给 dist[n][n] 赋初值；
2. 利用 Floyd 算法求每一对顶点之间的最短距离；
3. 求 dist[n][n] 每一行的最大值存入 maxShortest[n]；
4. 求 maxShortest[n] 的最小值并输出其下标对应的顶点；

使用 C++ 语言描述算法如下。

```cpp
template<class ElemType>
void MGraph<ElemType>::SelectAddressByFloyd() {
    int dist[MaxSize][MaxSize];
    int maxShortest[MaxSize];
    int i, j, k;
```

```
for(i = 0; i < vertexNum; i++)
    for(j = 0; j < vertexNum; j++) {
        dist[i][j] = arc[i][j];
    }
/* 依次使用顶点 k 作为中间顶点试探 */
for(k = 0; k < vertexNum; k++) {
    for(i = 0; i < vertexNum; i++)
        for(j = 0; j < vertexNum; j++)
            if(dist[i][j] > dist[i][k] + dist[k][j]) {
                dist[i][j] = dist[i][k] + dist[k][j];
            }
}
/* 选择 dist[][] 每一行的最大值存入 maxShortest[] */
for(i = 0; i < vertexNum; i++) {
    k = 0;
    for(j = k + 1; j < vertexNum; j++) {
        if(dist[i][j] > dist[i][k])
            k = j;
    }
    maxShortest[i] = dist[i][k];
}
/* 在 maxShortest[] 中找最小值并输出对应的顶点 */
k = 0;
for(j = k + 1; j < vertexNum; j++) {
    if(maxShortest[j] < maxShortest[k])
        k = j;
}
cout <<"地址应选择在顶点"<< vertex[k]<<"处"<< endl;
}
```

详细代码可参照 ch06\SelectAddress 目录下的文件,当有向网如图 6-62 所示时,选址结果如图 6-63 所示。

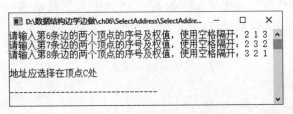

图 6-63　选址问题的运行结果

6.7.4　农夫过河问题

一位农夫带着一只狼、一只羊和一棵白菜,身处河的南岸,他要把这些东西全部运到河的北岸。他面前只有一条小船,船只能容下他和一件物品,只有农夫自己才能撑船。如果农夫在场,则狼不能吃羊,羊不能吃白菜;如果农夫不在场,则狼会吃羊,羊会吃白菜。所以在任何情况下，农夫不能留下狼和羊单独离开，也不能留下羊和白菜单独离开，按要求设计过河方案。

分析此问题中所涉及的数据结构。首先设计结构体表示农夫、狼、羊、白菜的状态，可以表示为(farmer,wolf,sheep,cabbage)，分量取值为 0 或 1,0 表示在河的南岸,1 表示在河的北岸，则状态的总数为 16 种。在这 16 种状态中，有 6 种是不安全的，分别为(0,0,1,1)、(0,1,1,0)、(0,1,1,1)、(1,0,0,0)、(1,0,0,1)、(1,1,0,0)。其余 10 种是安全的状态，对安全状态进行编号后如表 6-3 所示。

表 6-3　安全状态及编号

编　　号	安 全 状 态	编　　号	安 全 状 态
1	(0,0,0,0)	2	(0,0,0,1)
3	(0,0,1,0)	4	(0,1,0,0)
5	(0,1,0,1)	6	(1,0,1,0)
7	(1,0,1,1)	8	(1,1,0,1)
9	(1,1,1,0)	10	(1,1,1,1)

在这些安全状态中，有的可以相互转换，有的不能相互转换。将安全状态作为图的顶点，将可以转换的安全状态之间加有向边，则安全状态转换图如图 6-64 所示。

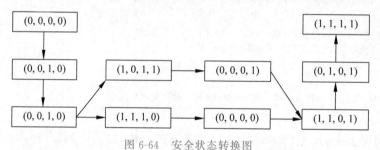

图 6-64　安全状态转换图

农夫过河问题转变成了寻找从起始状态(0,0,0,0)到最终状态(1,1,1,1)的路径的问题。将状态与有向图中的顶点对应，定义状态类 Status 如下所示。

```cpp
class Status{
public:
    /* 构造函数 */
    Status(int f, int w, int s, int c) {
        farmer = f;
        wolf = w;
        sheep = s;
        cabbage = c;
    }
    /* 输出状态 */
    void PrintStatus() {
        cout <<"("<< farmer <<","<< wolf <<","<< sheep <<","<< cabbage <<")"<< endl;
    }
private:
```

```
    int farmer;
    int wolf;
    int sheep;
    int cabbage;
};
```

可以采用邻接表存储安全状态图，采用图的深度优先遍历算法求解两个顶点之间的所有路径。使用 C++语言描述如下。

```
/*农夫过河问题的十个有效状态*/
Status s[] = {Status(0,0,0,0), Status(0,0,0,1), Status(0,0,1,0), Status(0,1,0,0), Status
(0,1,0,1), Status(1,0,1,0), Status(1,0,1,1), Status(1,1,0,1), Status(1,1,1,0), Status(1,1,
1,1)};
/*起始状态*/
static int s1 = 0;
template < class ElemType >
void ALGraph < ElemType >::Find(int x, int l, int visited[], int path[], int d) {
    int i, node;
    ArcNode * r;
    visited[x] = 1;
    d++;
    path[d] = x;
    /*找到终点,输出路径*/
    if(x == l) {
        s1++;
        if(s1 == 1)
            cout <<"顶点"<< path[0]<<"到顶点"<< l <<"的路径为: "<< endl;
        for(i = 0; i <= d; i++) {
            cout << path[i]<<" ";
            s[path[i]].PrintStatus();
        }
        cout << endl;
    }
    r = adjlist[x].firstedge;
    while(r != NULL) {
        node = r -> adjvex;
        /*递归寻找路径*/
        if(visited[node] == 0)
            Find(node, l, visited, path, d);
        r = r -> next;
    }
    visited[x] = 0;
    d--;
}
```

详细代码可参照 ch06\FarmerAccrossRiver 目录下的文件，将图 6-64 转换成如图 6-65 的有向图作为输入数据，求顶点 A 到顶点 J 之间的路径，运行结果如图 6-66 所示。

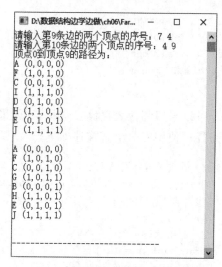

图 6-66　农夫过河的运行结果

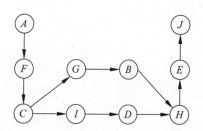

图 6-65　农夫过河的有向图模型

从图 6-66 可知,农夫过河有两种方案。

（1）第一种过河方案。

(0,0,0,0)：农夫、狼、羊、白菜都在南岸；

(1,0,1,0)：农夫、羊到北岸；

(0,0,1,0)：农夫到南岸；

(1,1,1,0)：农夫、狼到北岸；

(0,1,0,0)：农夫、羊到南岸；

(1,1,0,1)：农夫、白菜到北岸；

(0,1,0,1)：农夫到南岸；

(1,1,1,1)：农夫、羊到北岸。

（2）第二种过河方案。

(0,0,0,0)：农夫、狼、羊、白菜都在南岸；

(1,0,1,0)：农夫、羊到北岸；

(0,0,1,0)：农夫到南岸；

(1,0,1,1)：农夫、白菜到北岸；

(0,0,0,1)：农夫、羊到南岸；

(1,1,0,1)：农夫、狼到北岸；

(0,1,0,1)：农夫到南岸；

(1,1,1,1)：农夫、羊到北岸。

6.7.5　旅行商问题

旅行商问题(traveling salesman problem，TSP)是一个经典的组合优化问题。一个商品推销员要去若干个城市推销商品,该推销员从一个城市出发,需要经过所有的城市后,再回到出发地。应该如何选择行进路线，以使总的行程最短？

从图论的角度来看，该问题是一个在无向完全图中寻找一个权值最小的 Hamilton（汉密尔顿）回路。该问题的可行解是所有顶点的全排列，随着顶点数增加，会产生组合爆炸，它是一个 NP（non-deterministic polynomial complete）完全问题。NP 完全问题是多项式复杂程度的非确定性问题，是世界七大数学难题之一。由于其在交通运输、电路板线设计、物流配送等领域都有广泛的应用，因此国内外学者进行了大量的研究，并给出了一些精确的求解算法，例如分支定界法、动态规划法、回溯法等。但是 TSP 和其他组合优化问题一样，时间复杂度是指数阶，当问题规模增大时，求解精确解的计算时间太长，因而产生了在较短的时间内求解次优解的近似算法，例如遗传算法、模拟退火算法、蚁群算法、禁忌搜索算法、贪心算法和神经网络等。此处采用的是贪心算法。

贪心算法又称为贪婪算法，在对问题求解时，总是做出当前情况下最好的选择，每次选择得到的都是局部最优解。选择的策略必须具有无后效性，即某个状态以前的过程不会影响其以后的状态，只和当前状态有关。

在当前结点下遍历所有能到达的下一个结点时，选择距离最近的结点作为下一个结点。然后把当前结点标记为已走过，将下一个结点再作为当前结点，如此重复贪心策略，以此类推，直到所有的结点都标记为已走过的结点时结束。

贪心算法是对某些求最优解问题的更简单、更快速的设计。贪心算法一步一步地进行，常以当前情况作为基础根据某个优化准则做出最优选择，而不考虑可能的整体情况，它采用自顶向下的策略，每一次选择都将问题简化成一个规模更小的子问题。贪心算法不能保证最后求得的解是全局最优的，也不能求解最大或最小问题。

TSP 求解的算法使用 C++语言描述如下。

```cpp
/* 求依附于某个没有访问过的顶点的权值最小的边 */
template < class ElemType >
int MGraph < ElemType >::Min( int a[ ], int n) {
    int start = 0, min = a[0], k = 0;
    /* 寻找还没有访问过的顶点 start */
    while(visited[start] == 1) {
        start++;
        min = a[start];
    }
    /* 寻找依附于顶点 start 的边中权值最小的边依附的另一个顶点 */
    for(; start < n; start++) {
        if(visited[start] == 0 && min >= a[start]) {
            k = start;
            min = a[k];
        }
    }
    return k;
}
/* 使用贪心算法求解从顶点 v 出发,各个顶点都遍历一遍,回到顶点 v 的最短路径 */
template < class ElemType >
void MGraph < ElemType >::TSP(int v) {
```

```
        int path = 0;
        cout <<"路径为: ";
        cout << vertex[v];
        visited[v] = 1;
        int i = 0, j = 0;
        int log = 0;
        for(; log < vertexNum; log++) {
            j = Min(arc[i],vertexNum);
            visited[j] = 1;
            cout <<" ->"<< vertex[j];
            path += arc[i][j];
            i = j;
        }
        cout << endl;
        cout <<"路径长度为: "<< path << endl;
}
```

TSP 的详细代码可参照 ch06\TSP 目录下的文件。当无向网如图 6-67 所示时，TSP 的运行结果如图 6-68 所示。

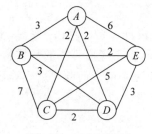

图 6-67　无向网示例

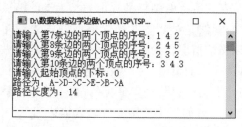

图 6-68　TSP 的运行结果

6.8　小结

- 图是一种复杂的非线性结构，应用非常广泛。在实际应用中有很多问题可以使用图描述，例如交通路线、工程进度、教学计划的编排等。
- 在图中，数据元素之间的关系是多对多的，即任何一个顶点都可以和其余的顶点有边相连，也称为多对多的关系。
- 图由顶点集合和边集合组成。根据边是否有方向，图可分为有向图和无向图；根据边上是否有权值，又可以分为有向网和无向网。
- 图的存储结构包括邻接矩阵、邻接表、十字链表、邻接多重表。其中，邻接矩阵和邻接表是最常用的存储结构，既可以存储有向图，也可以存储无向图。十字链表用于存储有向图，邻接多重表用于存储无向图。
- 图的操作有图的创建和图的遍历等。图的遍历分为深度优先遍历和广度优先遍历。

- Prim 算法从顶点集合的角度出发求解无向连通网的最小生成树,较适用于稠密网; Kruscal 算法从连通分量的角度出发求解无向连通网的最小生成树,较适用于稀疏网。
- Dijkstra 算法用于求解单源点最短路径问题;Floyd 算法用于求解每一对顶点之间的最短路径问题。
- 拓扑排序问题、关键路径问题、七巧板涂色问题、多岔路口交通灯问题、选址问题、农夫过河问题、旅行商问题等也是常见的图的应用问题。

习题

1. 选择题

(1) 在一个有向图中,所有顶点的入度之和等于所有边数的(　　　)倍。

　　A. 1/2　　　　　　B. 1　　　　　　C. 2　　　　　　D. 4

(2) 具有 n 个顶点且每一对顶点之间都存在边的无向图称为(　　　)。

　　A. 无向完全图　　B. 连通图　　　C. 强连通图　　　D. 树图

(3) 具有 n 个顶点的强连通图的边数至少为(　　　)条。

　　A. n　　　　　　B. $n-1$　　　　C. $n+1$　　　　D. $n\lg n$

(4) 无向图 G 有 16 条边,度为 4 的顶点有 3 个,度为 3 的顶点为 4 个,其余顶点的度均小于 3,则图 G 至少有(　　　)个顶点。

　　A. 10　　　　　　B. 11　　　　　　C. 12　　　　　　D. 13

(5) 最小生成树指的是(　　　)。

　　A. 由连通网所得到的边数最少的生成树

　　B. 由连通网所得到的顶点数相对较少的生成树

　　C. 连通网中所有生成树中权值之和最小的生成树

　　D. 连通网的极小连通子图

(6) 下列说法正确的是(　　　)。

　　A. 如果有向图的邻接矩阵是对称的,则该有向图一定是有向完全图

　　B. 如果某个图的邻接矩阵不是对称的,则该图一定是有向图

　　C. 如果某个图的邻接矩阵是对称的,则该图一定是无向图

　　D. 邻接矩阵表示法只存储了边的信息,没有存储顶点信息

(7) 设 G 是一个非连通无向图,有 15 条边,则该图至少有(　　　)个顶点

　　A. 5　　　　　　　B. 6　　　　　　C. 7　　　　　　D. 8

(8) 有 n 个顶点和 e 条边的无向图采用邻接矩阵存储,零元素的个数是(　　　)。

　　A. e　　　　　　B. $2e$　　　　　C. n^2-e　　　　D. n^2-2e

(9) 已知一个有向图的边集为 $\{<a,b>,<a,c>,<a,d>,<b,d>,<b,e>,<d,e>\}$,则由该图产生的可能的拓扑序列为(　　　)。

　　A. $abcde$　　　　B. $acdeb$　　　C. $acbed$　　　D. $acdbe$

（10）利用 Prim 算法从顶点 0 出发求最小生成树,已知无向带权图的边集为{(0,1)3,(0,2)4,(0,3)8,(1,4)10,(2,3)2,(2,4)12,(3,4)5},则求得的第三条边为（　　）。

    A.（0,1)3   B.（0,2)4   C.（2,3)2   D.（3,4)5

（11）下列关于 AOE 网的叙述中,不正确的是（　　）。

    A. 关键活动不按期完成就会影响整个工程的完成时间

    B. 某些关键活动提前完成,那么整个工程将会提前完成

    C. 所有的关键活动提前完成,那么整个工程将会提前完成

    D. 任何一个关键活动提前完成,那么整个工程将会提前完成

（12）一个连通图的生成树是含有该连通图的全部顶点的（　　）。

    A. 极小连通子图   B. 极小子图

    C. 极大连通子图   D. 极大子图

（13）任何一个连通图的最小生成树（　　）。

    A. 只有一棵   B. 有一棵或多棵

    C. 一定有多棵   D. 可能不存在

（14）下面关于最小生成树的描述正确的是（　　）。

    A. 图的一棵最小生成树的代价不一定比该图的其他任何一棵生成树的代价小

    B. 连通网的最小生成树可能不唯一,但权值最小的边一定会出现在解中

    C. 若连通网的各边上的权值互不相同,则其最小生成树是唯一的

    D. 连通网的最小生成树的权值之和不唯一

（15）深度优先遍历一个有向无环图,则顶点出栈的序列是（　　）的。

    A. 拓扑有序   B. 无序

    C. 逆拓扑有序   D. 按顶点编号次序

（16）以下关于拓扑排序的说法中错误的是（　　）。

    A. 拓扑排序成功仅限于有向无环图

    B. 任何有向无环图的顶点都可以排到拓扑序列中,而且拓扑序列可能不唯一

    C. 在拓扑序列中任意两个相继排列的邻点 v_i 和 v_j,则在有向图中必存在 v_i 到 v_j 的路径

    D. 若有向图的邻接矩阵中对角线以下的元素均为零,则该图的拓扑序列必定存在

2. 填空题

（1）n 个顶点的无向连通图使用邻接矩阵存储时,该矩阵至少有（　　）个非零元素。

（2）如果具有 n 个顶点的无向图是一个环,则它具有（　　）棵生成树。

（3）构造 n 个顶点的强连通图,至少需要（　　）条有向边。

（4）遍历图的实质是（　　）,广度优先遍历的时间复杂度为（　　）,深度优先遍历的时间复杂度为（　　）,两者不同之处在于（　　）,反映在数据结构上的差别为深度优先遍历使用的数据结构为（　　）,广度优先遍历使用的数据结构为（　　）。

（5）假设有向图有 n 个顶点和 e 条边,进行拓扑排序的时间复杂度为（　　）。

（6）如果一个有向图中不存在（　　）,则该图的全部顶点可以排列成一个拓扑序列。

(7) 采用邻接矩阵存储顶点个数为 n 的有向网，Dijkstra 算法求单源点最短路径的时间复杂度为(　　)。

(8) 在具有 n 个顶点的无向图中，最多有(　　)个连通分量。

(9) AOE 网中关键活动的时间余量为(　　)。

(10) 在拓扑排序中，排序序列的最后一个顶点一定是(　　)的顶点。

3. 判断题

(1) 一个图的邻接矩阵表示是唯一的，邻接表表示是不唯一的。(　　)

(2) 任何无向图都存在生成树。(　　)

(3) 强连通分量指的是有向图的极大强连通子图。(　　)

(4) AOV 网中的关键路径是从源点到汇点的路径中最长的一条。(　　)

(5) AOV 网是边表示活动的网。(　　)

(6) 十字链表是无向图的一种存储结构。(　　)

(7) 若一个有向图的邻接矩阵对角线以下元素均为零，则该图的拓扑有序序列必定存在。(　　)

(8) 在 AOE 网中，关键路径上某个活动的时间缩短，则整个工程的时间也必定缩短。(　　)

(9) 在 AOE 网中，关键路径上某个活动的时间延长多少，则整个工程的时间也随之延长多少。(　　)

(10) 即使有向无环图的拓扑序列唯一，也不能唯一确定该图。(　　)

4. 问答题

(1) 对于稀疏图和稠密图，就空间性能而言，采用邻接矩阵和邻接表哪种存储方法更好？为什么？

(2) 对于图 6-69 所示的有向图，试回答：

① 此图是强连通图吗？如果不是，给出它的强连通分量。

② 分别给出深度优先生成树(或生成森林)和广度优先生成树(或生成森林)。

(3) 试对图 6-70 所示的连通网求最小生成树，并计算其代价。

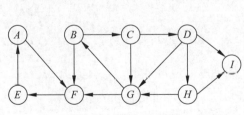

图 6-69　第 4(2)题图

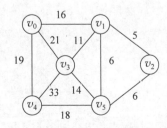

图 6-70　第 4(3)题图

(4) 试对图 6-71 所示的 AOE 网求关键路径，并给出求解过程。

(5) 对如图 6-72 所示的有向网，求顶点 A 到其他顶点的最短路径及最短路径长度。

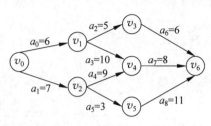

图 6-71 第 4(4)题图

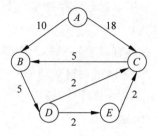

图 6-72 第 4(5)题图

5. 算法设计题

(1) 假设 G 是一个连通图，设计算法求顶点 i 到顶点 j 的所有简单路径。

(2) 设计算法判断一个无向图 G 是否为一棵树。

第7章

查　找

查找是日常生活中常见的操作,例如日常生活中的电话号码的查询问题。查找也是数据处理中经常使用的一种重要运算,例如搜索引擎、字符串的查找等问题。查找算法性能的优劣直接影响到系统的运行效率。

7.1　概述

7.1.1　基本概念

1. 记录

数据库中的记录(record)对应于数据源中一组完整的相关信息,在查找中通常把数据元素称为记录。

2. 关键码、主关键码、次关键码

可以标识一条记录的某个数据项称为关键码(key)。可以唯一地标识一条记录的关键码称为主关键码(primary key),反之,则称为次关键码(second key)。一般记录中包括多个数据项,但本章中为了描述问题方便,假设记录只包含一个数据项,并且元素类型为 int。

3. 查找

查找(search)也称为检索,是指在具有相同类型的记录组成的查找集合中找出满足给定条件的记录。查找条件可以是等于、大于、小于、不等于等多种多样的条件。此处为了便于讨论,将查找条件限定为"等于",也称为匹配。

4. 查找成功、查找失败

若在查找集合中找到了符合条件的记录，则称为查找成功；否则，称为查找失败。一般情况下，如果查找成功，则需要返回成功标志，例如记录的存储位置。如果查找失败，也需要返回失败的标志，一般为 0 或空指针。

5. 静态查找

只对查找集合进行查找，不涉及插入或删除记录的操作称为静态查找（static search）。

6. 动态查找

对查找集合进行查找，如果查找成功，则需要对记录进行修改；如果查找失败，则需要将特定记录插入到查找集合中，即动态查找（dynamic search）。动态查找中除了查找操作之外，还涉及记录的插入或者删除，会导致查找集合结构的变化。

7. 查找结构

面向查找操作的数据结构称为查找结构（search structure），也称为查找表。本章主要的查找结构包括线性表、树表、散列表。其中，线性表主要面向静态查找，包括顺序查找和折半查找；树表面向静态查找和动态查找，主要利用二叉排序树查找；散列表面向静态查找和动态查找。

7.1.2 查找算法的性能分析

关键码的比较是查找算法的主要操作，因此一般使用关键码的比较次数作为算法查找性能的衡量标准。但是同一个查找表、同一个查找算法，如果记录所处的位置不同，那么比较的次数可能不同。查找算法的整体性能可以使用平均查找长度（average search length，ASL）来衡量。平均查找长度指的是查找算法关键码比较次数的期望值，定义为：

$$ASL = \sum_{i=1}^{n} p_i c_i$$

其中，n 为查找表中包括的记录的个数，即问题规模；p_i 为查找第 i 个记录的概率；c_i 为查找第 i 个记录需要的关键码的比较次数。c_i 取决于算法，p_i 与算法无关。平均查找长度分为查找成功时的平均查找长度和查找失败时的平均查找长度。在实际应用中，一般以查找成功时的平均查找长度为主要考虑因素。

7.2 线性表的查找

线性表的查找一般属于静态查找。线性表可以采用顺序存储结构或者链式存储结构。可以对顺序存储或链式存储的线性表采用顺序查找；当线性表采用顺序查找并且关键码有序时,可采用折半查找。

7.2.1 顺序查找

顺序查找(sequential search)也称为线性查找。其基本思想为:从线性表的一端向另一端逐个将关键码与给定关键码进行比较。若相等,则查找成功,给出关键码在查找表中的位置;若整个查找表比较完后仍未找到给定的关键码,则查找失败。

1. 顺序表的顺序查找

采用顺序表存储线性查找表时,0 号单元用于存储待查找的关键码,称为"哨兵"。设置哨兵可以避免越界检查。顺序查找示意图如图 7-1 所示。

图 7-1　顺序查找示意图

顺序查找的算法使用 C++语言描述如下。

```cpp
int SeqSearch(int r[], int n, int k) {
    r[0] = k;
    i = n;
    while(r[i] != k)
        i--;
    return i;
}
```

查找成功时,返回关键码在一维数组 $r[\ ]$ 中的下标;查找失败时,返回 0。

对于具有 n 个记录的顺序表进行查找时,查找第 i 个记录需要比较 $n-i+1$ 次,则查找成功时的平均查找长度为:

$$\text{ASL} = \sum_{i=1}^{n} p_i c_i = \sum_{i=1}^{n} p_i (n-i+1)$$

假设查找每个记录的概率相等,即 $p_i = 1/n (1 \leqslant i \leqslant n)$,则:

$$\text{ASL} = \sum_{i=1}^{n} p_i (n-i+1) = \frac{n+1}{2} = O(n)$$

查找不成功时,关键码的比较次数为 $n+1$ 次。

2. 单链表的顺序查找

单链表的顺序查找即为第 2 章单链表 LinkList 类模板中的按值查找方法。

3. 顺序查找的特点

顺序查找的优点是算法简单,对存储结构没有要求,对线性表中的关键码是否有序也没有要求；缺点是平均查找长度较大，特别是当 n 比较大时，效率较低。

顺序查找实现的详细代码可参照 ch07\SeqSearch 目录下的文件，运行结果如图 7-2 所示。

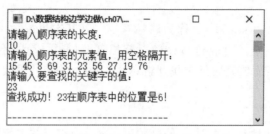

图 7-2　顺序查找的运行结果

7.2.2　折半查找

当使用顺序表存储线性表，并且表中的关键码有序时，可以采用效率更高的折半查找（binary search）。折半查找也称为二分查找或对分查找，一般只适用于静态查找。

1. 基本思想

在有序表中，首先将待查找的关键字 k 和有序表中间记录的关键码值 $r[mid]$ 做比较，如果 $k=r[mid]$，则查找成功，返回 mid；如果 $k<r[mid]$，则在中间记录的左半区继续查找；如果 $k>r[mid]$，则在中间记录的右半区继续查找。不断重复上述过程，直到查找成功或查找失败。

2. 非递归算法

对于查找表 $r[begin]\cdots r[end]$ 进行折半查找的非递归算法的伪代码描述如下。

1. low＝begin；high＝end；
2. 当 low <= high 时循环：
　　2.1 mid＝(low＋high)/2；
　　2.2 如果 k＝r[mid]，则 return mid；
　　2.3 否则，如果 k<r[mid]，则 high＝mid － 1；
　　2.4 否则，如果 k>r[mid]，则 low＝mid ＋1；
3. return 0；

使用 C++语言描述的折半查找算法如下。

```cpp
int NoRecurBinSearch( int r[], int begin, int end, int k) {
    int low, high, mid;
    low = begin;
    high = end;
```

```
    while(low <= high) {
        mid = (low + high)/2;
        if(k < r[mid])
            high = mid - 1;
        else if(k > r[mid])
            low = mid + 1;
        else
            return mid;
    }
    return 0;
}
```

3. 递归算法

也可以使用递归算法实现折半查找,使用 C++ 语言描述的递归的折半查找算法如下。

```
int RecurBinSearch(int r[], int low, int high, int k) {
    int mid;
    if(low > high)
        return 0;
    else {
        mid = (low + high) / 2;
        if(k < r[mid])
            /* 左半区继续查找 */
            return RecurBinSearch(r, low, mid - 1, k);
        else if(k > r[mid])
            /* 右半区继续查找 */
            return RecurBinSearch(r, mid + 1, high, k);
        else
            /* 查找成功 */
            return mid;
    }
}
```

折半查找的详细代码可参照 ch07\BinSearch 目录下的文件,运行结果如图 7-3 所示。

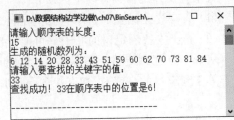

图 7-3　折半查找的运行结果

4. 折半查找判定树

折半查找的查找过程可以使用折半查找判定树描述。树中的每个结点对应有序表中的记录的位置。假设对 $r[\text{begin}]\cdots r[\text{end}]$ 进行折半查找,查找过程中,首先和关键码 k 进行比较的为中间元素 $r[\text{mid}]$,因此折半查找判定树的根结点的值为 mid;如果 $k=r[\text{mid}]$,则查找成功;否则,如果 $k<r[\text{mid}]$,则继续和 $r[\text{begin}]\cdots r[\text{mid}-1]$ 的中间值进行比较,因此判定树根结点的左孩子为 $\lfloor(\text{begin}+\text{mid}-1)/2\rfloor$;如果 $k>r[\text{mid}]$,则继续和 $r[\text{mid}+1]\cdots r[\text{end}]$ 的中间值进行比较,因此判定树根结点的右孩子为 $\lfloor(\text{mid}+1+\text{end})/2\rfloor$。以此类推,直到画出判定树的所有结点。图 7-4 为具有 12 个结点的判定树,其中圆形结点为内部结点,代表查找成功的情况;方形结点为外部结点,代表查找失败的情况。

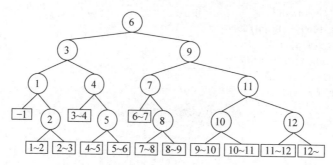

图 7-4 具有 12 个关键码的折半查找判定树

位于判定树第一层的结点查找成功只需要比较一次，即第 6 个关键码。位于判定树第 2 层的结点查找成功只需要比较 2 次，即第 3、6 个关键码。以此类推，位于最后一层的结点查找成功需要比较 4 次。可见，对于查找成功的关键码，其比较次数为从根结点到关键码的路径上经过的结点的个数。假设每个关键码被查找的概率都相等，则查找成功时平均查找长度为：

$$ASL_{suce} = (1 \times 1 + 2 \times 2 + 3 \times 4 + 4 \times 5)/12 = 37/12$$

判定树中的外部结点对应查找失败的情况，每一种查找失败的情况需要比较的次数为从根结点到此外部结点的路径上经过的内部结点的个数，例如 9-10，需要分别和第 6、9、11、10 个关键码比较 4 次。失败的情况总数为关键码的个数加 1，关键码个数为 12 个时，失败情况总数为 13 种，即判定树中外部结点的个数。假设每种失败的情况出现的概率相等，则查找失败时的平均查找长度为：

$$ASL_{fail} = (3 \times 3 + 4 \times 10)/13 = 49/13$$

折半查找判定树具有以下性质：

(1) 具有 n 个结点的折半查找判定树的高度为 $\lfloor \text{lb}n \rfloor + 1$；

(2) 折半查找判定树的叶子只可能出现在最后两层。

从折半查找判定树上容易看出，无论是查找成功还是查找失败，关键码的比较次数都小于等于判定树的高度，折半查找的平均时间复杂度为 $O(\text{lb}n)$。

7.2.3 斐波那契查找

对于顺序存储的有序表可以采用折半查找，折半查找的平均时间性能可以达到 $O(\text{lb}n)$，但是折半查找的算法还有进一步改进的空间。折半查找每次都将待查找的范围缩小到原来的一半，这种方法在实际应用中并不是十分有效。

斐波那契数列又称黄金分割数列，因数学家斐波那契以兔子繁殖为例子而引入，故又称为"兔子数列"，指的是这样一个数列：1、1、2、3、5、8、13、21、34、…在数学上，斐波那契数列以如下递推的方法定义：

$$F(1) = 1, \quad F(2) = 1, \quad F(n) = F(n-1) + F(n-2) \quad (n \geqslant 3, n \in N^*)$$

斐波那契查找的前提是查找表是顺序存储的有序表，并且表中的记录个数是某个斐波那契数减 1，即 $n = F(k) - 1$。此时可根据斐波那契序列的特点对有序表进行分割。

对 $r[\text{low}]\cdots r[\text{high}]$ 进行斐波那契查找时,在 low≤high 时循环,开始查找时,将待查找的关键码 key 值与 $\text{mid}=\text{low}+F[k-1]-1$ 处的关键码进行比较,结果分为三种:

(1) 相等,查找成功,返回 mid;

(2) $\text{key}>r[\text{mid}]$,则 $\text{low}=\text{mid}+1,k=k-2$;

(3) $\text{key}<r[\text{mid}]$,则 $\text{high}=\text{mid}-1,k=k-1$。

重复上述过程,直到查找成功或失败。

对于查找表 $r[0]\cdots r[n-1]$ 进行斐波那契查找的算法的伪代码描述如下。

```
1. low=0; high=n-1;
2. 当 low <= high 时循环:
    2.1 mid=low+F[k-1]-1;
    2.2 如果 key=r[mid],则 return mid;
    2.3 否则,如果 key<r[mid],则 high=mid - 1,k=k-1;
    2.4 否则,如果 key>r[mid],则 low=mid +1,k=k-2;
3. return -1;
```

斐波那契查找的详细代码可参照 ch07\FibonacciSearch 目录下的文件,运行结果如图 7-5 所示。

斐波那契查找方法的平均时间性能优于折半查找。虽然斐波那契查找的时间复杂度仍是 $O(\text{lb}n)$,但是与折半查找相比,斐波那契查找的优点是它只涉及加法和减法运算,而不使用除法运算,因此,斐波那契查找的运行时间理论上比折半查找小。

图 7-5　斐波那契查找的运行结果

7.3 树表的查找

线性表的查找不适用动态查找。如果在查找的过程中还涉及记录的插入或删除运算,则一般将查找表组织成树表。

7.3.1 二叉排序树

二叉排序树(binary sort tree)又称为二叉查找树或二叉搜索树,它或者是一棵空的二叉树,或者是具有下列性质的二叉树:

(1) 若左子树不为空,则左子树所有结点的值都小于根结点的值;

(2) 若右子树不为空,则右子树所有结点的值都大于根结点的值;

(3) 它的左、右子树都是二叉排序树。

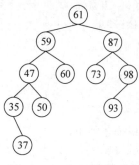

图 7-6　二叉排序树示例

图 7-6 所示为一棵二叉排序树。

对不为空的二叉排序树进行中序遍历可以得到一个递增的序列。对于一棵二叉树进行中序遍历可得到一个递增序列，则这棵二叉树为二叉排序树。

二叉排序树若不为空，则其值最小的结点为二叉排序树最左下的结点，此结点左孩子为空。二叉排序树值最大的结点为二叉排序树最右下的结点，此结点右孩子为空。

可采用二叉链表存储二叉排序树，结点及 BiSortTree 类的声明如下所示。

```cpp
/*二叉排序树的结点结构*/
struct BiNode{
    int data;
    BiNode * lchild, * rchild;
};
class BiSortTree{
public:
    BiSortTree(int a[ ], int n);            /*建立一棵二叉排序树*/
    ~BiSortTree() {                         /*析构函数*/
        Release(root);
    }
    void InsertBST(BiNode * &root, BiNode * s);  /*在二叉排序树中插入结点 s*/
    BiNode * Search(int k) {                /*在二叉排序树中查找关键码 k*/
        return SearchBST(root, k);
    }
    void InOrder() {                        /*中序遍历*/
        InOrder(root);
    }
    void DeleteBST(BiNode * p, BiNode * f); /*在二叉排序树中删除 f 的左孩子结点 p*/
    BiNode * SearchBST(BiNode * root, int k); /*在二叉排序树中查找关键码 k*/
private:
    BiNode * root;                          /*指向根结点的头指针*/
    void InOrder(BiNode * root);            /*中序遍历*/
    void Release(BiNode * root);            /*释放二叉排序树*/
};
```

1. 在二叉排序树中插入结点

在二叉排序树中插入新结点时，新结点总是叶子。例如在图 7-7(a) 所示的二叉排序树中插入 73，插入以后的二叉排序树如图 7-7(b) 所示。

在二叉排序树 root 中插入结点 s 的算法使用伪代码描述如下。

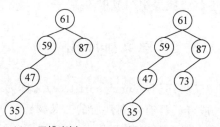

(a) 二叉排序树　　(b) 插入73后的二叉排序树

图 7-7　二叉排序树中插入结点示意图

> 1. 如果 root＝NULL,root＝s;
> 2. 否则,如果 s-> data < root-> data,则把 s 插入到 root 的左子树中;
> 3. 否则,如果 s-> data > root-> data,则把 s 插入到 root 的右子树中;

使用 C++语言描述算法如下。

```
void BiSortTree::InsertBST(BiNode * &root, BiNode * s) {
    if(root == NULL)
        root = s;
    else if(s - > data < root - > data)
        InsertBST(root - > lchild, s);
    else
        InsertBST(root - > rchild, s);
}
```

2. 二叉排序树的构造

构造二叉排序树的过程就是从空二叉排序树开始不断地插入新结点的过程。

例 7-1　关键码集合为{61,87,59,47,35},从空二叉排序树开始插入结点的过程如图 7-8 所示。

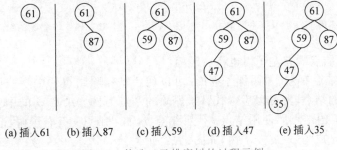

<table>
<tr><td>(a)插入61</td><td>(b)插入87</td><td>(c)插入59</td><td>(d)插入47</td><td>(e)插入35</td></tr>
</table>

图 7-8　构造二叉排序树的过程示例

使用 C++语言描述算法如下。

```
BiSortTree::BiSortTree(int a[], int n) {
    BiNode * s;
    for( i = 0; i < n; i++) {
        s = new BiNode;
        s - > data = a[i];
        s - > lchild = NULL;
        s - > rchild = NULL;
        InsertBST(root, s);
    }
}
```

3. 二叉排序树的删除

假设被删除的结点 p 是其双亲结点 f 的左孩子,在二叉排序树中删除的结点可以分为三种情况。

1）被删除的结点是叶子

当被删除的结点是叶子时，只需要将其双亲结点 f 的左指针置为空，并释放 p 即可，如图 7-9 所示。

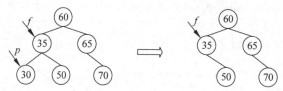

图 7-9　被删除的结点为叶子

2）被删除的结点只有左子树或只有右子树

当被删除的结点只有左子树时，使用其左孩子代替被删除结点，如图 7-10 所示。

当被删除的结点只有右子树时，使用其右孩子代替被删除结点，如图 7-11 所示。

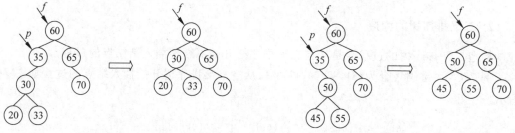

图 7-10　被删除的结点只有左子树　　　　图 7-11　被删除的结点只有右子树

3）被删除的结点既有左子树也有右子树

当被删除的结点有左、右两棵子树时，可以使用被删除结点的中序遍历的后继或者前驱来代替被删除的结点，此处以后继代替被删除的结点为例。结点 p 的中序遍历的后继为 p 的右子树最左下的结点 s，使用结点 s 代替结点 p，如果结点 s 有右子树，记为 sr，结点 s 的双亲记为 ps，使 sr 成为 ps 的左子树，如图 7-12 所示。

被删除的结点 p 具有左、右两棵子树时，还存在一种特殊情况，当 p 的右孩子不存在左子树时，结点 p 的右孩子为其右子树最左下的结点，即 p 的右孩子为 p 的中序遍历的后继，此时直接使用结点 p 的右孩子代替结点 p 即可，如图 7-13 所示。

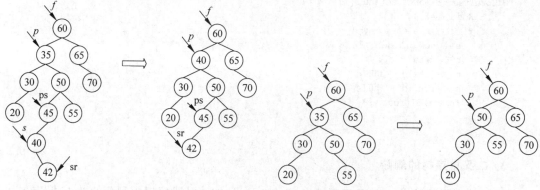

图 7-12　被删除的结点有左、右两棵子树　　　　图 7-13　被删除结点的右孩子没有左子树

使用伪代码描述二叉排序树删除结点的算法如下。

1. 如果 p 为叶子,则删除 p;
2. 否则,如果 p 只有左子树,则使用 p 的左孩子代替 p,删除 p;
3. 否则,如果 p 只有右子树,则使用 p 的右孩子代替 p,删除 p;
4. 否则,即 p 的左、右子树均不为空,则:
    4.1 寻找 p 的右子树最左下的结点 s 及 s 的双亲结点 ps;
    4.2 使用 s 的数据域代替 p 的数据域;
    4.3 如果 p 的右孩子没有左子树,则:
        4.3.1 使用 s 的右子树 sr 代替 p 的右子树;
        4.3.2 否则,使用 s 的右子树代替 s,即 ps 的左子树;
    4.4 释放结点 s;

使用 C++ 语言描述算法如下。

```cpp
void BiSortTree::DeleteBST(BiNode * p, BiNode * f) {
    /* p 为叶子 */
    if(p->lchild == NULL && p->rchild == NULL) {
        f->lchild == NULL;
        delete p;
    }
    /* p 只有左子树 */
    else if(p->rchild == NULL) {
        f->lchild = p->lchild;
        delete p;
    }
    /* p 只有右子树 */
    else if(p->lchild == NULL) {
        f->lchild = p->rchild;
        delete p;
    }
    /* p 有左、右两棵子树 */
    else {
        /* 查找 p 的中序遍历后继 */
        /* s 为 p 右子树最左下结点, ps 为 s 的双亲 */
        BiNode * ps, * s;
        ps = p;
        s = p->rchild;
        while(s->lchild != NULL) {
            ps = s;
            s = s->lchild;
        }
        p->data = s->data;
        /* p 的右孩子没有左子树, p 的右孩子是其后继 */
```

```
        if(ps == p) {
            p - > rchild = s - > rchild;
        }
        / * p 的右孩子有左子树, p 的后继是 s * /
        else {
            ps - > lchild = s - > rchild;
        }
        delete s;
    }
}
```

4. 二叉排序树查找

在二叉排序树中进行查找的过程是递归的。在二叉排序树中查找关键码 k，查找成功时返回 k 所在结点的指针；查找失败则返回 NULL。使用伪代码描述算法如下。

1. 如果二叉排序树为空，返回 NULL；
2. 否则，如果 k＝root-> data，则返回 root；
3. 否则，如果 k < root-> data，则继续在左子树查找；
4. 否则，即 k > root-> data，则继续在右子树查找；

使用 C++ 语言描述算法如下。

```
BiNode * BiSortTree::SearchBST(BiNode * root, int k) {
    if(root == NULL)
        return NULL;
    else if(k == root - > data)
        return root;
    else if(k < root - > data)
        return SearchBST(root - > lchild, k);
    else
        return SearchBST(root - > rchild, k);
}
```

二叉排序树的基本操作的实现可参照 ch07\BiSortTree 目录下的文件，运行结果如图 7-14 所示。

5. 二叉排序树的查找性能分析

与折半查找判定树类似，从根结点到待查找的关键码存在一条路径，此路径上的结点数为需要比较的关键码的次数。因此在二叉排序树上进行查找所需要比较的次数最大为二叉排序树的高度。假设查找各个关键码的概率相等，则对于图 7-15(a)所示的二叉排序树，其 $\text{ASL}_{succ}=(1\times1+2\times1+3\times1+4\times1+5\times1)/5=3$；对于图 7-15(b)所示的二叉排序树，其 $\text{ASL}_{succ}=(1\times1+2\times2+3\times2)/5=2.2$。

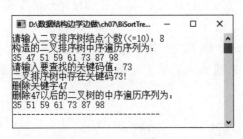

图 7-14　二叉排序树基本操作的运行结果

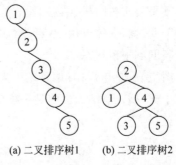

(a) 二叉排序树1　　(b) 二叉排序树2

图 7-15　具有相同关键码的两棵
二叉排序树

具有 n 个结点的二叉排序树的高度最小是 $\lfloor \mathrm{lb}n \rfloor + 1$，最大是 n，因此在二叉排序树上进行查找的时间复杂度为 $O(\mathrm{lb}n) \sim O(n)$。可见，对于具有相同的关键码的二叉排序树，其形态越均匀，则查找效率越高。如果二叉排序树形态完全不平衡，例如右斜树，则会退化成顺序查找，查找效率与顺序查找相同。

7.3.2　平衡二叉树

形态均匀的二叉排序树是树高平衡的，称为平衡二叉树（balance binary tree）。平衡二叉树或者是一棵空的二叉排序树，或者是具有以下性质的二叉排序树：

（1）根结点的左子树和右子树的高度差的绝对值不超过 1；

（2）根结点的左子树和右子树也都是平衡二叉树。

结点的平衡因子（balance factor）指的是该结点的左子树的高度与右子树的高度的差。显然，平衡二叉树中结点的平衡因子只能取 -1、0、1。例如，图 7-16 给出了平衡二叉树和非平衡二叉树的示例，其中结点的值为其平衡因子。

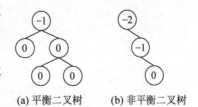

(a) 平衡二叉树　　(b) 非平衡二叉树

图 7-16　平衡二叉树和非平衡
二叉树示例

二叉排序树的形态是否均匀和插入关键码的次序有关，如果对于任意的关键码次序希望得到平衡二叉树，则需要调整二叉排序树。在构造二叉排序树的过程中，每插入一个新结点，都需要判断二叉排序树是否失去平衡。如果仍是平衡的，则继续插入其他结点；如果失去平衡，则应该将其重新调整成平衡二叉树。调整的方法取决于最小不平衡子树的形态。

最小不平衡子树（minimal unbalance subtree）指以距离插入结点最近的失去平衡的结点为根的子树。找到最小不平衡子树的根之后，再从此根结点沿着新插入结点的方向找两个结点，这三个结点的位置决定了调整方法。

1. LL 调整

例如图 7-17 所示的平衡二叉树，插入新结点 5 后导致二叉排序树失去平衡，此时 10 为最小不平衡子树的根,结点 10、7、4 决定了调整的方法,此种调整称为 LL 调整。根据"扁担原理",此时将支撑点由 10 更改为中间值 7,10 成为 7 的右孩子,并调整相应结点的子树,使之重新回到平衡状态。

图 7-18 给出了 LL 调整的一般形式,其中,B_L 和 B_R 分别为 B 的左、右子树,A_R 为 A 的右子树,插入新结点之前是平衡的,在 B_L 的末端插入新结点导致 A 成为最小不平衡子树的根。

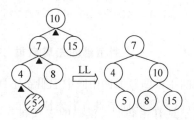

图 7-17　LL 调整示例

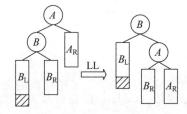

图 7-18　LL 调整的一般形式

2. RR 调整

例如图 7-19 所示的平衡二叉树,插入新结点 19 后导致二叉排序树失去平衡,此时 11 为最小不平衡子树的根,结点 11、13、15 决定了调整的方法,此种调整称为 RR 调整。与 LL 调整类似,将支撑点修改为中间值 13,11 成为 13 的左孩子,并调整相应结点的子树,使二叉排序树重新回到平衡状态。

图 7-20 给出了 RR 调整的一般形式。

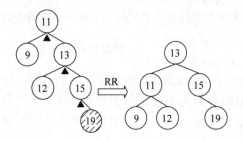

图 7-19　RR 调整示例

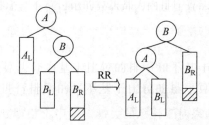

图 7-20　RR 调整的一般形式

3. RL 调整

在结点 A 的右孩子的左子树上插入新结点导致 A 成为最小不平衡子树的根,这种调整称为 RL 调整。RL 调整需要首先将 A、A 的右孩子、A 的右孩子的左孩子调整到一条直线上,并且调换下两层结点,然后再按 RR 类型调整,如图 7-21 所示。

图 7-22 给出了 RL 调整的一般形式。

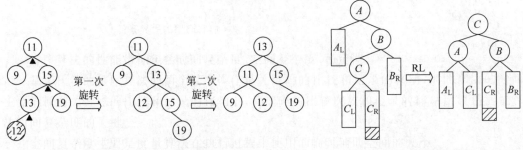

图 7-21　RL 调整示例　　　　　　　图 7-22　RL 调整的一般形式

4. LR 调整

LR 调整与 RL 调整类似。在结点 A 的左孩子的右子树上插入新结点导致 A 成为最小不平衡子树的根，这种调整称为 RL 调整。RL 调整需要首先将 A、A 的左孩子、A 的左孩子的右孩子调整到一条直线上，并且调换下两层结点，然后再按 LL 类型调整，如图 7-23 所示。

图 7-24 给出了 LR 调整的一般形式。

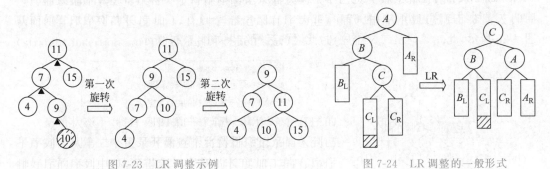

图 7-23　LR 调整示例　　　　　　　图 7-24　LR 调整的一般形式

7.3.3　树表的应用

1. 判断二叉树是否为二叉排序树

要判断一棵二叉树是否为二叉排序树，可先对二叉树进行中序遍历，然后判断中序遍历序列是否是递增序列，如果是递增序列，则二叉树是二叉排序树；如果不是递增序列，则二叉树不是二叉排序树。使用 C++ 语言描述相关算法如下。

```
/* 二叉树结点个数的最大值 */
#define MaxSize 20
/* 记录二叉树中的结点个数 */
int k = 0;
/* 记录二叉树的中序遍历序列 */
int a[MaxSize];
```

```
void BiTree::InOrder(BiNode * bt) {
    if(bt == NULL)
        return;                              /* 递归调用的边界条件 */
    else {
        InOrder(bt->lchild);                 /* 递归遍历左子树 */
        a[k++] = bt->data;                   /* 将当前结点数据保存到数组 a 中 */
        cout << bt->data <<" ";              /* 访问根结点 */
        InOrder(bt->rchild);                 /* 递归遍历右子树 */
    }
}

int BiTree::IsBiSortTree(BiNode * bt) {
    /* 判断二叉树的中序遍历序列是否递增 */
    for(int i = 1; i < k; i++) {
        if(a[i] <= a[i-1]) {
            return 0;
        }
    }
    return 1;
}
```

判断二叉排序树的详细代码可参照 ch07\JudgeBiSortTree 目录下的文件，当输入的扩展的二叉树的前序遍历序列为 63 55 42 −1 −1 58 −1 −1 90 −1 −1 时，对应的二叉树如图 7-25 所示，此二叉树是二叉排序树，此时的运行结果如图 7-26 所示。

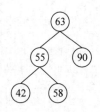

图 7-25　二叉排序树示例

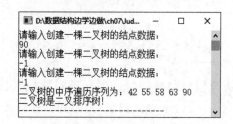

图 7-26　判断二叉排序树的运行结果 1

当输入的扩展的二叉树的前序遍历序列为 63 55 42 −1 −1 65 −1 −1 90 −1 −1 时，对应的二叉树如图 7-27 所示，此二叉树不是二叉排序树，此时的运行结果如图 7-28 所示。

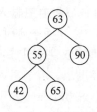

图 7-27　非二叉排序树示例

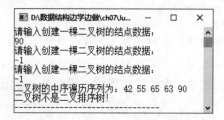

图 7-28　判断二叉排序树的运行结果 2

　　注意：二叉排序树的判断最好不要采用递归的方法，因为当二叉树的根结点的数据大于左孩子的数据域、小于右孩子的数据域，并且左、右子树都满足上述条件时，整棵二叉树不一定是二叉排序树，例如图 7-27 所示的二叉树，虽然满足上述条件，但并不是二叉排序树。

2. 判断二叉树是否为平衡二叉树

可采用递归方法判断二叉排序树是否为平衡二叉树。使用伪代码描述判断平衡二叉树的算法如下。

> 1. 如果二叉排序树为空,则返回1;
> 2. 否则,如果二叉排序树根结点的左右子树的高度差的绝对值超过1,则返回0;
> 3. 否则,递归判断二叉排序树的左右子树是否同时是平衡二叉树;

使用C++语言描述算法如下。

```cpp
int BiTree::IsBalancedBiTree(BiNode * bt) {
    if(bt == NULL)
        return 1;
    else if(abs(Depth(bt->lchild) - Depth(bt->rchild)) > 1)
        return 0;
    else return IsBalancedBiTree(bt->lchild) && IsBalancedBiTree(bt->rchild);
}
```

详细代码可参照 ch07\JudgeBalancedBiTree 目录下的文件,当输入的二叉树的扩展的前序遍历序列为 63 55 42 −1 −1 58 −1 −1 90 −1 −1 时,对应的二叉树如图 7-25 所示,此二叉树是平衡二叉树,此时的运行结果如图 7-29 所示。

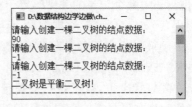

图 7-29 判断平衡二叉树的运行结果 1

当输入的二叉树的扩展的前序遍历序列为 63 −1 80 70 −1 90 −1 −1 时,对应的二叉树如图 7-30 所示,此时的运行结果如图 7-31 所示。

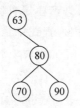

图 7-30 一棵非平衡二叉树示例

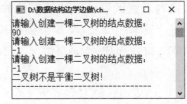

图 7-31 判断平衡二叉树的运行结果 2

7.4 散列表的查找

7.4.1 概述

线性表的查找以及二叉排序树的查找都是通过关键码的比较进行的,查找算法的性能主要由平均查找长度决定。如果在记录的关键码 key 和其存储位置 $H(\text{key})$ 之间具有确定的对应关系,则每一个关键码 key 都对应着唯一的存储位置 $H(\text{key})$。在存储记录时,根据对应关系找到关键码的映射地址,并按此地址存储该记录;查找记录时,根据对应关系找到待查关键码的映射地址,并按此地址访问该记录,这种查找技术就称为**散列技术**（Hash technique）。采用散列技术将记录存储在一片连续的存储空间中,连续的存储空间称为**散列表**（Hash table）；将关键码映射为散列表中适当位置的函数称为**散列函数**（Hash function）,所得的存储位置称为**散列地址**（Hash address）。散列表的存储示意图如图 7-32 所示。

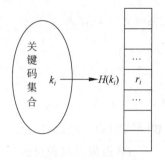

图 7-32 散列表的存储示意图

散列表不仅是一种查找技术,也是一种存储技术。但是在散列表中并没有存储数据元素之间的逻辑关系,因此散列表不是一种完整的存储结构。一般来说,散列表是一种面向查找的存储结构。此外,由于在散列表中记录的存储位置是根据关键码和散列函数计算所得,因此散列表并不支持范围查找,例如,散列表不支持查找关键码最大、最小、大于或等于某值、小于或等于某值等范围查找。散列表最适合的问题是,散列表中哪个记录的关键码等于待查找的关键码值。散列技术在计算机领域具有广泛的应用,例如信息加密、数据校验、负载均衡等。

由于散列表占用的是一片连续的存储空间,因此可以用一维数组来描述,例如长度为 m 的散列表的下标为 $0\cdots m-1$。

在理想状态下,对于每一个关键码都能找到其对应的记录在散列表的位置,并且该记录确实存储在该位置。但是实际情况并非如此。对于两个不同的关键码 $k_i \neq k_j$,$H(k_i)=H(k_j)$,即两个不同的记录需要存储到同一个散列地址中,这种现象称为**冲突**（collision）。关键码 k_i 和 k_j 相对于 H 称为**同义词**（synonym）。

如果关键码根据散列函数计算出的散列地址已经被占用,即产生了冲突,则必须寻找另外一个存储位置来存放它,即如何解决冲突的问题。因此,散列查找中最关键的两个问题为散列函数的设计和冲突的处理。

7.4.2 散列函数的设计

散列函数要求计算简单并且散列地址尽可能均匀地分布在散列表上。散列函数的设计需要考虑散列表的表长,因为散列地址不能超过有效范围。散列函数的设计还和关键码的分布有关,但是不能保证关键码的分布总是已知的。在实际应用中,应该根据具体情况选择合适的散列函数。散列函数的设计包括以下几种方法。

1. 直接定址法

直接定址法的散列函数是关键码的线性函数,即:

$$H(\text{key})=a\times \text{key}+b(a,b\text{ 为常数})$$

例 7-2 关键码集合为 $\{10,30,50,70,80\}$,散列函数为 $H(\text{key})=\text{key}/10$,散列表表长 $m=10$,则散列表如图 7-33 所示。

图 7-33 使用直接定址法构造的散列表

直接定址法简单、均匀,一般不会产生冲突,但是要求事先知道关键码的分布,适用于关键码集合较小并且连续性较好的情况,在实际情况中使用较少。

2. 除留余数法

除留余数法选择一个适当的正整数 p,以关键码除以 p 的余数作为散列地址,即:

$$H(\text{key}) = \text{key} \% p$$

如果散列表的表长为 m,则通常选 p 为小于或等于表长 m 的素数,或者选不包含小于 20 的质因子的合数。

除留余数法是一种最简单、最常用的设计散列函数的方法,并且不需要事先知道关键码的分布。

3. 数字分析法

分析关键码,例如前几位数字大体相同的一组固定电话号码,如果选用前几位数字构造散列地址,则出现冲突的概率较大。此时选择差别较大的几位数字构造散列地址,则冲突的概率会明显降低。因此数字分析法就是找出数字的规律,尽可能利用这些数据来构造冲突较少的散列地址。

数字分析法适合事先知道关键码分布并且关键码的分布比较均匀的情况。

4. 平方取中法

平方取中法是将关键码取平方,按照散列表地址的大小,取中间的若干位作为散列地址,即平方后截取。通过取平方可以扩大关键码的差别,平方值的中间几位和关键码的每一位都相关,则对不同的关键字得到的散列函数值不易产生冲突,由此产生的散列地址也较为均匀。

例 7-3 对于关键码 key=4321,散列地址是 2 位,用平方取中法设计散列函数。

$(4321)^2 = 18671041$,散列地址是 2 位,因此可以选择 67 作为散列地址。

平方取中法不需要事先知道关键码的分布,但是关键码的位数不能太大。平方取中法也是一种常用的散列函数设计方法。

5. 折叠法

折叠法是将关键字分割成位数相同的几部分,最后一部分位数可以不同,然后取这几部分的叠加和(去除进位)作为散列地址。一般有移位叠加和间界叠加两种方法。移位叠加是将各部分的最后一位对齐相加,间界叠加是从一端向另一端沿各部分分界来折叠后,最后一位对齐相加。

例 7-4 对于关键码 key=53487296845,散列表表长为 3 位,则移位叠加和间界叠加设计散列函数如图 7-34 所示。

折叠法适用于关键码的位数较大，并且关键码分布不均匀的情况。折叠法不需要事先知道关键码的分布情况。

```
    534              534
    872              278
    968              968
  +  45            +  54
  = 2119           = 1834
(a) 移位叠加       (b) 间界叠加
H(key)=119        H(key)=834
```

图 7-34　折叠法示例

6. 随机数法

采用随机函数作为散列函数 $H(\text{key}) = \text{rand}(\text{key})$，其中 rand 为随机函数。当关键码长度不等时，采用该方法较为恰当。

7.4.3　处理冲突的方法

在构造散列表的过程中，在存储关键码 key 对应的记录时，如果 $H(\text{key})$ 已经被占用，则必须另外再寻找一个空闲的位置来存储记录。采用不同的处理冲突的方法，就会得到不同的散列表。常用的处理冲突的方法有开放定址法和链地址方法。

1. 开放定址法

由关键码和散列函数得到的地址一旦产生冲突，就从产生冲突的位置开始寻找下一个空闲的散列地址，这种解决冲突的方法称为**开放定址法**（open addressing）。使用开放定址法构造的散列表称为闭散列表。寻找下一个空闲的散列地址有三种方法，分别为线性探测法、二次探测法、随机探测法。

1）线性探测法

当发生冲突时，线性探测法从冲突位置开始，依次寻找空闲的散列地址。假设对于关键码 key，$H(\text{key}) = d$，闭散列表的长度为 m，则线性探测法寻找下一个空闲位置的公式为：

$$H_i = (H(\text{key}) + d_i) \% m \quad (d_i = 1, 2, \cdots, m-1)$$

例 7-5　已知关键码集合为 $\{26, 36, 41, 38, 44, 15, 68, 12, 06, 51, 25\}$，闭散列表表长为 $m = 15$，散列函数为 $H(\text{key}) = \text{key} \% 13$，使用线性探测法处理冲突，试构造闭散列表，并计算等概率下查找成功的平均查找长度 ASL_{succ} 和查找失败的平均查找长度 ASL_{fail}。

构造的散列表以及查找成功和失败的比较次数如图 7-35 所示。

散列地址	0	1	2	3	4	5	6	7	8	9	10	11	12	13	14
关键码	26	25	41	15	68	44	06	ϕ	ϕ	ϕ	36	ϕ	38	12	51
查找成功的比较次数	1	5	1	2	1	1	1				1		1	2	3
查找失败的比较次数	8	7	6	5	4	3	2	1	1	1	2	1	11		

图 7-35　线性探测法构造的散列表示例

关键码 26, 36, 41, 38, 44 都没有产生冲突，直接存入散列函数计算的散列地址，查找成功都只需要比较 1 次；

$H(15) = 2$，散列地址产生冲突，由 $H_1 = (H(15) + 1) \% 15 = 3$，找到空闲的散列地址，存入 15，查找成功需要比较 2 次；

$H(68)=3$，但是 15 和 68 并不是同义词，却出现了争夺同一个散列地址的现象。非同义词之间争夺同一个散列地址的现象称为**堆积**或者**聚积**。因为闭散列表的散列空间有限，因此无法避免堆积现象，堆积现象不利于查找。由 $H_1=(H(68)+1)\%15=4$，找到空闲的散列地址，存入 68，查找成功需要比较 2 次；

$H(12)=12$，散列地址产生冲突，由 $H_1=(H(12)+1)\%15=13$，找到空闲的散列地址，存入 12，查找成功需要比较 2 次；

$H(06)=6$，没有产生冲突，直接存入散列函数计算的散列地址，查找成功需要比较 1 次；

$H(51)=12$，散列地址产生冲突，由 $H_1=(H(51+1)\%15=13$，$H_1=(H(51)+2)\%15=14$，找到空闲的散列地址，存入 51，查找成功需要比较 3 次；

$H(25)=12$，散列地址产生冲突，由 $H_1=(H(25)+1)\%15=13$，$H_1=(H(25)+2)\%15=14$，$H_1=(H(25)+3)\%15=0$，$H_1=(H(25)+4)\%15=1$，找到空闲的散列地址，存入 25，查找成功需要比较 5 次。则在等概率下查找成功的平均查找长度为：

$$\text{ASL}_{\text{succ}}=(1+1+1+1+1+2+2+2+1+3+5)/11=20/11$$

对于查找失败的情况，首先需要确定查找失败的情况种数。对于散列函数 $H(\text{key})=\text{key}\%13$，散列地址的范围为 $0\cdots12$，有 13 种。

对于散列表的 0 号单元，例如查找关键码 13，查找时需要分别和 0、1、2、3、4、5、6、7 比较，一直到和 7 号单元比较，而 7 号单元又空闲时，才能确定查找失败，需要比较 8 次。

对于散列表的 12 号单元，例如查找关键码 84，查找时需要分别和 12、13、14、0、1、2、3、4、5、6、7 号单元比较，而 7 号单元又空闲时，才能确定查找失败，需要比较 11 次。

$0\cdots12$ 号的其他单元类似。

由于散列函数初始的值不会取 13、14，因此这两个单元不在查找失败的考虑范围之内。

等概率下查找失败的平均查找长度为：

$$\text{ASL}_{\text{fail}}=(8+7+6+5+4+3+2+1+1+1+2+1+11)/13=4$$

假设散列表的表长为 m，散列函数为 $H(\text{key})=\text{key}\%p$，线性探测处理冲突，在散列表中查找关键码 key，如果查找成功，则返回 key 的下标；如果查找失败，则将 key 存入散列表的下标 j 处，count 记录关键码的比较次数。使用伪代码描述算法如下。

---

1. 初始化 count=1；
2. 计算关键码 key 的散列地址 j；
3. 如果 ht[j]=key，则查找成功，返回 j；否则，如果 ht[j] 为空，则将 key 存入 ht[j]，返回 0；
4. 求 j 的下一个位置 i，i=(j+1) % m；
5. 在 ht[i] 不为空，并且 i != j 时循环：
   5.1 count++；
   5.2 如果 ht[j]=key，则查找成功，返回 j；
   5.3 否则，循环后移 i，i=(i+1) % m；
6. 如果 i=j，则上溢；否则，将 key 存入 ht[i]，j=i，返回 0；

使用 C++语言描述算法如下。

```
int HashSearch( int ht[ ], int m, int key, int &j, int &count, int p) {
    int i;
    j = key % p;
    count = 1;
    if(ht[j] == key)                        /* 比较 1 次,查找成功 */
        return j;
    else if(ht[j] == 0) {                    /* 查找失败,把 k 插入散列表 */
        ht[j] = key;
        return 0;
    }
    /* 比较 1 次后没有找到,线性探测继续查找 */
    i = (j + 1) % m;
    /* 在散列地址不空时循环遍历散列表一遍 */
    while(ht[i] != 0 && i != j) {
        count++;
        /* 查找成功 */
        if(ht[i] == key) {
            j = i;
            return 1;
        }
        /* 继续比较下一个位置 */
        else {
            i = (i + 1) % m;
        }
    }
    /* 查找失败,并且散列表中没有空闲位置 */
    if(i == j) {
        cout <<"空间不足,溢出!";
        return 0;
    }
    /* 因找到空闲位置退出循环,插入 k */
    else {
        ht[i] = key;
        j = i;
        return 0;
    }
}
```

详细代码可参照 ch07\HashSearch 目录下的文件,关键码集合为 $\{26,36,41,38,44,$ $15,68,12,06,51,25\}$,散列表表长为 $m=15$,散列函数为 $H(\text{key})=\text{key}\%13$ 时,查找成功和查找失败的运行结果分别如图 7-36 和图 7-37 所示。

2）二次探测法

当发生冲突时,使用二次探测法寻找下一个散列地址的公式为：

$$H_i = (H(\text{key}) + d_i)\%m \quad (d_i = 1^2, -1^2, 2^2, -2^2, \cdots, q^2, -q^2, q \leqslant \sqrt{m})$$

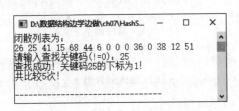

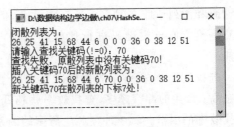

图 7-36 散列查找成功的运行结果　　　图 7-37 散列查找失败的运行结果

3）随机探测法

当发生冲突时,使用随机探测法寻找下一个散列地址的公式为:

$$H_i = (H(\text{key}) + d_i)\%m \quad (d_i \text{ 是随机数列}, i = 1, 2, \cdots, m-1)$$

2. 链地址方法

链地址方法也叫拉链法(chaining),它的基本思想为:将所有的同义词的记录存储为一个单链表,称为同义词子表,散列表存储的是同义词子表的头指针。使用链地址方法处理冲突构造的散列表称为**开散列表**。

例 7-6 已知关键码集合为$\{26, 36, 41, 38, 44, 15, 68, 12, 06, 51, 25\}$,散列函数为$H(\text{key}) = \text{key}\%13$,使用链地址方法处理冲突,试构造开散列表,并计算等概率下查找成功的平均查找长度 ASL_{succ} 和查找失败的平均查找长度 ASL_{fail}。

构造的开散列表如图 7-38 所示。

查找成功时,位于单链表表头位置的关键码只需要比较 1 次,位于单链表第 2 个结点的关键码需要比较 2 次。因此在等概率下查找成功的平均查找长度为:

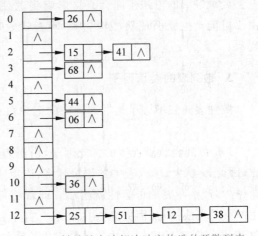

图 7-38 链地址方法解决冲突构造的开散列表

$$\text{ASL}_{\text{succ}} = (1 \times 7 + 2 \times 2 + 3 \times 1 + 4 \times 1)/11 = 18/11$$

查找失败的情况仍然是 13 种,与线性探测处理冲突不同,链地址方法中空指针不算一次比较,因此对于指针为空的散列地址的比较次数为 0 次。对于非空的散列地址,查找失败需要的比较次数为表示同义词子表的单链表的长度。因此在等概率下查找失败的平均查找长度为:

$$\text{ASL}_{\text{fail}} = (0 \times 6 + 1 \times 5 + 2 \times 1 + 4 \times 1)/13 = 11/13$$

7.4.4 散列表的查找性能分析

散列表的查找过程基本上和构造过程相同。一些关键字可通过散列地址直接找到,另一些关键字在散列地址上产生了冲突,需要按处理冲突的方法进行查找。虽然散列查找在关键码和散列地址之间建立了对应关系，但是因为存在冲突现象，所以产生冲突后的查找仍然是给定值与关键码进行比较的过程，因此仍然使用平均查找长度衡量散列查找的性能。

查找过程中，关键字的比较次数取决于产生冲突的概率。产生的冲突越少，查找效率就越高；产生的冲突越多，查找效率就越低。因此，影响冲突产生概率的因素，也就是影响查找效率的因素。影响冲突产生概率的因素主要包括以下几个。

1. 散列函数是否均匀

散列函数均匀指的是根据关键字计算得到的散列地址均匀地分布在整个散列表上，而不是集中在散列表的某一个小的区域内。散列函数越均匀，产生冲突的概率越低，平均查找性能越好；反之，散列函数越不均匀，产生冲突的概率越高，平均查找性能越差。

2. 处理冲突的方法

处理冲突的方法不同会直接影响到散列查找的性能。例如，在线性探测处理冲突时，由于可能产生堆积现象，因此会影响查找效率。但是链地址方法处理冲突不会产生堆积现象。

3. 散列表的装填因子

散列表的装填因子是散列表中的记录数 n 和散列表表长 m 的比值，可表示为：

$$\alpha = n/m$$

α 是散列表装满程度的标志因子，由于表长 m 是固定值，α 与散列表中的记录数 n 成正比，因此，α 越大，填入表中的记录越多，产生冲突的可能性就越大；α 越小，填入表中的记录数越少，产生冲突的可能性就越小。通常将散列表的空间设置得比查找集合大，以降低产生冲突的可能性，从而提高查找效率。实际上，散列表的平均查找长度是装填因子 α 的函数，不同的处理冲突的方法的平均查找长度如表 7-1 所示。

表 7-1　散列查找中不同的处理冲突方法的平均查找长度

散列表种类	处理冲突的方法	查找成功	查找失败
开散列表	链地址方法	$1+\dfrac{\alpha}{2}$	$\alpha+e^{-e}$
闭散列表	线性探测法	$\dfrac{1}{2}\left(1+\dfrac{1}{1-\alpha}\right)$	$\dfrac{1}{2}\left[1+\dfrac{1}{(1-\alpha)^2}\right]$
	二次探测法	$-\dfrac{1}{\alpha}\ln(1+\alpha)$	$\dfrac{1}{\alpha}$

显然，散列查找的平均查找长度是装填因子 α 的函数，而不是查找集合大小 n 的函数。因此，对于给定的查找集合，不论集合里包括多少条记录，总能找到一个合适的 α 值，使散列查找的平均查找长度限制在一定范围内。散列表其实是一种利用空间换取时间的策略。

7.4.5　闭散列表和开散列表的比较

闭散列表和开散列表的比较如表 7-2 所示。

表 7-2　闭散列表和开散列表的比较

散 列 表	评价指标			
	预 估 容 量	结 构 性 开 销	堆 积 现 象	查 找 效 率
闭散列表	需要	不需要	存在	较低
开散列表	不需要	需要	不存在	较高

7.5　小结

- 查找是实际应用中较常见的操作。根据查找表的组织方式可分为线性表查找、树表查找、散列查找。
- 线性表查找的算法包括顺序查找、折半查找、斐波那契查找。
- 顺序查找要求较低，时间复杂度为 $O(n)$，适用于查找表长度 n 较小的情况。
- 折半查找要求顺序表存储并且关键码有序，平均时间复杂度可达到 $O(\mathrm{lb}n)$。
- 树表的查找主要指的是二叉排序树和平衡二叉树。
- 在二叉排序树上可以插入关键码、查找关键码、删除关键码。二叉排序树的查找性能和其形态有关。
- 在构造二叉排序树的过程中，可以根据失去平衡后的最小不平衡子树将二叉排序树重新调整成平衡二叉树，调整分为 LL、RR、LR、RL 四种类型。
- 散列表是在关键码和散列地址之间建立一种对应关系。
- 散列函数的设计方法中比较常用的有除留余数法和平方取中法。
- 解决冲突常用的方法有开放定址法和链地址方法。使用开放定址法构造的散列表为闭散列表，使用链地址方法构造的散列表为开散列表。其中，开放定址法又分为线性探测法、二次探测法、随机探测法，线性探测法较为常用。

习题

1. 选择题

（1）对线性表进行二分查找时，要求线性表必须（　　）。

  A. 以顺序方法存储

  B. 以链接方法存储

C. 以顺序方法存储且关键字有序排列

D. 以链接方法存储且关键字有序排列

（2）对于长度为 9 的顺序存储的有序表，采用二分查找，在等概率情况下查找成功的平均查找长度为（　　　）。

    A. 20/9　　　　　　B. 25/9　　　　　　C. 2　　　　　　D. 22/9

（3）顺序查找算法适用于（　　　）结构。

    A. 线性表　　　　　B. 树表　　　　　　C. 连通图　　　　　D. 网图

（4）对长度为 10 的顺序表进行查找，若查找前 5 个元素的概率相同，均为 1/8，查找后面 5 个元素的概率相同，均为 3/40，则查找成功时的平均查找长度为（　　　）。

    A. 5.5　　　　　　B. 5　　　　　　　C. 39/8　　　　　D. 19/4

（5）中序遍历一棵二叉排序树所得到的结点序列是键值的（　　　）序列。

    A. 递增或递减　　　B. 递减　　　　　　C. 递增　　　　　D. 无序

（6）已知数据元素序列为（34,76,45,18,26,54,92,65），按照依次插入结点的方法生成二叉排序树，则该二叉排序树的深度为（　　　）。

    A. 4　　　　　　　B. 5　　　　　　　C. 6　　　　　　D. 7

（7）二叉排序树最大值结点的（　　　）。

    A. 左指针一定为空　　　　　　　　　B. 右指针一定为空

    C. 左、右指针均为空　　　　　　　　D. 左、右指针均不为空

（8）对长度为 n 的顺序存储的有序表进行折半查找，对应的折半查找判定树的高度为（　　　）。

    A. n　　　　　　B. $\lfloor \mathrm{lb}n \rfloor$　　　　C. $\lfloor \mathrm{lb}n \rfloor+1$　　　D. $\lceil \mathrm{lb}n \rceil+1$

（9）已知有序顺序表（13,18,24,35,47,50,62,83,90,115,134），使用折半查找值为 18 的元素时，查找成功的比较次数为（　　　）。

    A. 1　　　　　　　B. 2　　　　　　　C. 3　　　　　　D. 4

（10）下列关于设计散列函数的描述中，不正确的是（　　　）。

    A. 散列函数应该是简单的，能在较短的时间内计算出结果

    B. 散列函数的定义域应包括全部关键字值，值域必须在表范围之内

    C. 散列函数计算出来的地址应能均匀地分布在散列表中

    D. 装填因子必须限制在 0.8 以下

（11）采用线性探测法解决冲突时计算出的下一个空位（　　　）。

    A. 必须大于或等于原散列地址

    B. 必须小于或等于原散列地址

    C. 可以大于或小于但不等于原散列地址

    D. 对地址在何处没有限制

（12）包含有 4 个结点的元素值互不相同的二叉排序树有（　　　）种。

    A. 4　　　　　　　B. 6　　　　　　　C. 20　　　　　D. 14

(13) 利用逐个插入的方法建立序列{35,45,25,55,50,10,15,30,40,20}对应的二叉排序树后,搜索元素20需要进行(   )次元素之间的比较。

        A. 4   B. 5   C. 7   D. 10

(14) 一棵高度为 h 的平衡二叉树,若其每个结点的平衡因子都是0,则该二叉树共有(   )个结点

        A. $2^{h-1}-1$ B. 2^{h-1} C. $2^{h-1}+1$ D. $2^{h}-1$

2. 填空题

(1) 在散列技术中,处理冲突的两种主要方法是(   )和(   )。

(2) 平衡二叉树中结点的平衡因子可取值为(   )。

(3) 长度为20的有序表采用折半查找,共有(   )个元素的查找长度为4。

(4) 在散列技术中,处理冲突的两种主要方法有(   )和拉链法。

(5) 高度为7的平衡二叉树最少有(   )个结点,最多有(   )个结点。

(6) 在各种查找技术中,平均查找长度与结点个数无关的查找方法是(   )。

(7) 如果按照关键码递增的次序依次将关键码插入到二叉排序树中,则等概率下此二叉排序树的平均查找长度为(   )。

(8) n 个关键码对应的折半查找判定树,表示查找失败的外部结点共有(   )个。

(9) 可以唯一地标识一条记录的关键码称为(   )。

3. 判断题

(1) 如果输入关键码的顺序不同,则构造的二叉排序树也不同。(   )

(2) 中序遍历非空的二叉排序树一定能得到递增的序列。(   )

(3) 如果线性表按关键码有序,则可以采用折半查找。(   )

(4) 折半查找的查找速度一定比顺序查找法快。(   )

(5) 二叉排序树的查找和折半查找的时间性能相同。(   )

(6) 在任意一棵非空的二叉排序树中,删除某结点后又将其插入,则所得二叉排序树与删除前的原二叉排序树相同。(   )

(7) 当装填因子小于1时,向散列表中存储元素时不会产生冲突。(   )

(8) 当从散列表删除一个记录时,不应将这个记录的所在位置置空,因为会影响以后的查找。(   )

(9) 散列表的平均查找长度与处理冲突的方法无关。(   )

(10) 平衡二叉树中,如果某个结点的左右孩子的平衡因子为0,则此结点的平衡因子一定为0。(   )

4. 问答题

(1) 对长度为14的有序顺序表进行折半查找,试画出折半查找判定树,并计算等概率下查找成功和查找失败的平均查找长度。

(2) 如果一棵二叉排序树中每个结点的关键码值都大于左孩子的关键码值,且小于右孩子的关键码值,此二叉树是二叉排序树吗?举例说明。

(3) 对于给定的关键码集合{55,31,11,37,46,73,63,2,7},试回答以下问题。

① 从空树开始构造平衡二叉树,画出构造过程,若发生不平衡,指明旋转类型。

② 计算等概率情况下查找成功和查找失败的平均查找长度。

（4）给定关键码集合$\{26,25,20,34,28,24,45,64,32\}$，假定散列表的表长为$m=15$，散列函数为$H(\text{key})=\text{key mod 13}$，采用线性探测法处理冲突，试构造散列表，并计算等概率下查找成功和查找失败的平均查找长度。

5. 算法设计题

（1）设计算法实现在顺序表$r[1\cdots n]$上执行顺序查找的递归算法。

（2）设计算法求二叉排序树中指定结点所在的层次。

第8章

排　序

排序是继查找之后的又一类重要的操作,对于有序的查找表,可以采用效率更高的查找方法。排序的基本操作为关键码的比较和记录的移动。排序算法可以分为插入排序、交换排序、选择排序、归并排序、基数排序。排序算法的性能评价包括时间复杂度、空间复杂度、稳定性。

8.1　概述

8.1.1　基本概念

和查找类似,在排序中也将数据元素称为**记录**(record)。

1. 排序

假设含有 n 个记录的序列$(r_1,r_2,\cdots,r_n)$,其对应的关键码分别为$(k_1,k_2,\cdots,k_n)$,排序(sort)是将记录序列排列成序列$(r_{p1},r_{p2},\cdots,r_{pn})$,满足 $k_{p1}\leqslant k_{p2}\leqslant\cdots\leqslant k_{pn}$(升序)或者 $k_{p1}\geqslant k_{p2}\geqslant\cdots\geqslant k_{pn}$(降序)。排序是将一个记录序列排列成按关键码有序的序列的过程。

排序是对线性表的操作,线性表既可以采用顺序表存储,也可以采用单链表存储。为简单起见,本章对排序做如下约定:

(1) 线性表采用顺序表存储,并且 0 号单元留作它用,待排序的记录从下标为 1 的位置开始存储。

(2) 将记录按升序或非递减顺序排序。

(3) 记录只有一个数据项,并且数据项的类型为 int。

2. 正序、逆序

如果记录已经按关键码排好序,则此记录序列为**正序**(exact order)。如果记录的排列顺序和已排好顺序的序列完全相反,则称此记录序列为**逆序**(inverse order)或**反序**(anti-order)。

3. 关键码

关键码指的是数据元素中能起标识作用的数据项。排序是以关键码为基准进行的。

4. 主关键码、次关键码

能够唯一标识一条记录的关键码,称为主关键码。不能唯一标识一条记录的关键码称为次关键码。

5. 排序算法的稳定性

对于待排序序列中的任意两条不同的记录 r_i,r_j,$r_i \neq r_j$,其关键码相同,$k_i = k_j$,如果记录 r_i 和 r_j 的相对次序在排序前和排序后没有改变,则称此算法是稳定的(stable);如果记录 r_i 和 r_j 的相对次序在排序前和排序后发生了改变,则称此算法是不稳定的(unstable)。

8.1.2 排序的分类

根据不同的标准,可以对排序算法进行不同的分类。

1. 记录的存放位置

根据排序的过程中记录的存放位置,排序算法分为内排序和外排序。内排序是指在整个排序过程中,待排序的所有记录全部被放置在内存中。外排序是指由于待排序的记录数太庞大,不能同时放置在内存中,需要将一部分记录放置在内存,而另一部分记录放置在外存。在排序过程中需要在内外存之间多次交换数据才能完成排序。本章讨论的算法都为内排序算法。

2. 基于关键码的比较

根据排序是否基于关键码的比较,可以将排序算法分为基于比较的排序和不基于比较的排序。大部分排序算法都是基于关键码的比较进行排序的。不基于比较的排序算法根据关键码的特点进行排序。

3. 排序策略

根据排序算法所采用的策略可以将排序算法分成五大类,即插入排序、交换排序、选择排序、归并排序、分配排序。其中前四类是基于比较的排序算法,分配排序不是基于比较的排序算法。

4. 排序的关键码个数

根据排序是根据单个关键码还是多个关键码可以将排序算法分为单键排序和多键排序。多键排序可以转换成单键排序。可以通过将多个关键码值进行运算实现多键排序转换成单键排序,也可以利用多趟单键排序实现多键排序。

8.1.3 排序算法的性能

排序算法的性能指标包括时间复杂度、空间复杂度、稳定性。

基于比较的排序算法的两个基本操作是关键码的比较和记录的移动,因此算法的时间主要消耗在关键码的比较和记录的移动上,关键码的比较次数和记录的移动次数是衡量算法时间复杂度的关键。

空间复杂度主要是度量算法在执行过程中使用的临时辅助空间的大小。

算法的稳定性也是衡量算法性能的指标。此外,算法思想是否复杂、是否容易实现也是需要考虑的因素。

8.2 插入排序

插入排序算法每次将一个待排序的记录插入到一个已按关键字排好序的有序序列中,从而使有序序列的长度加 1,直到全部记录有序为止。插入排序主要包括直接插入排序(straight insertion sort)和希尔排序(Shell sort)。

8.2.1 直接插入排序

初始状态下,将序列的第一个记录看作一个有序的子序列。从第二个记录开始逐个将待排序记录插入到已排好序的序列中,从而得到一个新的长度加 1 的有序序列,直至整个序列有序为止,如图 8-1 所示。

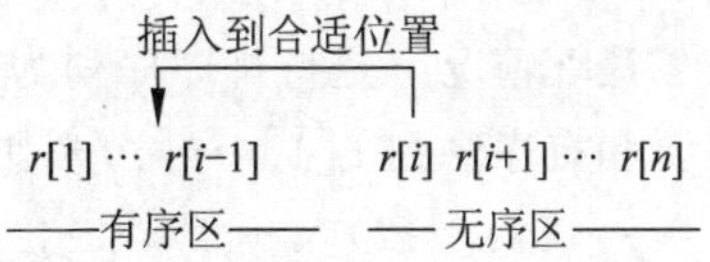

例 8-1 对于待排序序列(21,25,49,25*,16,8),其各趟直接插入排序如图 8-2 所示。

```
插入到合适位置
    ↓
r[1] … r[i-1]   r[i] r[i+1] … r[n]
——有序区——    ——无序区——
```

图 8-1 直接插入排序基本思想示意图

初始状态	(21)	25	49	25*	16	8
第 1 趟结果	(21	25)	49	25*	16	8
第 2 趟结果	(21	25	49)	25*	16	8
第 3 趟结果	(21	25	25*	49)	16	8
第 4 趟结果	(16	21	25	25*	49)	8
第 5 趟结果	(8	16	21	25	25*	49)

图 8-2 直接插入排序示例

对于 n 个待排序记录,直接插入排序共需要 $n-1$ 趟,即把 $r[2]\cdots r[n]$ 插入到前面的有序子序列中。算法描述为:

```
for(i = 2; i<= n; i++) {
将 r[i]插入到 r[1]…r[i-1]中;
}
```

将待排序记录 $r[i]$ 插入到有序序列 $r[1]\cdots r[i-1]$ 中时，如果 $r[i]<r[i-1]$，则 $r[i-1]$ 需要后移，为了防止待排序记录 $r[i]$ 被覆盖，可将 $r[i]$ 临时保存在 $r[0]$ 处，也称为"哨兵"。在有序子序列中查找 $r[0]$ 的正确位置时，可以从后向前检查有序子序列中的记录 $r[j]$，如果 $r[0]<r[j]$，则 $r[j]$ 后移。算法描述为：

```
r[0] = r[i];
for(j = i - 1; r[0] < r[j]; j--)
    r[j + 1] = r[j];
```

当退出循环时，说明 $r[0]\geqslant r[j]$，$r[0]$ 即原来待排序的记录的正确位置为 $r[j+1]$。算法描述为：

```
r[j + 1] = r[0];
```

使用 C++语言描述直接插入排序算法如下。

```cpp
void InsertSort(int r[], int n) {
    for(i = 2; i <= n; i++) {
        r[0] = r[i];
        for(j = i - 1; r[0] < r[j]; j--)
            r[j + 1] = r[j];
        r[j + 1] = r[0];
    }
}
```

最好情况下是待排序序列为正序时，排序需要进行 $n-1$ 趟，每趟比较 1 次，共需要比较 $n-1$ 次，时间复杂度为 $O(n)$。

最坏情况下是待排序序列为逆序时，排序需要进行 $n-1$ 趟，当待排序记录为 $r[i]$ 时，需要和有序序列 $r[1]\cdots r[i-1]$ 的所有元素及哨兵做比较，比较次数为 i 次，总的比较次数为 $\sum_{i=2}^{n} i = \dfrac{(n+2)(n-1)}{2}$；所有元素都要后移，还包括和哨兵相关的两次赋值，因此为 $i+1$ 次，总的移动次数为 $\sum_{i=2}^{n} i+1 = \dfrac{(n+4)(n-1)}{2}$，因此时间复杂度为 $O(n^2)$。

直接插入排序的平均时间复杂度为 $O(n^2)$。

直接插入排序在排序过程中需要一个记录的存储空间作为辅助单元，即哨兵，与问题规模 n 无关，因此空间复杂度为 $O(1)$。

直接插入排序是稳定的排序算法。

直接插入排序算法思想简单、容易实现，适用于当待排序序列中的记录个数较小或者待排序序列已基本有序的情况。当待排序序列中的记录个数较多，并且序列不是基本有序时，算法的效率较低。

直接插入排序实现的详细代码可参照 ch08\InsertSort 目录下的文件，运行结果如图 8-3 所示。

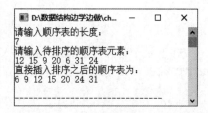

图 8-3　直接插入排序的运行结果

8.2.2　希尔排序

直接插入排序在序列基本有序或待排序序列记录数较小时效率较高,但是在实际情况下,这两种序列并不常见。希尔排序是对直接插入排序的一种改进,又称为"缩小增量排序"。希尔排序对于无序序列并且待排序序列长度较大时效率也较高。它的出发点是将任意一个待排序序列转换成整个序列基本有序或者待排序序列记录数较小的情况。

希尔排序的基本思想为先将整个待排序序列按照相隔某个增量划分成若干个子序列,在各个子序列内部分别进行直接插入排序,待整个序列基本有序时,再对全体记录进行一次直接插入排序。

例 8-2　对于待排序进行希尔排序,其各趟结果如图 8-4 所示。

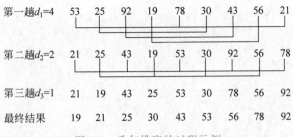

图 8-4　希尔排序的过程示例

希尔排序需要解决的关键问题为:

(1) 如何进行子序列划分?

(2) 希尔排序需要经过几趟排序?

(3) 子序列内部如何进行直接插入排序?

假设待排序序列为 $r[1]\cdots r[n]$,则将相割增量 d 的记录划分为一组,即 $r[i]$、$r[i+d]$、$r[i+2d]\cdots$ 为一个子序列。子序列划分不能采取逐段分割,因为逐段分割排序并不能使各序列向着基本有序的方向发展。

常用的增量的取法为 $d_1=\lfloor n/2 \rfloor$、$d_2=d_1/2$、$\cdots$、$d_m=1$。m 为排序的趟数,显然排序趟数为 $\lfloor \text{lb}n \rfloor$ 趟。算法描述为:

```
for(d = n / 2; d >= 1; d = d / 2) {
    相隔d的子序列内部进行直接插入排序;
}
```

当增量为 d 时,待排序序列的 $r[1]\cdots r[d]$ 分别为 d 个子序列的第一个记录、第一个子序列的第二个元素,即待排序的第一个记录为 $r[d+1]$,需要将元素 $r[d+1]\cdots r[n]$ 分别插入到各自的有序子序列中。对于待插入的记录 $r[i]$ 来说,将其插入到有序子序列中的操作与直接插入排序类似,不同之处是步长由 1 变成了 d,为了防止记录 $r[i]$ 被覆盖,仍将其临时存储到 $r[0]$ 处。有序子序列从后至前为 $r[i-d]$、$r[i-2d]$、$\cdots$,直到下标越界为止。算法描述为：

```
for(i = d + 1; i <= n; i++) {
    r[0] = r[i];
    for(j = i - d; j > 0 && r[0] < r[j]; j = j - d) {
        r[j + d] = r[j];
    }
}
```

退出循环后，应将 $r[0]$ 置于 $r[j+d]$ 处。

完整的算法描述为：

```
void ShellSort(int r[], int n) {
    /*增量序列从 n/2 开始，至 1 结束*/
    for(d = n / 2; d >= 1; d = d / 2) {
        for(i = d + 1; i <= n; i++) {
            r[0] = r[i];
            for(j = i - d; j > 0 && r[0] < r[j]; j = j - d)
                r[j + d] = r[j];
            r[j + d] = r[0];
        }
    }
}
```

希尔排序是按照不同增量对元素进行插入排序，刚开始记录无序时，增量最大，所以插入排序的子序列记录个数很少；当记录基本有序时，增量很小，插入排序对于有序的序列效率很高。增量序列的选择直接影响希尔排序的性能。有人在大量实验的基础上提出，希尔排序的时间复杂度为 $O(n \mathrm{lb} n) \sim O(n^2)$，当 n 在某个特定范围内时，希尔排序的时间性能约为 $O(n^{1.3})$。

与直接插入排序类似，希尔排序需要一个临时辅助空间 $r[0]$ 来保存待排序的记录，与问题规模 n 无关，因此空间复杂度为 $O(1)$。

由于希尔排序记录的后移是跳跃式的，因此是不稳定的排序算法。

实现希尔排序的详细代码可参照 ch08\ShellSort 目录下的文件，运行结果如图 8-5 所示。

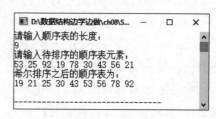

图 8-5　希尔排序的运行结果

8.3　交换排序

交换排序是借助于"交换"操作实现记录排序的一类算法，其主要思想是将待排序序列中的两个记录的关键码进行比较，如果是逆序，则交换。

8.3.1　起泡排序

起泡排序(bubble sort)是交换类排序算法中最简单的排序算法。它的基本思想是：对待排序序列中的相邻的两个元素进行比较，如果是逆序，则交换。

1. 一般的起泡排序算法

假设对记录 $r[1]\cdots r[n]$ 进行排序，则需要进行 $n-1$ 趟。第 1 趟将 n 个记录两两比较，如果是逆序则交换，则最大的记录放到最后的位置；第 2 趟将前 $n-1$ 个记录两两比较，如果是逆序则交换，则次大的记录放到倒数第二的位置；以此类推，直到第 $n-1$ 趟，将前两个记录比较，如果是逆序则交换。算法描述为：

```
void BubbleSort1(int r[], int n) {
    for(i = 1; i < n; i++) {
        for(j = 1; j < n - i + 1; j++) {
            if(r[j] > r[j + 1]) {
                r[j] <--> r[j + 1]
            }
        }
    }
}
```

2. 优化后的起泡排序

对于 n 个记录进行起泡排序，需要的趟数可能小于 $n-1$ 趟。因为一趟排序有可能将多个值较大的元素放到最终位置，特别是当序列的后半部分已有序时。可设一个变量 swap 记录最后一次交换的位置。在某趟排序开始时，swap＝0，一旦有记录交换，则更新 swap。算法描述为：

```
if(r[j] > r[j + 1]) {
    r[j] <--> r[j + 1];
    swap = j;
}
```

此趟排序结束后，swap 之后的记录已在最终位置，不用参与下一趟排序，假设无序区序列的最后一个记录的位置为 bound，则下一趟排序的 bound 为上一趟排序的 swap，即下一趟排序需要对 $r[1]\cdots r[bound]$ 之间的记录进行排序。swap 一旦赋值给 bound，swap 应该重新赋值为 0，以准备下一趟排序。算法描述为：

```
bound = swap;
swap = 0;
for(j = 1; j < bound; j++) {
    if(r[j] > r[j + 1]) {
        r[j] <--> r[j + 1];
        swap = j;
    }
}
```

如果某一趟排序之后 swap 仍为 0，则说明无记录交换，记录已有序，排序结束。第一趟排序时应该将 swap 赋值为 n，因为要用 swap 给 bound 赋值，而第一趟所有记录都参与排序。完整的起泡排序描述为：

```
void BubbleSort2(int r[], int n) {
    swap = n;
    while(swap != 0) {
        bound = swap;
        swap = 0;
        for(j = 1; j < bound; j++)
            if(r[j] > r[j + 1]) {
                r[j] <--> r[j + 1];
                swap = j;
            }
    }
}
```

例 8-3 起泡排序的一个示例如图 8-6 所示。

初始状态	59	20	17	36	98	78	89
第 1 趟结果	20	17	36	59	78	89	(98)
第 2 趟结果	17	(20	36	59	78	89	98)
第 3 趟结果	(17	20	36	59	78	89	98)

图 8-6 起泡排序的示例

起泡排序的详细代码可参照 ch08\BubbleSort 目录下的文件，运行结果如图 8-7 所示。

起泡排序的时间复杂度与序列的初始状态有关。最好情况下为序列正序时，只执行一趟，此时只需进行 $n-1$ 次比较，不需要移动记录，因此时间复杂度为 $O(n)$；最坏情况下为序列逆序时，需要执行 $n-1$ 趟，第 i 趟排序时需要进行 $n-i$ 次比较、$3(n-i)$ 次移动，因此总的比较

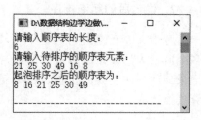

图 8-7 起泡排序的运行结果

次数为 $\sum_{i=1}^{n-1}(n-i)=\dfrac{n(n-1)}{2}$，总的记录移动次数为 $3\sum_{i=1}^{n-1}(n-i)=\dfrac{3n(n-1)}{2}$，时间复杂度为 $O(n^2)$。平均情况下的时间复杂度为 $O(n^2)$。

起泡排序在记录交换时需要一个临时的辅助空间，它和问题规模 n 无关，空间复杂度为 $O(1)$。

起泡排序是稳定的排序算法。

8.3.2 双向起泡排序

传统的起泡排序算法是单向的，一般从前向后排序，一趟起泡排序可以保证至少将一个待排序序列中值最大的元素放到最终位置上。假设需要将序列按照升序排序，但是序列中的较小的关键码又大量存在于序列的尾部，这时较小的关键码向前移动得很缓慢。双向

起泡排序是奇数趟从前向后,偶数趟从后向前,直到整个序列有序为止。奇数趟一趟排序可以保证至少将待排序序列中值最大的元素放到最终位置上,偶数趟排序可以保证至少将待排序序列中值最小的元素放到最终位置上。

和起泡排序类似,为了处理一趟将多个记录放在最终的位置的情况,设置变量leftBound 和 rightBound 记录从后向前排序的最后一次交换位置和从前向后排序的最后一次交换的位置,下一趟排序时只需要对 leftBound～rightBound 的记录再排序即可。算法描述为:

```
void BiBubbleSort(int r[ ], int n) {
    leftBound = 1;
    rightBound = n;
    start = leftBound;
    end = rightBound;
    while(leftBound && rightBound) {
        leftBound = 0;
        rightBound = 0;
        / * 从前向后 * /
        for(i = start; i < end; i++) {
            if(r[i] > r[i + 1]) {
                tmp = r[i];
                r[i] = r[i + 1];
                r[i+1] = tmp;
                rightBound = i;
            }
        }
        end = rightBound;
        / * 从后向前 * /
        for(j = end; j > start; j--) {
            if(r[j] < r[j - 1]) {
                tmp = r[j];
                r[j] = r[j - 1];
                r[j-1] = tmp;
                leftBound = j;
            }
        }
        start = leftBound;
    }
}
```

双向起泡排序的时间性能和传统的起泡排序类似。

8.3.3 快速排序

快速排序(quick sort)是起泡排序的改进算法,是交换类比较先进的排序算法,也是目前被公认的平均时间性能最好的内部排序算法。起泡排序中总是将相邻的两个记录进行比较,如果是逆序则交换,因此值比较大的记录一步一步后移,因此总的比较次数和移动次数较多。如果要改进起泡排序，需要将记录比较及移动的间隔变大，通过减少总的比较次数和移动次数提高效率。

快速排序的基本思想为：首先选择一个轴值作为比较的基准，将待排序记录划分成独立的左、右两个子序列，左侧子序列的记录的关键码值均小于或等于轴值，右侧子序列的记录的关键码值均大于或等于轴值。然后再对两个子序列继续进行划分，直到整个序列有序为止。

快速排序是利用分治法思想解决问题，也是递归的过程。快速排序需要解决的关键问题有：

（1）如何选择轴值？

（2）如何实现一次划分？

（3）如何处理得到的左、右两个子序列？

（4）如何判断快速排序的结束？

问题（1），轴值的选择有多种方法，可以选择待排序序列的第一个关键码、最后一个关键码、中间的关键码或者前三者的中间值，通常采用第一个关键码作为轴值。

问题（2），对于待排序序列 $r[\text{first}]\cdots r[\text{end}]$ 进行一次划分是快速排序算法的关键问题，首先设置两个指针 i 和 j 分别指向待排序序列的两端，当 $i<j$ 时循环进行右侧扫描和左侧扫描。右侧扫描找比轴值小的关键码并前移，左侧扫描找比轴值大的关键码并后移，直到 $i=j$，此时 i 或 j 的位置即为轴值的最终位置。使用伪代码描述算法如下。

```
1. i=first; j=end; pivot=r[i];
2. 在 i<j 时循环：
     2.1 当 i<j 时右侧扫描寻找比 pivot 小的关键码；
     2.2 如果找到，则 r[i]=r[j]; i++;
     2.3 当 i<j 时左侧扫描寻找比 pivot 大的关键码；
     2.4 如果找到，则 r[j]=r[i]; j--;
3. r[i]=pivot,返回 i 或 j;
```

例 8-4 一次划分的过程示例如图 8-8 所示。

使用 C++ 语言描述算法如下。

```cpp
int Partition(int r[], int first, int end) {
    i = first;
    j = end;
    pivot = r[i];
    while(i < j) {
        /* 右侧扫描 */
        while(i < j && pivot <= r[j])
            j--;
        /* 找到较小的 r[j] */
        if(i < j) {
            r[i] = r[j];
```

```
        i++;
    }
    /*左侧扫描*/
    while(i < j && r[i] <= pivot)
        i++;
    /*找到较大的r[i]*/
    if(i < j) {
        r[j] = r[i];
        j--;
    }
}
r[i] = pivot;
return i;
}
```

对整个待排序序列实现一次划分的时间复杂度为 $O(n)$。

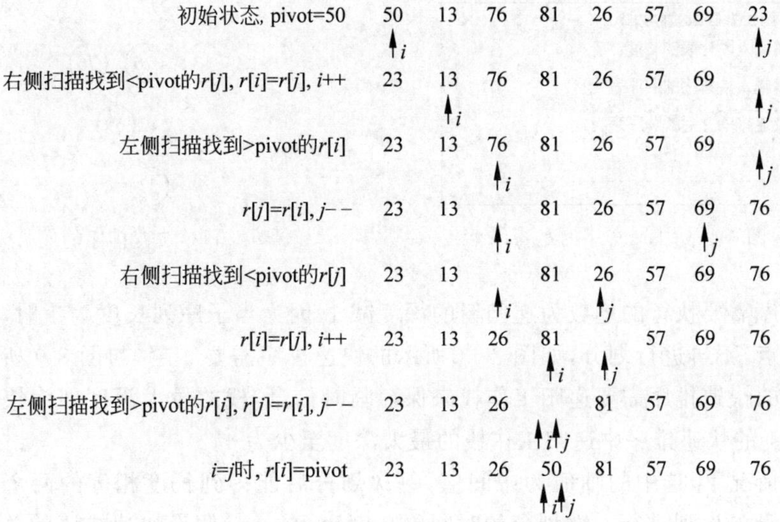

初始状态, pivot=50	50	13	76	81	26	57	69	23
	↑i							↑j
右侧扫描找到<pivot的r[j], r[i]=r[j], i++	23	13	76	81	26	57	69	
		↑i						↑j
左侧扫描找到>pivot的r[i]	23	13	76	81	26	57	69	
			↑i					↑j
r[j]=r[i], j--	23	13		81	26	57	69	76
			↑i			↑j		
右侧扫描找到<pivot的r[j]	23	13		81	26	57	69	76
			↑i	↑j				
r[i]=r[j], i++	23	13	26	81		57	69	76
				↑i	↑j			
左侧扫描找到>pivot的r[i], r[j]=r[i], j--	23	13	26		81	57	69	76
				↑i↑j				
i=j时, r[i]=pivot	23	13	26	50	81	57	69	76
				↑i↑j				

图 8-8　快速排序一次划分的示例

快速排序的执行过程示例如图 8-9 所示。

初始状态	50	13	76	81	26	57	69	23
第1趟结果	(23	13	26)	50	(81	57	69	76)
第2趟结果	(13)	23	(26)	50	(76	57	69)	81
第3趟结果	13	23	26	50	(69	57)	76	81
第4趟结果	13	23	26	50	(57)	69	(76)	81
最终结果	13	23	26	50	57	69	76	81

图 8-9　快速排序的执行过程示例

问题(3)和(4),对于划分得到的左、右两个子序列,需要再递归地进行划分。但是,如果待排序序列中只有一个关键码时,则不再进行递归调用。算法描述如下。

```
void QuickSort(int r[], int first, int end) {
```

```
        if(first < end) {
            pivotPos = Partition(r, first, end);
            QuickSort(r, first, pivotPos - 1);
            QuickSort(r, pivotPos + 1, end);
        }
    }
```

对记录 $r[1]\cdots r[n]$ 进行快速排序时需要调用 QuickSort$(r,1,n)$。

快速排序的详细代码可参照 ch08\QuickSort 目录下的文件,运行结果如图 8-10 所示。

快速排序的执行过程也可以通过递归树来描述。递归树的根结点为第一次划分时的轴值,根结点的左孩子为左边的子序列的轴值,根结点的右孩子为右边的子序列的轴值,以此类推。图 8-9 所示的快速排序的过程可以用图 8-11 所示的递归树来描述。

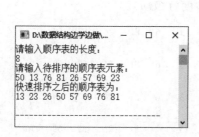

图 8-10　快速排序的运行结果

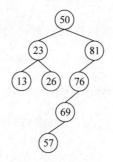

图 8-11　快速排序的递归树

快速排序需要执行的趟数为递归树的深度减 1,因为当子序列长度为 1 时,对应着递归树的叶子结点,不再进行划分,如图 8-11 所示的快速排序需要 4 趟,与图 8-9 所描述的过程相符。递归的快速排序需要递归工作栈来保存临时信息,栈的最大深度即为快速排序的趟数,如图 8-11 的快速排序中递归工作栈的最大深度至少为 4。

在最好情况下,选中的轴值为中间值,每次划分后能得到长度相等的两个子序列。对具有 n 个记录的序列进行一次划分的时间复杂度为 $O(n)$。假设快速排序的总的时间复杂度为 $T(n)$,则:

$$
\begin{aligned}
T(n) &\leqslant 2T(n/2)+n \\
&\leqslant 2(2T/(n/4)+n/2)+n=4T(n/4)+2n \\
&\leqslant 4(2T(n/8)+n/4)+2n=8T(n/8)+3n \\
&\vdots \\
&\leqslant nT(1)+n\mathrm{lb}n=O(n\mathrm{lb}n)
\end{aligned}
$$

因此,最好情况下的时间复杂度为 $O(n\mathrm{lb}n)$。

在最坏情况下,每次都选中最大值或最小值作为轴值,此时划分的两个子序列中,一个子序列为空,另一个子序列长度比待划分的子序列长度少一个记录。此时快速排序退化成起泡排序,共需要 $n-1$ 趟,时间复杂度为 $O(n^2)$。

可以使用归纳法证明,快速排序的平均时间复杂度为 $O(n\mathrm{lb}n)$。

快速排序的空间复杂度由递归工作栈的空间决定,与排序趟数有关,因为快速排序的

趟数为 $\text{lb}n \sim n-1$ 趟，因此其空间复杂度为 $O(\text{lb}n) \sim O(n)$。

快速排序是不稳定的排序算法。

8.4 选择排序

选择排序通过"选择"操作进行排序，每趟排序在当前待排序序列中选择关键码最小的记录，放到待排序序列的第一个位置上。选择排序的比较次数和序列的初始状态没有关系。

8.4.1 简单选择排序

简单选择排序（simple selection sort）是选择排序中比较简单的排序算法。排序共进行 $n-1$ 趟，第 i 趟在 $r[i] \cdots r[n]$ 中选择关键码最小的记录，并和 $r[i]$ 交换。算法描述为：

```
for(i = 1; i < n; i++) {
    在 r[i] … r[n]中选择关键码最小的记录,并和 r[i]交换;
}
```

在 $r[i] \cdots r[n]$ 中选择最小关键码时，假设 $r[i]$ 最小，遍历 $r[i+1] \cdots r[n]$，寻找最小关键码。算法描述为：

```
index = i;
for(j = i + 1; j <= n; j++)
    if(r[j] < r[index])
        index = j;
```

$r[i] \cdots r[n]$ 中最小的关键码的正确位置应在 $r[i]$ 处，算法描述为：

```
if(i != index)
    r[i]<-->r[index];
```

完整的简单选择排序算法描述如下。

```
void SelectSort(int r[], int n) {
    for(i = 1; i < n; i++) {
        index = i;
        for(j = i + 1; j <= n; j++)
            if(r[j] < r[index])
                index = j;
            if(i != index) {
                r[i]<-->r[index];
            }
    }
}
```

例 8-5 简单选择排序的一个示例如图 8-12 所示。

初始状态	49*	38	65	97	49	13	25
第 1 趟结果	(13)	38	65	97	49	49*	25
第 2 趟结果	(13	25)	65	97	49	49*	38
第 3 趟结果	(13	25	38)	97	49	49*	65
第 4 趟结果	(13	25	38	49)	97	49*	65
第 5 趟结果	(13	25	38	49	49*)	97	65
第 6 趟结果	(13	25	38	49	49*	65)	97
最终结果	13	25	38	49	49*	65	97

图 8-12 简单选择排序示例

简单选择排序的比较次数和序列的初始状态无关，第 i 趟排序时需要对 $r[i+1]\cdots r[n]$ 遍历一遍进行比较，比较次数为 $n-i$ 次，因此总的比较次数为：

$$\sum_{i=1}^{n-1}(n-i) = \frac{n(n-1)}{2} = O(n^2)$$

记录的移动次数和序列的初始状态有关。最好情况为正序，每次选择最小关键码的记录都恰好在正确位置上，记录的移动次数为 0 次。最坏情况是每次选择最小关键码的记录都不在其正确的位置上，共需要进行 $n-1$ 次交换，记录的移动总次数为 $3(n-1)$ 次。因此简单选择排序的时间复杂度在最好、最坏、平均情况下都是 $O(n^2)$。

在排序过程中需要一个临时存储单元用于交换记录，与问题规模 n 无关，空间复杂度为 $O(1)$。

简单选择排序是不稳定的排序算法。

8.4.2　堆排序

堆排序（heap sort）是简单选择排序的改进。简单选择排序中选择最小的关键码和次小的关键码之间是独立的，因此总的比较次数较多。堆排序是在选择出最小的关键码的同时，也选择出较小的关键码，从而提高总的排序效率。

堆是一个可以看作完全二叉树的序列，每个结点的值都小于或等于其左、右孩子结点的值，称为小根堆；或者每个结点的值都大于或等于其左、右孩子结点的值，称为大根堆。如果将堆按层序编号，则结点之间满足如下关系：

$$\begin{cases} k_i \leqslant k_{2i} \\ k_i \leqslant k_{2i+1} \end{cases} \text{或者} \begin{cases} k_i \geqslant k_{2i} \\ k_i \geqslant k_{2i+1} \end{cases} \quad 1 \leqslant i \leqslant \lfloor n/2 \rfloor$$

图 8-13 给出了大根堆和小根堆的示例。

堆的根结点称为堆顶。显然，大根堆的堆顶是最大值，较大的值离根较近，但不是绝对的。小根堆的堆顶是最小值，较小的值离根较近，但不绝对。一般利用大根堆排升序，利用小根堆排降序。

利用大根堆排序的基本思想为：首先将待排序记录序列构造成一个大根堆，此时堆顶为最大值，将堆顶移走，并将其余的记录重新调整成大根堆，此时堆顶为次大值，将堆顶移走，再将其余的记录重新调整成大根堆，重复以上过程，直到堆中只剩下一个记录为止。

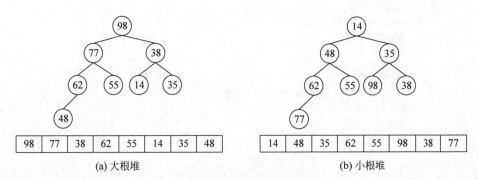

(a) 大根堆　　　　　　　　　　　　(b) 小根堆

图 8-13　堆的示例

在利用堆进行排序时,会有一种特殊情况,即完全二叉树的左、右子树都是大根堆,但是根结点不满足大根堆的要求。此时可以将根结点的值和左、右孩子中较大的结点值交换,如果仍不满足条件,需要将被调整结点的值继续和左、右孩子中较大的结点值交换,直至满足大根堆的条件或者将被调整的结点调整到叶子为止。例如,图 8-14(a)所示的完全二叉树,48 的左、右子树都是大根堆,但 48 不满足大根堆的条件。将 48 与 77 交换,如图 8-14(b)所示,但是 48 仍小于 62 和 55。48 继续和 62 交换,如图 8-14(c)所示,重新调整成大根堆。这种自堆顶至叶子的调整过程称为"筛选"。

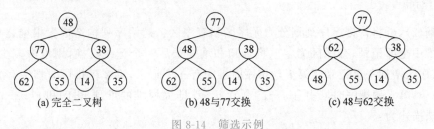

(a) 完全二叉树　　　　　　(b) 48与77交换　　　　　　(c) 48与62交换

图 8-14　筛选示例

对 $r[1]\cdots r[m]$ 中,下标为 k 的结点进行筛选的算法使用伪代码描述如下。

---

1. i 指向被筛选结点,j 指向被筛选结点的左孩子;
2. 在 j 小于或等于 m 时循环:
   2.1 将 j 指向 i 的左、右孩子中的较大者;
   2.2 如果 r[i] >= r[j],则退出循环;
   2.3 否则,r[i] 和 r[j] 互换,i=j,j=2i;

使用伪代码描述算法如下。

```
void Adjust(int r[], int k, int m) {
    i = k;
    j = 2 * i;
    while(j <= m) {
        /* j 指向 i 的左、右孩子中的较大者 */
        if(j < m && r[j + 1] > r[j])
            j++;
        /* 如果符合大根堆要求,则退出循环 */
```

```
            if(r[i] >= r[j])
                break;
            else {
                /* 交换 r[i]和 r[j] */
                r[i] <--> r[j];
                /* 继续向下一层判断,直到叶子结束 */
                i = j;
                j = 2 * i;
            }
        }
    }
```

堆排序需要解决的关键问题有:

(1) 如何由初始序列构造大根堆?

(2) 如何处理堆顶?

(3) 如何将剩余的记录重新调整成堆?

问题(1),由初始序列构造大根堆为一个反复筛选的过程。对于具有 n 个记录的待排序序列,由于所有的叶子结点都已经是堆,因此从最后一个分支结点,即第 $\lfloor n/2 \rfloor$ 个结点开始往前调整,直到第 1 个结点为止。算法描述为:

```
for(i = n / 2; i >= 1; i--)
    Adjust(r, i, n);
```

问题(2),可将待排序序列划分为无序区和有序区。初始序列构造成大根堆之后,无序区包括堆中全部记录,有序区为空。将堆顶和堆中最后一个记录交换,则堆中减少了一个记录,有序区增加一个记录。第 1 趟排序时堆中有 n 个记录,第 2 趟排序时堆中有 $n-1$ 个记录,……,第 i 趟排序时堆中有 $n-i+1$ 个记录,即大根堆的堆顶 $r[1]$ 和 $r[n-i+1]$ 交换。算法描述为:

```
r[1] <--> r[n - i + 1];
```

问题(3),第 i 趟排序以后,无序区中有 $n-i$ 个记录,根结点的左、右子树都是大根堆,只有根结点可能不满足大根堆的要求,此时只需要在 $r[1] \cdots r[n-i]$ 中筛选根结点。算法描述为:

```
Adjust(r, 1, n - i);
```

完整的堆排序算法描述为:

```
void HeapSort(int r[], int n) {
    /* 初始化建大根堆 */
    for(i = n / 2; i >= 1; i--)
        Adjust(r, i, n);
    for(i = 1; i < n; i++) {
        /* r[1]和 r[n - i + 1]互换 */
        r[1] <--> r[n - i + 1];
        /* 筛选根结点重新生成大根堆 */
        Adjust(r, 1, n - i);
    }
}
```

例 8-6 初始序列 $\{48,77,35,62,55,14,38\}$ 的堆排序的示例如图 8-15 所示。

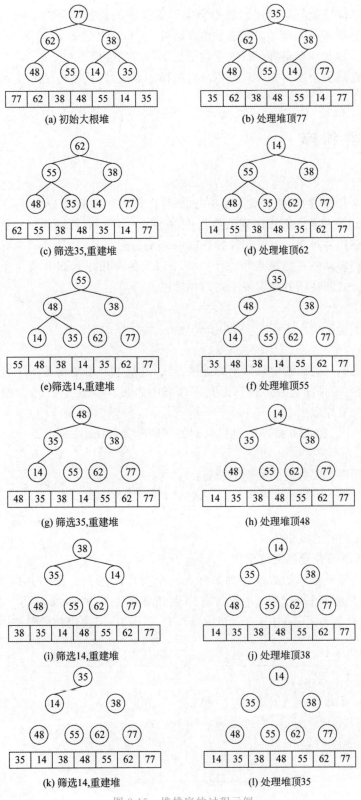

图 8-15 堆排序的过程示例

堆排序的时间性能与初始序列状态无关。堆排序的运行时间在于初始建堆和反复筛选。初始建堆需要 $O(n)$，第 i 次筛选重建堆需要 $O(\mathrm{lb}i)$，共需要 $n-1$ 次筛选，因此总的时间为 $O(n\mathrm{lb}n)$。堆排序在最好、最坏、平均情况下的时间性能不变。

堆排序的空间复杂度为 $O(1)$，是不稳定的排序算法。

8.5 归并排序

归并的含义指的是将两个或多个有序序列合并成一个有序序列。归并排序（merge sort）的基本思想是将若干有序序列逐步归并，直到整个序列有序为止。归并排序分为二路归并排序和多路归并排序。二路归并排序（2-way merge sort）总是将两个有序序列归并成一个有序序列。多路归并排序是将三个或三个以上的有序序列归并成一个有序序列。可以使用非递归方式和递归方式实现二路归并排序。

8.5.1 二路归并的非递归实现

二路归并是归并类算法中最简单的排序方法，其基本思想是将若干个有序序列进行两两归并，直到所有待排序记录都在一个有序序列中为止。初始状态下，二路归并排序将每个记录看作一个有序序列。

例 8-7 一个二路归并排序的过程示例如图 8-16 所示。

二路归并排序需要解决的关键问题有：

（1）如何将两个相邻的有序序列归并成一个有序序列？

（2）如何完成一趟归并？

（3）如何判断归并排序的结束？

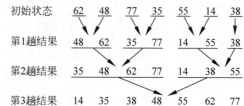

图 8-16 二路归并排序的过程示例

问题（1），将两个相邻的有序序列归并成一个有序序列是二路归并排序的核心操作。两个有序表归并需要长度与归并后的有序表相等的临时的辅助空间。假设将有序表 $r[s]\cdots r[m]$ 和有序表 $r[m+1]\cdots r[t]$ 归并到 $r1[s]\cdots r1[t]$，使用伪代码描述一次归并的算法如下。

```
1. i=s; j=m+1; k=s;
2. 在 i <= m 并且 j <= t 时循环:
   2.1 如果 r[i] <= r[j],则 r1[k++]=r[i++];
   2.2 否则 r1[k++]=r[j++];
3. 如果 i <= m,则在 i <= m 时循环:
```

　　　3.1 r1[k++]＝r[i++]；
4. 如果 j <= t，则在 j <= t 时循环：
　　　4.1 r1[k++]＝r[j++]；

使用 C++ 语言描述一次归并算法如下。

```
void Merge(int r[], int r1[], int s, int m, int t) {
    i = s;
    j = m + 1;
    k = s;
    while(i <= m && j <= t) {
        if(r[i] <= r[j]) {
            r1[k] = r[i];
            k++;
            i++;
        }
        else {
            r1[k] = r[j];
            k++;
            j++;
        }
    }
    while(i <= m) {
        r1[k] = r[i];
        k++;
        i++;
    }
    while(j <= t) {
        r1[k] = r[j];
        k++;
        j++;
    }
}
```

　　问题(2)，第一趟归并时子序列的长度为 1，第二趟归并时完整的子序列长度为 2，第三趟归并时完整的子序列长度为 4，以此类推，第 k 趟归并时完整的子序列长度为 2^{k-1}。假设某趟归并时子序列的完整长度为 h，一趟归并排序可能需要多次归并，除了最后一个子序列的长度可能小于或等于 h 之外，其余的子序列的长度都为 h。当归并两个有序子序列时，假设第 1 个有序序列从 $r[i]$ 开始，归并时根据待排序序列长度不同，分为以下三种情况。

　　情况一，如果 $i \leqslant n-2h+1$，即 $i+2h-1 \leqslant n$，从 $r[i]$ 开始可以取出两个长度为 h 的有序子序列，此时待归并的两个子序列分别为 $r[i] \cdots r[i+h-1]$ 和 $r[i+h] \cdots r[i+2h-1]$。

　　情况二，否则，若 $i<n-h+1$，即 $i+h-1<n$，从 $r[i]$ 开始可以取出一个长度为 h 的有序子序列，从 $r[i+h]$ 开始取不到长度为 h 的子序列就到达了整个序列的最大下标 n 处，即 $i+2h-1>n$，此时待归并的两个子序列分别为 $r[i] \cdots r[i+h-1]$ 和 $r[i+h] \cdots r[n]$。

　　情况三，否则，若 $i \geqslant n-h+1$，即 $i+h-1 \geqslant n$，从 $r[i]$ 开始只能取出一个长度小于或等

于 h 的子序列，此时因为第二个子序列不存在，因此只需要将记录值复制到临时空间中。一趟归并排序的算法描述如下。

```
/*一趟归并排序,r 为待归并序列,r1 为临时空间,h 为完整的子序列的长度*/
void MergePass(int r[], int r1[], int n, int h) {
    int i, k;
    i = 1;
    /*可以分割出两个完整的子序列*/
    while(i <= n - 2 * h + 1) {
        Merge(r, r1, i, i + h - 1, i + 2 * h - 1);
        i = i + 2 * h;
    }
    /*可以分割出两个子序列,第一个子序列的长度为 h,第二个子序列的长度<h*/
    if(i < n - h + 1) {
        Merge(r, r1, i, i + h - 1, n);
    }
    /*只能分割出一个子序列,长度<= h,将 r 中的数据复制至 r1 中*/
    else {
        for(k = i; k <= n; k++)
            r1[k] = r[k];
    }
}
```

一趟归并排序的时间复杂度为 $O(n)$。

问题(3)，二路归并排序可能需要多趟归并，如前文所述，第一趟归并时，有序子序列的长度为 1；第二趟归并时，有序子序列的长度 2，……，以此类推，直到有序子序列的长度大于或等于待排序序列长度 n 时，归并结束。另外，最终归并的结果需要在数组 $r[]$ 中，如果排序的趟数是奇数趟，归并结果在数组 $r1[]$ 中，还需要将数据复制到数组 $r[]$ 中。完整的二路归并排序算法描述如下。

```
void MergeSort(int r[], int r1[], int n) {
    h = 1;
    while(h < n) {
        MergePass(r, r1, n, h);
        h = 2 * h;
        MergePass(r1, r, n, h);
        h = 2 * h;
    }
}
```

图 8-17　非递归的二路归并排序的
　　　　　运行结果

非递归的二路归并排序的详细代码可参照 ch08\MergeSort 目录下的文件，运行结果如图 8-17 所示。

归并排序的时间复杂度与序列的初始状态无关。对于 n 个待排序记录需要进行 $\lceil \mathrm{lb}n \rceil$ 趟二路归并，因此总的时间复杂度为 $O(n\mathrm{lb}n)$。由于需要临时辅助空间保存归并之后的记录，因此空间复杂度为 $O(n)$。归并排序是稳定的排序算法。

8.5.2　二路归并的递归实现

二路归并排序也可以使用递归的方法实现,首先将待排序的记录序列分成两个相等的子序列,并将两个子序列用归并方法排序,然后调用一次归并算法 Merge,再将已经有序的两个子序列归并成一个序列。但是和上述非递归方法不同,由于递归归并无法准确预计递归调用的深度,因此不再借助于明确的辅助空间数组 $r1[]$,而是在方法内使用局部变量临时保存归并的结果,然后再将数据复制到数组 $r[]$ 本身。递归的二路归并排序算法理解起来比较简单,但是执行效率不如非递归的二路归并排序高。

一次归并算法 Merge 描述如下。

```
void Merge(int r[], int s, int m, int t) {
    /* 临时辅助空间 */
    int r1[MaxSize + 1];
    i = s;
    j = m + 1;
    k = s;
    while(i <= m && j <= t) {
        if(r[i] <= r[j]) {
            r1[k] = r[i];
            k++;
            i++;
        }
        else {
            r1[k] = r[j];
            k++;
            j++;
        }
    }
    while(i <= m) {
        r1[k] = r[i];
        k++;
        i++;
    }
    while(j <= t) {
        r1[k] = r[j];
        k++;
        j++;
    }
    /* 将 r1 中的数据复制到 r 中 */
    for(i = s; i <= t; i++)
        r[i] = r1[i];
}
```

对待排序序列 $r[s]\cdots r[t]$ 进行递归的二路归并排序的算法描述如下。

```
void RecurMergeSort(int r[], int s, int t) {
    /* 边界条件 */
    if(s < t) {
        int m = (s + t) / 2;
        RecurMergeSort(r, s, m);
        RecurMergeSort(r, m + 1, t);
        Merge(r, s, m, t);
    }
}
```

详细代码可参照 ch08\RecurMergeSort 目录下的文件，运行结果与非递归的二路归并排序算法类似。

8.6 分配排序

8.6.1 桶式排序

前面所述的排序算法都是通过关键码的比较对记录进行排序的。分配排序是基于分配和收集的排序方法，先将待排序的记录序列分配到不同的桶里，然后再把各桶中的记录依次收集到一起。分配排序包括桶式排序和基数排序。其中桶式排序（bucket sort）是一种简单的分配排序，当关键码的取值在较小的范围内时，可以使用桶式排序。

假设关键码的范围为 $0 \sim m-1$，则桶式排序共需要 m 个桶。可以使用数组 $t[]$ 记录每个桶的元素的个数，初始化为 0，$t[0]$ 记录 0 号桶关键码的个数，$t[1]$ 记录 1 号桶关键码的个数，以此类推。当关键码 i 读入时，$t[i]$ 值加 1，当所有的关键码都统计完毕之后，扫描数组 $t[]$，打印输出排好序的表到原数组即可。桶式排序算法描述如下。

```
/* 对长度为 n 的数组 a[]进行桶式排序 */
/* 数组 a[]的值范围为 0～m - 1 */
void BucketSort(int a[], int n, int m) {
    int i, j = 0;
    /* t 用来记录每个桶内的元素个数 */
    int * t = new int[m];
    /* 初始化为 0 */
    for(i = 0; i < m; i++)
        t[i] = 0;
    /* 统计每个桶的元素个数 */
    for(i = 0; i < n; i++)
        t[a[i]]++;
    /* 收集桶内元素，重置数组 a[] */
    for(i = 0; i < m; i++) {
        while(t[i] -- > 0)
```

```
        a[j++] = i;
    }
    delete[] t;
}
```

详细代码可参照 ch08\BucketSort 目录下的文件,运行结果如图 8-18 所示。

图 8-18　桶式排序运行结果

8.6.2　基数排序

当关键码的取值范围较大时,桶式排序因为需要的桶太多而不再适用。基数排序(radix sort)是对桶式排序的一种推广,可以通过多关键码排序的思想实现对单关键码的排序,通常将待排序的关键码的某一位数字看作一个关键码。由于十进制数的某一位数字的取值范围为 0~9,因此基数排序只需要 10 个桶。由于有可能会出现多个值相同的数字落在一个桶里的情况,因此可以使用链表表示桶。假设关键码的位数最多为 9 位,第 1 趟排序依据个位上的数将元素加入相应的链表,第 2 趟根据第 1 趟的结果按照十位加入相应的链表,第 3 趟根据第 2 趟的结果按照百位加入相应的链表,依次进行直到第 9 趟结束,再将链表中的数据收集起来即为排好序的结果。因为本算法中设计了 9 趟分配和收集,因此参与排序的关键码的最大值为 10^9-1。相关结点定义及算法描述如下。

```
/*定义链表结点结构*/
typedef struct Node {
    int data;
    Node * next;
}Node;
/*在链表 buc 的末尾添加元素 data*/
void AddNode(Node * buc, int data) {
    Node * p;
    /*查找最后一个结点*/
    for(p = buc; p->next != NULL; p = p->next)
        ;
    /*申请新结点,并将新结点插入到原链表末尾*/
    p->next = (Node *) malloc (sizeof(Node));
    p->next->data = data;
    p->next->next = NULL;
}
/*删除链表 buc 中的结点 pos*/
void DeleteNode(Node * buc, Node * pos) {
    Node * p;
    /*查找 pos 结点之前的结点*/
    for(p = buc; p->next != pos; p = p->next)
        ;
    /*删除结点 pos*/
    p->next = pos->next;
    free(pos);
}
```

```
/*基数排序*/
void RadixSort(int a[], int n) {
    int i, j, tmp, pow = 10;
    Node bucket[10], q, * p;
    /*初始化10个桶*/
    for(i = 0; i < 10; i++) {
        bucket[i].next = NULL;
        bucket[i].data = 0;
    }
    /*按个位分配*/
    for(i = 0; i < n; i++) {
    tmp = a[i] % pow;
        AddNode(&bucket[tmp], a[i]);
    }
    pow *= 10;
    /*再按其他8位分配*/
    for(j = 0; j < 8; j++) {
        for(i = 0; i < 10; i++) {
            for(p = bucket[i].next; p != NULL; p = q.next) {
                tmp = (p->data % pow) / (pow / 10); /*获取当前比较位上的数*/
                q.data = p->data; /*q是用来记录q指向结构的数据*/
                q.next = p->next;
                if(tmp != i) { /*如果未放到正确的桶内*/
                    DeleteNode(&bucket[i], p);
                    AddNode(&bucket[tmp], q.data);
                }
            }
        }
        pow *= 10;
    }
    i = 0;
    for(p = bucket[0].next; p != NULL; p = p->next)
        a[i++] = p->data;
}
```

详细代码可参照 ch08\RadixSort 目录下的文件，运行结果如图 8-19 所示。

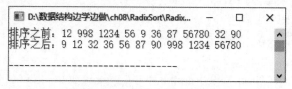

图 8-19　基数排序的运行结果

假设基数排序的记录的关键码由 d 个子关键码组成，每个子关键码的取值范围为 $0 \sim$ $m-1$。需要执行的趟数是 d 趟，每一趟分配的时间复杂度是 $O(n)$，每一趟收集的时间为 $O(n+m)$，则基数排序时间复杂度为 $O(d(n+m))$。

基数排序需要 m 个桶，因此空间复杂度为 $O(m)$。

基数排序是稳定的排序算法。

8.7 各种排序算法的比较

内部排序算法有很多种,一般从时间复杂度、空间复杂度、稳定性、算法的复杂程度、待排序记录的个数大小等因素进行比较。

1. 时间复杂度

各排序算法的时间复杂度如表 8-1 所示。

表 8-1　各排序算法的时间复杂度

算　法	最 好 情 况	最 坏 情 况	平 均 情 况
直接插入排序	$O(n)$	$O(n^2)$	$O(n^2)$
希尔排序	$O(n^{1.3})$	$O(n^2)$	$O(n\mathrm{lb}n)\sim O(n^2)$
起泡排序	$O(n)$	$O(n^2)$	$O(n^2)$
快速排序	$O(n\mathrm{lb}n)$	$O(n^2)$	$O(n\mathrm{lb}n)$
简单选择排序	$O(n^2)$	$O(n^2)$	$O(n^2)$
堆排序	$O(n\mathrm{lb}n)$	$O(n\mathrm{lb}n)$	$O(n\mathrm{lb}n)$
归并排序	$O(n\mathrm{lb}n)$	$O(n\mathrm{lb}n)$	$O(n\mathrm{lb}n)$
基数排序	$O(d(n+m))$	$O(d(n+m))$	$O(d(n+m))$

在最好情况下,直接插入排序和起泡排序的时间复杂度都为 $O(n)$,其中,直接插入排序算法更常用,特别是在序列已基本有序或者待排序记录数较少时。

在最坏情况下,直接插入排序、希尔排序、起泡排序、快速排序、简单选择排序的时间复杂度都为 $O(n^2)$。但是快速排序由于是递归执行的,因此在最坏情况下时效率更差。堆排序和归并排序的最坏情况下的时间复杂度最好,为 $O(n\mathrm{lb}n)$。

在平均情况下,直接插入排序、起泡排序、简单选择排序的平均时间复杂度都为 $O(n^2)$。快速排序、堆排序、归并排序的最坏时间复杂度都为 $O(n\mathrm{lb}n)$,尤其是快速排序,是目前为止公认的平均时间性能最好的内部排序算法。

2. 空间复杂度

各排序算法的空间复杂度如表 8-2 所示。

表 8-2　各排序算法的空间复杂度

算　法	空间复杂度	算　法	空间复杂度
直接插入排序	$O(1)$	简单选择排序	$O(1)$
希尔排序	$O(1)$	堆排序	$O(1)$
起泡排序	$O(1)$	归并排序	$O(n)$
快速排序	$O(\mathrm{lb}n)\sim O(n)$	基数排序	$O(m)$

大部分算法的空间复杂度为 $O(1)$；快速排序的空间复杂度与排序趟数有关，为 $O(\text{lb}n) \sim O(n)$；归并排序的空间复杂度为 $O(n)$；基数排序的空间复杂度为 $O(m)$。

3. 稳定性

一般情况下，如果记录的交换是在相邻位置进行的，或者移动是一步一步进行的，则算法是稳定的，否则算法是不稳定的。稳定的算法包括直接插入排序、起泡排序、归并排序、基数排序。不稳定的算法包括希尔排序、快速排序、简单选择排序、堆排序。

4. 算法的复杂程序

排序算法分为简单的排序算法和复杂的排序算法。简单的排序算法包括直接插入排序、起泡排序、简单选择排序和桶式排序。复杂的排序算法包括希尔排序、快速排序、堆排序、归并排序和基数排序。

5. 待排序记录数的大小

简单的排序算法一般适用于待排序记录数 n 较小的情况；复杂的排序算法一般适用于待排序记录数 n 较大的情况。

6. 序列的初始状态

有的算法的时间复杂度与序列的初始状态有关，例如直接插入排序、希尔排序、起泡排序都是正序时较快，反序时较慢。但是快速排序的时间复杂度与轴值的选择密切相关，如果选择待排序的第一个记录的关键码作为轴值，则正序或逆序时退化成起泡排序。序列的初始状态对堆排序、归并排序、基数排序的时间复杂度影响不大。简单选择排序算法的比较次数与序列的初始状态无关，但是记录的交换次数与序列的初始状态有关。

8.8 排序算法的应用

8.8.1 荷兰国旗问题

荷兰国旗由红、白、蓝三种颜色组成，荷兰国旗问题指的是将乱序的红、白、蓝三色小球排列成有序的红、白、蓝三色的同颜色在一起的小球组。此问题之所有叫荷兰国旗问题，是因为可以将红、白、蓝三色小球想象成条状物，有序排列后正好组成荷兰国旗。此问题实际是排序问题。

可以设置三个指针变量 p、r、b，p 从左端开始扫描整个序列，初始状态时，r 指向序列的最左端，b 指向序列的最右端；始终让 r 指向红色的最右边，让 b 指向蓝色的最左边，按以下步骤处理：

如果 p 从左开始扫描时遇到 p 指向的元素是 R(红色),则将此时 r 指向的元素与 p 指向的元素互换,然后 p++,r++;

如果 p 从左开始扫描时遇到 p 指向的元素是 B(蓝色),则将此时 r 指向的元素与 p 指向的元素互换,然后 b--;

如果 p 从左开始扫描时遇到 p 指向的元素是 W(白色),则 p++。

使用 C++描述算法如下。

```cpp
void HollandFlags( int n, char a[]) {
    int b, r, p;
    r = 0;
    p = 0;
    b = n - 1;
    while(p <= b) {
        if(a[p] == 'R') {
            a[p] = a[r];
            a[r] = 'R';
            r++;
            p++;
        }
        else {
            if(a[p] == 'B') {
                a[p] = a[b];
                a[b] = 'B';
                b--;
            }
            else
                p++;
        }
    }
}
```

该算法的时间复杂度为 $O(n)$。详细代码可参照 ch08\HollandFlags 目录下的文件,运行结果如图 8-20 所示。

图 8-20　荷兰国旗问题的运行结果

8.8.2　螺钉和螺母问题

假设有 n 个直径各不相同的螺钉,以及 n 个相应的螺母,螺钉和螺母是一一对应的。一次只能比较一对螺钉和螺母来判断螺母是大于螺钉、小于螺钉还是正好适合螺钉。然而不能拿两个螺母做比较,也不能拿两个螺钉做比较。问题是找到每一对匹配的螺钉和螺母。对该问题设计求解算法,可按以下步骤处理:

在螺母数组 nut[]中取左端的一个螺母 tmp,在螺丝数组 bolt[]中匹配,可以把 bolt[]数组分成比螺母 tmp 小的部分、比螺母 tmp 大的部分,以及一个与螺母 tmp 匹配的螺丝,将匹配的螺丝移动到左端;

在螺丝数组 bolt[ ] 中取左端的一个螺丝 tmp，在螺母数组 nut[ ] 中匹配，可以把 nut[ ] 数组分成比螺丝 tmp 小的部分、比螺丝 tmp 大的部分，以及一个与螺丝 tmp 匹配的螺母，将匹配的螺母移动到左端；

对剩余的没有匹配的螺母和螺丝递归地进行匹配。

相关算法描述如下。

```cpp
/* 交换指定的两个元素 */
void swap(int * a, int * b) {
    int tmp = * a;
    * a = * b;
    * b = tmp;
}
/* 输出 */
void PrintArray(int a[], int len) {
    for(int i = 0; i < len; i++) {
        cout << a[i] << " ";
    }
    cout << endl;
}
/* 匹配 nut 和 bolt 两个数组，left 为左索引，right 为右索引，len 为数组的长度 */
void Match(int * nut, int * bolt, int left, int right, int len) {
    if (left < right) {
        /* 在螺钉中匹配螺母 */
        int tmp = nut[left];
        int i = left, j = right;
        while (i < j) {
            while (i < j && bolt[i] < tmp)
                i++;
            while (i < j && bolt[j] > tmp)
                j--;
            if (i < j)
                swap(bolt[i], bolt[j]);
        }
        bolt[i] = tmp;
        /* 把匹配的螺钉放在左端 */
        swap(bolt[left], bolt[i]);
        cout << "在螺钉中匹配螺母: " << tmp << endl;
        PrintArray(nut, len);
        PrintArray(bolt, len);
        /* 在螺母中匹配螺钉 */
        tmp = bolt[left + 1];
        i = left + 1, j = right;
        while (i < j) {
            while (i < j && nut[i] < tmp)
                i++;
            while (i < j && nut[j] > tmp)
```

```
            j--;
        if (i < j)
            swap(nut[i], nut[j]);
    }
    nut[i] = tmp;
    /*把匹配的螺母放在左端*/
    swap(nut[left + 1], nut[i]);
    cout << "在螺母中匹配螺钉: " << tmp << endl;
    PrintArray(nut, len);
    PrintArray(bolt, len);
    /*递归处理*/
    Match(nut, bolt, left + 2, i, len);
    Match(nut, bolt, i + 1, right, len);
    }
}
```

图 8-21 螺母螺钉匹配的运行结果

详细代码可参照 ch08\NutsAndBolts 目录下的文件，运行结果如图 8-21 所示。

8.9 小结

- 按照排序策略的不同，排序算法可以分成五大类：插入排序、交换排序、选择排序、归并排序、分配排序。
- 插入类的排序算法包括直接插入排序和希尔排序，希尔排序可以看作直接插入排序的改进算法。
- 当待排序序列基本有序或待排序记录数较小时，最适合使用直接插入排序。
- 交换类的排序算法包括起泡排序和快速排序，快速排序可以看作起泡排序的改进算法。
- 快速排序是平均时间性能最好的内部排序算法。
- 选择类的排序算法包括简单选择排序和堆排序，堆排序可以看作是简单选择排序的改进算法。
- 归并排序包括二路归并排序和多路归并排序，二路归并排序可以使用递归和非递归方法分别实现。
- 分配排序分为桶式排序和基数排序。
- 一般从时间复杂度、空间复杂度、稳定性三个方面评价排序算法的性能。
- 在处理实际问题时，需要根据时间复杂度、空间复杂度、稳定性、关键码的分布情况、记录的信息量大小等因素，选择最合适的排序算法。

习题

1. 选择题

(1) 对 5 个不同的数据元素进行直接插入排序,最多需要进行(　　)次比较。

    A. 8　　　　　　　　B. 10　　　　　　　　C. 15　　　　　　　　D. 25

(2) 从堆中删除一个元素的时间复杂度为(　　)。

    A. $O(1)$　　　　　　B. $O(\text{lb}n)$　　　　　　C. $O(n)$　　　　　　D. $O(n\text{lb}n)$

(3) 以下序列不是堆的是(　　)。

    A. $(100,85,98,77,80,60,82,40,20,10,66)$

    B. $(100,98,85,82,80,77,66,60,40,20,10)$

    C. $(10,20,40,60,66,77,80,82,85,98,100)$

    D. $(100,85,40,77,80,60,66,98,82,10,20)$

(4) 在含有 n 个关键字的小根堆中,关键码最大的记录可能存储在(　　)位置上。

    A. $\lfloor n/2 \rfloor$　　　　B. $\lfloor n/2 \rfloor-1$　　　　C. 1　　　　D. $\lfloor n/2 \rfloor+2$

(5) 下列排序算法中(　　)方法在一趟结束后不一定能选出一个元素放在其最终位置上。

    A. 归并排序　　　　　　　　　　　　B. 起泡排序

    C. 简单选择排序　　　　　　　　　　D. 堆排序

(6) 下列排序算法中,其中(　　)是稳定的。

    A. 堆排序、起泡排序　　　　　　　　B. 快速排序、堆排序

    C. 简单选择排序、归并排序　　　　　D. 归并排序、起泡排序

(7) 假设有 5000 个元素,希望用最快的速度挑选出前 5 个最小的,采用(　　)方法最好。

    A. 快速排序　　　　B. 堆排序　　　　C. 希尔排序　　　　D. 归并排序

(8) 将两个各有 n 个记录的有序表归并成一个有序表,最少需要比较的次数是(　　)。

    A. n　　　　　　B. $2n-1$　　　　　C. $2n$　　　　　D. $n-1$

(9) 若需在 $O(n\text{lb}n)$ 的时间内完成对数组的排序,且要求排序是稳定的,则可选择的排序方法是(　　)。

    A. 快速排序　　　　B. 堆排序　　　　C. 归并排序　　　　D. 直接插入排序

(10) 快速排序在(　　)情况下不利于发挥其长处。

    A. 待排序的数据量太大

    B. 待排序的数据中含有多个相同值

    C. 待排序的数据已基本有序

    D. 待排序的数据数量为奇数

(11) 下述排序方法中,时间性能与待排序记录的初始状态无关的是(　　)。

  A. 直接插入排序、快速排序　　　　　B. 归并排序、快速排序

  C. 堆排序、归并排序　　　　　　　　D. 直接插入排序、归并排序

(12) 对于待排序序列{46,79,56,38,40,84},采用快速排序(以第一个关键码为轴值)得到的第一次划分的结果为(　　)。

  A. 38,46,79,56,40,84　　　　　　　　B. 38,79,56,46,40,84

  C. 40,38,46,79,56,84　　　　　　　　D. 38,46,56,79,40,84

(13) 下列排序算法中,空间复杂度为 $O(n)$ 的是(　　)。

  A. 希尔排序　　　　　　　　　　　　B. 堆排序

  C. 简单选择排序　　　　　　　　　　D. 归并排序

(14) 就平均时间性能而言,(　　)是目前最好的内部排序算法。

  A. 起泡排序　　　　B. 希尔排序　　　　C. 快速排序　　　　D. 归并排序

(15) 在待排序序列基本有序或者记录数较小的情况下,最佳的内部排序算法是(　　)。

  A. 直接插入排序　　　　　　　　　　B. 起泡排序

  C. 简单选择排序　　　　　　　　　　D. 快速排序

(16) 采用递归方式对顺序表进行快速排序,下列关于递归次数的描述正确的是(　　)。

  A. 递归次数与初始数据的排序次序无关

  B. 每次划分后,先处理较长的分区可以减少递归次数

  C. 每次划分后,先处理较短的分区可以减少递归次数

  D. 递归次数与每次划分得到的分区的处理顺序无关

2. 填空题

(1) 对于 n 个元素进行简单选择排序,记录最少交换(　　)次,最多交换(　　)次。

(2) 对于 n 个元素进行起泡排序,在(　　)情况下比较次数最少。

(3) 在排序方法中,主要的两种操作是(　　)和记录的移动。

(4) 在时间复杂度为 $O(n\lg n)$ 的算法中,只有(　　)是稳定的。

(5) 对于 n 个元素进行归并排序,每趟的时间复杂度为(　　),总的时间复杂度为(　　)。

(6) 假定一组记录为(46,79,56,25,76,38,40,80),对其进行快速排序的第一次划分后,右区间内元素的个数为(　　)。

(7) 若对一组记录(46,79,56,38,40,80,35,50,74)进行直接插入排序,当把第 8 个记录插入到前面的有序表中时,为寻找插入位置需要进行(　　)次比较。

(8) (　　)排序方法能够每次从无序表中顺序查找出一个最小值。

(9) 设序列中元素的初始状态是按键值递增排序的,分别用堆排序、快速排序、起泡排序和归并排序方法对其仍按递增顺序进行排序,则(　　)最省时间,(　　)最费时间。

3. 判断题

(1) 归并排序的时间性能和序列的初始状态无关。(　　)

(2) 简单选择排序在最好情况下的时间复杂度为 $O(n)$。(　　)

(3) 在排序过程中,如果出现了关键码朝着最终排序序列位置相反的方向移动,则该算法是不稳定的。(　　)

（4）简单选择排序方法是稳定的。（　　　）

（5）堆排序是稳定的排序算法。（　　　）

（6）起泡排序的趟数与待排序序列的初始状态有关。（　　　）

（7）当待排序的记录本身的信息量很大时,最好选择简单选择排序。（　　　）

（8）对 n 个记录的集合进行快速排序,空间复杂度是 $O(n)$。（　　　）

（9）在任何情况下,归并排序都比直接插入排序算法快。（　　　）

（10）当待排序序列已经从小到大有序或者从大到小有序时,快速排序的执行时间最省。（　　　）

4. 问答题

（1）设待排序的关键码序列为 $\{12,2,16,30,28,10,16^*,20,6,18\}$,试写出希尔排序各趟排序的结果。

（2）如果只想在一个有 n 个元素的任意序列中得到其中最小的 $k(k \ll n)$ 个元素组成的部分排序序列,最好采用什么排序算法? 为什么?

（3）在所有基于数组的排序算法中哪些易于在链表上实现?

（4）试为下列每种情况选择合适的排序算法。

① $n=30$,要求最坏情况下速度最快;

② $n=30$,要求既快又要排序稳定;

③ $n=1000$,要求平均情况下速度最快;

④ $n=1000$,要求最坏情况下速度最快且稳定;

⑤ $n=1000$,要求既快又节省内存。

5. 算法设计题

（1）已知长度为 n 的正整数数组 $r[]$,设计算法将所有的奇数移动到数组的前半部分,将所有偶数移动到数组的后半部分。要求时间复杂度为 $O(n)$,空间复杂度为 $O(1)$。

（2）为了保证快速排序在最坏情况下也有较高的排序效率,可将待排序序列的第一个元素、最后一个元素、位于中间位置的元素三者进行比较,选择三者之间的中间值作为轴值,设计算法将中间值交换到待排序序列的第一个位置。

第9章

索　引

9.1　基本概念

在索引问题中,常常将数据元素称为**记录**(record)。

1. 文件

文件(file)是记录的集合,通常存储在外存上。从数据库的角度看,文件是有结构的记录集合,每条记录由若干个数据项组成。记录是文件中进行存取的基本单位,数据项是文件中可以使用的最小单位。

2. 索引、索引项

索引(index)是将关键码和它对应的记录相关联的过程。索引隶属于某个文件,由若干个索引项(index item)组成。索引项至少包含关键码和关键码对应的记录在存储器中的存储位置。既可以在主关键码上建立索引,也可以在次关键码上建立索引。实际应用中,大多数的检索是通过对次关键码的索引完成的。对文件建立索引并不需要重新排列记录在文件中的顺序,一个文件可能有多个相关的索引,每个索引往往支持一个关键码,通过该索引可以实现对文件中记录的快速访问。

3. 静态索引、动态索引

静态索引(static index)指文件创建时生成索引结构,索引结构一旦生成就固定不变,只有当重新组织文件时才会发生改变。动态索引(dynamic index)是指在文件创建时生成索引结构,在文件执行插入、删除、修改等操作时,该索引结构也随之变化。

4. 线性索引

若索引项集合组织成线性结构,则称其为线性索引(linear index)。线性索引一般为静态索引。

5. 树形索引

若索引项集合组成树形结构,则称其为树形索引(tree index)。树形索引既可用于静态索引,也可用于动态索引。

6. 多级索引

对于一些大型文件,其索引本身的信息量可能也很大,为了提高查找索引表的效率,可以对索引表再建立一个索引,这样就构成了多级索引(multiple index)。多级索引可能需要驻留在外存。

9.2 线性索引

9.2.1 稠密索引

在线性索引中,如果文件中的每一条记录都对应一个索引项,称为稠密索引(dense index)。在稠密索引中,无论文件中的记录是否按关键码有序排列,索引项总是按关键码有序排列。只要内存空间允许,通常把稠密索引存储在内存中,从而可以大大提高记录访问的速度。图 9-1 为稠密索引的示例。

稠密索引是有序的,并且每个索引项都包含一个关键码以及指向关键码对应的记录的指针,采用顺序表存储稠密索引,可以采用折半查找等技术有效地对记录进行查找和随机访问。

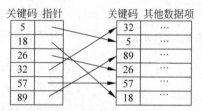

图 9-1 稠密索引示例

但是如果文件中包含的记录数太多,索引表本身的信息量可能会很大,无法在内存中存储,在查找的过程 需要多次访问磁盘,从而导致查找效率降低。此外,一旦文件中的记录发生了改变,例如插入或者删除了记录,更新索引表时需要在索引表中移动元素,稠密索引插入或删除操作的时间性能较差,因此,稠密索引一般适用于静态索引,而不适用于动态索引。

9.2.2 分块索引

分块索引(block index)既适用于静态索引也适用于动态索引。由于稠密索引占用的空间太大,可以对文件建立分块索引。分块索引要求先对文件中的记录进行分块,要求块间有序。所谓块间有序指的是某一块内的记录是否按关键码排序没有要求,但是第二块的所有记录的关键码都大于第一块所有记录的关键码,第三块的所有记录的关键码都大于第二块所有记录的关键码,以此类推。

对于分块有序的文件,可以每块建立一个索引,称为分块索引。分块索引的索引项包括块内最大的关键码、块长、块首地址等信息。例如,图 9-2 为分块索引的示例。

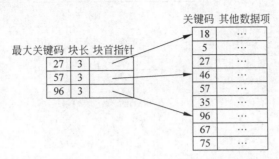

图 9-2 分块索引示例

在分块索引表中进行查找称为分块查找,分两步进行:

(1) 通过查找索引表确定记录所在的块;

(2) 在相应块内查找确定记录所在的位置。

在索引表中进行查找时,既可以采用顺序查找也可以采用折半查找。在块内查找时,只能采用顺序查找。

设 n 个记录分成 m 个块,并且每块中包含 t 个记录,则 $n = m \times t$。设查找索引表的平均查找长度为 L_{index},块内查找的平均查找长度为 L_{block},则索引查找的平均查找长度为:

$$\mathrm{ASL} = L_{index} + L_{block}$$

假设对索引表查找以及块内查找都使用顺序查找,则:

$$\mathrm{ASL} = L_{index} + L_{block} = \frac{m+1}{2} + \frac{t+1}{2} = \frac{1}{2}\left(\frac{n}{t} + t\right) + 1$$

当 t 取 $\sqrt{n}$ 时,ASL 取最小值 $\sqrt{n} + 1$。

9.2.3 多重表

对文件中的记录进行查找时,如果除了根据主关键码查找外,还会根据次关键码查找,则需要建立次关键码的索引。

多重表(multiple list)是一种多索引结构,除了为文件建立一个主索引之外,还为每个需要查找的次关键码建立索引。在文件中,为建立索引的次关键码分别增设一个指针,在稠密索引中用于将关键码相同的记录链接在一起,在分块索引中将在同块中的记录链接在一起。图 9-3 所示为多重表示例。

ID	WNo	Name	Gender		Age	
1	0004	WangGang	M	3	30	3
2	0001	ZhangMin	F	4	25	4
3	0006	LiSi	M	5	27	5
4	0003	LiuMei	F	6	25	6
5	0005	ZhaoWei	M	0	30	0
6	0002	SuRui	F	0	24	0

（a）主索引　　　　　　　　　　　　（b）文件

次关键码	头指针	长度
M	1	3
F	2	3

次关键码	头指针	长度
24～26	2	3
27～30	1	3

（c）Gender次关键码索引　　　　　（d）Age次关键码索引

图 9-3　多重表示例

9.2.4　倒排表

倒排表（reverse list）是对次关键码建立的一种索引表。在倒排表中，索引项包括次关键码的值和具有该值的各条记录的地址。由于这种索引表不是由记录来确定属性值，而是由属性值来确定记录的位置，因此称为倒排表。图 9-4 所示为倒排表示例。

ID	WNo	Name	Gender	Age
1	0004	WangGang	M	30
2	0001	ZhangMin	F	25
3	0006	LiSi	M	27
4	0003	LiuMei	F	25
5	0005	ZhaoWei	M	30
6	0002	SuRui	F	24

（a）文件

M	1, 3, 5
F	2, 4, 6

24～26	2, 4, 6
27～30	1, 3, 5

（b）Gender倒排表　　　　　　（c）Age倒排表

图 9-4　倒排表示例

9.3　树形索引

树形索引是将索引项组织成树形结构，由于树的高度一般小于同等规模的线性表的长度，所以，树形索引的查找性能优于线性索引。树形索引一般用于动态索引，树中的结点包含的关键码可以动态地增加或者删除。因此树形索引常采用链式存储结构实现。二叉排序树是一种最基本的树形索引，其他例如 B 树、B＋树等可以看作二叉排序树的扩展。

9.3.1　2-3 树

1. 2-3 树的定义

一棵 2-3 树(2-3 tree)是具有以下特性的树:

(1) 一个结点包含一个或两个关键码;

(2) 每个内部结点有两个子女或者三个子女,并因此得名 2-3 树;

(3) 所有叶子结点都在同一层。

例如,图 9-5 为一棵 2-3 树示例。

2-3 树是树高平衡的多路查找树,能够以较低的代价保持树高的平衡。2-3 树还有类似于二叉排序树的特点,如果一个非终端结点中包含 2 个关键字,则它包括 3 棵子树,分别称为左子树、中间子树、右子树。左子树中的所有结点的关键码都小于第一个关

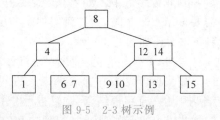

图 9-5　2-3 树示例

键码的值;中间子树的所有关键码的值都大于第一个关键码的值,并且小于第二个关键码的值;右子树中所有结点的关键码都大于第二个关键码的值。

从 2-3 树的定义可以推导出树的叶子结点的个数和树的深度之间的关系。一棵深度为 k 的 2-3 树至少有 2^{k-1} 个叶子结点,此时每个分支结点都有 2 个子女,形成一棵满二叉树的形状。一棵深度为 k 的 2-3 树最多有 3^{k-1} 个叶子结点,此时形成一棵满三叉树的形状。

2. 查找

在 2-3 树中进行查找类似于二叉排序树中的查找。查找从根结点开始,如果关键码不在根结点中,则根据关键码和根结点的关键码的大小确定继续沿着根结点的哪棵子树寻找。例如,在图 9-5 所示的 2-3 树中查找 13,由于 13 大于 8,因此到根结点的右子树寻找;由于 13 大于 12 而小于 14,到根结点的右子树的中间子树寻找,经过 3 次比较查找成功。可见,在 2-3 树中进行查找,不论成功还是失败,比较次数都不会超过 2-3 树的深度。

3. 插入

与二叉排序树类似,在 2-3 树中插入关键码时,新记录插入到相应的叶子结点中,插入关键码可以分为以下几种情况。

1) 叶子结点中只包含一个关键码

如果叶子结点只包含一个关键码,则可以把新记录直接插入到此叶子结点中。例如,在图 9-5 所示的 2-3 树中插入关键码 3,得到的 2-3 树如图 9-6 所示。

2) 叶子结点中包含两个关键码,但叶子的双亲只包含一个关键码

如果叶子结点中已包含两个关键码,但是其双亲只包含一个关键码,可以将叶子结点分裂,将中间值的关键码与双亲结点合并成一个结点,称为一次"提升"。例如,在图 9-6 所示的 2-3 树中插入关键码 5,得到的 2-3 树如图 9-7 所示。

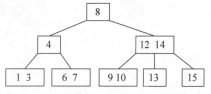

图 9-6　在图 9-5 中插入 3 以后的 2-3 树

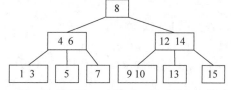

图 9-7　在图 9-6 中插入 5 以后的 2-3 树

3）叶子结点中包含两个关键码，叶子的双亲也包含两个关键码

如果叶子结点中包含两个关键码，将关键码插入叶子，会导致叶子结点的分裂，中间值合并到双亲结点中。如果双亲结点中原来已含有两个关键码，则重复分裂和提升，当提升需要根结点分裂时，树高就增加了一层。例如，在图 9-7 所示的 2-3 树中插入关键码 11，得到的 2-3 树如图 9-8 所示。

4）叶子结点中包含两个关键码，从双亲到根都包含两个关键码

如果叶子结点中包含两个关键码，并且从双亲到根结点都包含两个关键码，则从叶子结点开始一直到根结点，重复进行分裂和提升，会导致树的高度加一。例如，在图 9-8 所示的 2-3 树中插入关键码 2，得到的 2-3 树如图 9-9 所示。

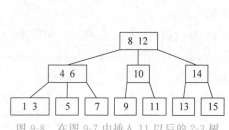

图 9-8　在图 9-7 中插入 11 以后的 2-3 树

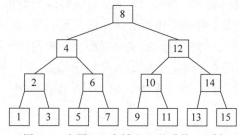

图 9-9　在图 9-8 中插入 2 以后的 2-3 树

4. 删除

当从 2-3 树中删除一个关键码时，如果关键码不在叶子上，需要先将其替换到叶子上，可以使用比待删除关键码大的最小的关键码来代替被删除的关键码，例如删除图 9-5 中的 4 时，将 4 与 6 调换位置，再将 4 删除。以下只讨论在叶子结点上删除关键码。

1）被删除关键码所在的结点中包含两个关键码

当被删除关键码所在的结点中包含两个关键码时，可以直接将待删除的关键码删掉，不影响其他结点。例如，在图 9-6 中删除 3 以后的 2-3 树如图 9-10 所示。

在图 9-10 中删除 4 以后的 2-3 树如图 9-11 所示。

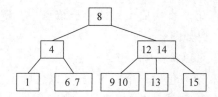

图 9-10　在图 9-6 中删除 3 以后的 2-3 树

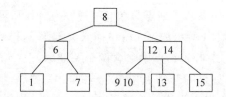

图 9-11　在图 9-10 中删除 4 以后的 2-3 树

2）被删除的关键码所在的结点包含一个关键码,但是兄弟结点包含两个关键码

当被删除的关键码所在的结点中只包含一个关键码,但是兄弟结点包含两个关键码时,将双亲结点的关键码移动到当前位置,再将兄弟结点中最接近当前位置的关键码移动到双亲结点中。例如,在图9-10中删除1以后的2-3树如图9-12所示。

3）被删除的关键码所在的结点包含一个关键码,兄弟结点也只包含一个关键码

当被删除的关键码所在的结点中只包含一个关键码,兄弟结点也只包含一个关键码时,先移动兄弟结点的中序遍历的后继到兄弟结点,以使兄弟结点包含两个关键码,再进行相应操作。例如,在图9-12中删除4时,先调整到如图9-13所示的2-3树。

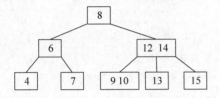

图9-12 在图9-10中删除1以后的2-3树

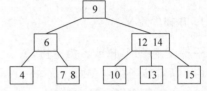

图9-13 在图9-12中删除4之前的调整

然后再用前述方法删除关键码4,删除4以后的2-3树如图9-14所示。

4）被删除的关键码所在结点及兄弟结点都只有一个关键码,但是双亲有两个关键码

当被删除的关键码所在结点及兄弟结点都只有一个关键码,但是双亲有两个关键码时,拆分父结点使其只包含一个关键码,再将父结点中最接近被删除关键码的关键码和中间的孩子结点合并,将合并后的结点作为当前结点。例如,在图9-14中删除10,将12和13合并成新结点,如图9-15所示。

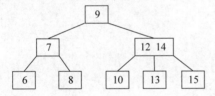

图9-14 在图9-13中删除4以后的2-3树

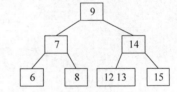

图9-15 在图9-14中删除10,将12和13合并以后的2-3树

5）2-3树为满二叉树

当2-3树为满二叉树时,减少树高,并将兄弟结点合并到双亲结点中,同时将双亲结点的所有兄弟结点合并到双亲结点的双亲结点中,以此类推。如果关键码个数超过了范围,再分裂结点即可。例如,图9-16所示的2-3树,删除关键码8以后的2-3树如图9-17所示。

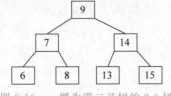

图9-16 一棵为满二叉树的2-3树

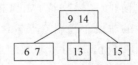

图9-17 在图9-16中删除8以后的2-3树

对于插入操作，可能会导致树的根结点分裂，使树高加1。对于删除操作，有可能因为合并结点导致树高减1。由于2-3树是树高平衡的，而且每一个内部结点最少有两个子女，所以树的最大深度为 $\lfloor \mathrm{lb}n \rfloor + 1$。因此在2-3树上进行查找、插入、删除的时间复杂度都为 $O(\mathrm{lb}n)$。

9.3.2 B 树

2-3树可以看作3阶的B树(B-tree)。B树是一种平衡的多路查找树，主要用于动态索引。

1. B 树的定义

一棵 m 阶的 B 树或者为空树，或者为满足下列条件的 m 叉树：

(1) 所有叶子结点在同一层，并且不带信息，叶子结点的双亲称为终端结点；

(2) 树中每个结点最多包括 m 棵子树；

(3) 若根结点不是终端结点，则至少有两棵子树；

(4) 除根结点之外的所有非终端结点至少有 $\lceil m/2 \rceil$ 棵子树；

(5) 所有的非终端结点都包含以下数据：

$$(n, A_0, K_1, A_1, K_2, \cdots, K_n, A_n)$$

其中，$n(\lceil m/2 \rceil - 1 \leqslant n \leqslant m-1)$ 为关键码的个数，$K_i(1 \leqslant i \leqslant n)$ 为关键码，并且 $K_i < K_{i+1}(1 \leqslant i \leqslant n-1)$，$A_i(0 \leqslant i \leqslant n)$ 为指向子树根结点的指针，并且指针 A_i 所指子树中所有结点的关键码均小于 K_{i+1} 大于 K_i。图9-18所示为一棵4阶的B树。

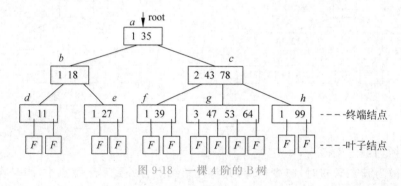

图 9-18　一棵 4 阶的 B 树

B树中的叶子结点一般称为外部结点。表示查找失败的情况，实际并不存在，所以B树的叶子结点可以不画出来，叶子结点所在的一层也不计入树高。B树中结点所包含的关键码的个数 n 也可以不标出来。B树是2-3树的推广，2-3树是3阶的B树。

对于 m 阶的 B 树来说，如果根结点不是终端结点，则其包含的子树棵数的范围是 $[2, m]$，其他的非根非终端结点包含的子树棵数的范围是 $[\lceil m/2 \rceil, m]$。根结点包含的关键码个数的范围是 $[1, m-1]$，非根结点包含的关键码个数的范围为 $[\lceil m/2 \rceil - 1, m-1]$。

2. 查找

B树中的查找与2-3树类似。B树的每个结点都为关键码的有序表，到达某个结点时，先在有序表中查找,如果找到,则查找成功;否则,按照指针信息到相应的子树中查找。当到达叶子结点时,说明查找失败。例如,在图 9-18 所示的 B 树上查找关键码 47。首先,从 a 结点开始,由于 47 大于 35,沿着 a 结点的第 2 个指针到结点 c 中查找,由于 47 大于 43 而小于 78,沿着 c 结点的第 2 个指针到结点 g 中查找,在结点 g 中找到关键码 47。

在 B 树上查找关键码包括两种操作,即在 B 树上查找结点和在结点内部查找关键码。由于在结点内部查找关键码通常是在内存中进行的,因此效率较高。而在 B 树上查找结点通常是在磁盘上进行的,因此在 B 树上查找关键码的时间性能的主要影响因素是在 B 树上查找结点的时间,而在 B 树上查找结点的时间主要取决于结点在 B 树上的层次。

那么具有 n 个关键码的 m 阶 B 树的最大深度是多少呢? m 阶 B 树的第一层至少有一个结点;第二层至少有两个结点;由于除了根结点之外的每个非终端结点至少有 $\lceil m/2 \rceil$ 棵子树,则第 3 层至少有 $2 \times \lceil m/2 \rceil$ 个结点;第 4 层至少有 $2 \times (\lceil m/2 \rceil)^2$ 个结点;……;以此类推,第 $k+1$ 层至少有 $2 \times (\lceil m/2 \rceil)^{k-1}$ 个结点。第 $k+1$ 层为叶子结点。若 m 阶 B 树有 n 个关键码,则叶子结点即查找不成功的结点数为 $n+1$,于是有:

$$n+1 \geqslant 2 \times (\lceil m/2 \rceil)^{k-1}$$

即

$$k \leqslant \log_{\lceil m/2 \rceil}\left(\frac{n+1}{2}\right)+1$$

也就是说,在含有 n 个关键码的 B 树上进行查找时,从根结点到关键码所在的结点的路径上的结点数最多不超过 $\log_{\lceil m/2 \rceil}\left(\frac{n+1}{2}\right)+1$,这也是 n 个关键码的 m 阶 B 树的最大深度。

在 B 树上进行插入或删除关键码的操作与 2-3 树类似。

9.3.3　B＋树

在基于磁盘的大型的文件系统中,广泛使用的是 B 树的变形 B＋树(B+tree)。B＋树所有的关键码值都存储在叶子结点中,内部结点只存放用于引导的部分关键码和指向子树的指针,m 阶的 B＋树在结构上与 m 阶的 B 树相同,但是结点的内部结构不同。一棵 m 阶的 B＋树满足以下特点:

(1) 具有 m 棵子树的结点含有 m 个关键码,即每一个关键码对应一棵子树;

(2) 关键码 K_i 是它对应的子树的根结点中的最大(或最小)的关键码;

(3) 所有的叶子结点中包含了全部关键码信息,及指向关键码记录的指针;

(4) 各叶子结点按照关键码的大小次序链接在一起,形成单链表,并设置头指针。

例如,图 9-19 所示为一棵 3 阶的 B＋树。

与 B 树类似,B＋树结点内部的关键码有序排列。卫星数据指的是索引元素所指向的数据记录,例如数据库中的某一行。B 树和 B＋树的主要区别在于:在 B 树中,无论是内部结点还是终端结点都带有卫星数据;在 B＋树中,只有叶子结点带有卫星数据,其余结点仅起到导航作用,没有任何数据关联。B＋树的所有叶子结点使用链表相连,便于区间查找和遍历。相对于 B 树来说,B＋树的查询性能更稳定、更高效。

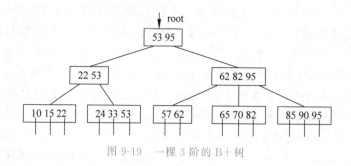

图 9-19　一棵 3 阶的 B+树

在 B+树上进行查找、插入、删除的过程与 B 树类似。在 B+树上必须一直查找到包含待查找关键码的终端结点，而在 B 树上查找有可能在内部结点中就可以找到关键码。

B+树既支持索引查找也支持顺序查找，而 B 树只支持索引查找。B+树特别适合范围查找，一旦找到范围内的第一个记录，通过顺序处理结点中的其余记录，就可以找到范围内的所有记录。

B 树和 B+树广泛应用于文件系统和数据库系统中，通过对每个结点存储个数的扩展，使得对连续的数据能够进行较快的定位和访问，能够有效地减少查找时间，从而提高查找效率。

9.4　小结

- 在线性索引中，如果文件中的每一条记录都对应一个索引项，这种索引称为稠密索引。
- 分块索引要求先对文件中的记录进行分块，要求块间有序。
- 2-3 树是 3 阶的 B 树。
- B 树是一种平衡的多路查找树，主要用于动态索引。
- B 树能以较小的代价保持树高平衡，支持索引查找。
- B+树是 B 树的变形，查找、插入、删除与 B 树类似，不仅支持索引查找，还支持顺序查找。

习题

1. **选择题**

（1）采用分块索引时，若线性表中有 625 个元素，查找每个元素的概率相同，确定所在的块和块内查找都使用顺序查找时，每块应分（　　）个元素最佳。

    A. 10　　　　　　　　B. 25　　　　　　　C. 6　　　　　　　D. 625

（2）m 阶 B 树是一棵（　　）。

    A. m 叉查找树　　　　　　　　　　　B. m 叉高度平衡查找树

C. $m-1$ 叉高度平衡查找树　　　　　　　D. $m+1$ 叉高度平衡查找树

(3) 下面关于 m 阶 B 树说法正确的是(　　)。

① 每个结点至少有两棵非空子树

② B 树中每个结点至多有 $m-1$ 个关键字

③ 所有失败结点都在同一层次上

④ 当插入一个索引项引起 B 树结点分裂后,树长高一层

A. ①②③　　　　　　B. ②③　　　　　　C. ②③④　　　　　　D. ③

(4) 含有 n 个结点(不包括失败结点)的 m 阶 B 树至少包含(　　)个关键字。

A. n　　　　　　　　　　　　　　　　B. $(m-1)\times n$

C. $n\times(\lceil m/2\rceil-1)$　　　　　　　D. $(n-1)\times(\lceil m/2\rceil-1)+1$

(5) 已知一棵 5 阶 B 树有 53 个关键字,并且每个结点的关键字都达到最少,则该树的高度为(　　)。

A. 3　　　　　　B. 4　　　　　　C. 5　　　　　　D. 6

(6) 在一棵 m 阶 B 树的结点中插入新关键字时,若插入前的关键字个数为(　　),则插入新关键字后该结点必须分裂为两个结点。

A. m　　　　　　B. $m-1$　　　　　　C. $m+1$　　　　　　D. $m-2$

(7) 如果在一棵 m 阶 B 树中删除关键字导致结点需要与其左兄弟或右兄弟结点合并,那么被删关键字所在结点的关键字数在删除之前应为(　　)。

A. $\lceil m/2\rceil$　　　B. $\lceil m/2\rceil-1$　　　C. $\lfloor m/2\rfloor$　　　D. $\lfloor m/2\rfloor-1$

(8) 已知一棵 10 阶 B+树中含有 960 个关键字,则该树的最小高度为(　　)。

A. 3　　　　　　B. 5　　　　　　C. 10　　　　　　D. 12

(9) 采用分块查找时,记录的组织方式为(　　)。

A. 记录分成若干块,每块内记录关键码有序

B. 记录分成若干块,每块内记录关键码不必有序,但块间必须有序,每块内最大(或最小)的关键码组成索引块

C. 记录分成若干块,每块内记录关键码有序,每块内最大(或最小)的关键码组成索引块

D. 记录分成若干块,每块中记录个数相同

(10) 下面关于 B 树和 B+树的描述中,不正确的是(　　)。

A. B 树和 B+树都是平衡的多叉树

B. B 树和 B+树都可用于文件的索引结构

C. B 树和 B+树都能效地支持顺序检索

D. B 树和 B+树都能有效地支持随机检索

2. 填空题

(1) 在索引表中,每个索引项至少包含(　　)和(　　)等信息。

(2) 一棵 7 阶的 B 树,除根结点以外,每个结点的子树最少为(　　)棵,最多(　　)棵。

(3) 在一棵高度为 h 的 B 树中,叶子结点处于第(　　)层,当向该 B 树中插入一个新关键码时,为查找插入位置需要读取(　　)个结点。

（4）一棵 65 阶的 B 树,除根以外的结点所包含的关键码的个数最少为（   ）个,最多为（   ）个。

（5）高度为 4 的 3 阶的 B 树中,最多有（   ）个关键字。

（6）127 阶的 B 树中每个结点最多有（   ）个关键字,除根结点以外所有非终端结点至少有（   ）棵子树。

（7）在 10 阶的 B 树中根结点所包含的关键字个数最多为（   ）,最少为（   ）。

3. 判断题

（1）m 阶 B 树的任意一个结点的左右子树的高度都相等。（   ）

（2）B 树中所有结点的平衡因子都为 0。（   ）

（3）m 阶 B 树中每个结点至少有 $\lceil m/2 \rceil$ 个关键字,最多有 m 个关键字。（   ）

（4）在 9 阶的 B 树中,除了叶子结点以外,任意结点的分支数为 5～9。（   ）

（5）在索引顺序表的查找中,对索引表既可以采取顺序查找,也可以采用折半查找。（   ）

（6）3 阶的 B 树是平衡的 3 路查找树,平衡的 3 路查找树不一定是 3 阶的 B 树。（   ）

4. 问答题

（1）如图 9-20 所示的一棵 3 阶的 B 树,试分别画出在插入新关键码 65、15、40、30 之后的 B 树。

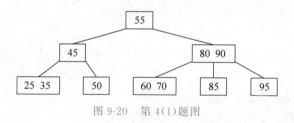

图 9-20   第 4(1)题图

（2）如图 9-21 所示的一棵 3 阶的 B 树,试分别画出在删除 50、40 之后的 B 树。

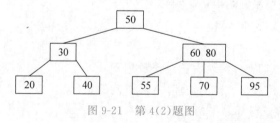

图 9-21   第 4(2)题图

参 考 文 献

[1] 王红梅,胡明,王涛. 数据结构(C++版)[M]. 2 版. 北京:清华大学出版社,2011.

[2] 王红梅,胡明,王涛. 数据结构(C++版)学习辅导与实验指导[M]. 2 版. 北京:清华大学出版社,2011.

[3] THOMAS H C,CHARLES E L,RONALD L R,et al. Introduction to Algorithms[M]. 2rd ed. 北京:高等教育出版社,2002.

[4] 张铭,赵海燕,王腾蛟. 数据结构与算法[M]. 北京:高等教育出版社,2008.

[5] 张铭,赵海燕,王腾蛟. 数据结构与算法——学习指导与习题解析[M]. 北京:高等教育出版社,2005.

[6] 殷人昆. 数据结构:用面向对象方法与 C++语言描述[M]. 2 版. 北京:清华大学出版社,2007.

[7] 殷人昆. 数据结构习题解析[M]. 2 版. 北京:清华大学出版社,2011.

[8] 殷人昆. 数据结构精讲与习题详解(C 语言版)[M]. 2 版. 北京:清华大学出版社,2018.

[9] MARK A W. 数据结构与算法分析——C 语言描述[M]. 北京:机械工业出版社,2008.

[10] SARTAJ S. 数据结构算法与应用——C++语言描述[M]. 北京:机械工业出版社,2000.

[11] 陈越. 数据结构[M]. 2 版. 北京:高等教育出版社,2016.

[12] 严蔚敏,吴为民. 数据结构(C 语言版)[M]. 北京:清华大学出版社,2018.

图 书 资 源 支 持

感谢您一直以来对清华版图书的支持和爱护。为了配合本书的使用,本书提供配套的资源,有需求的读者请扫描下方的"书圈"微信公众号二维码,在图书专区下载,也可以拨打电话或发送电子邮件咨询。

如果您在使用本书的过程中遇到了什么问题,或者有相关图书出版计划,也请您发邮件告诉我们,以便我们更好地为您服务。

资源下载、样书申请

书圈

我们的联系方式:

地　　址:北京市海淀区双清路学研大厦 A 座 701

邮　　编:100084

电　　话:010-83470236　010-83470237

资源下载:http://www.tup.com.cn

客服邮箱:2301891038@qq.com

QQ:2301891038(请写明您的单位和姓名)

扫一扫,获取最新目录

课 程 直 播

用微信扫一扫右边的二维码,即可关注清华大学出版社公众号"书圈"。